中国景观设计年鉴

CHINESE LANDSCAPE DESIGN YEARBOOK

2020—2021

（上册）

许　浩　主编

辽宁科学技术出版社

·沈阳·

PREFACE
前言

新中国成立70多年来，我国经历了历史上规模最大、速度最快且持续时间较长的城镇化进程。1949年我国城镇化率为10.64%，2011年我国城镇化率超过50%，2020年我国城镇化率超过60%。如此大规模的城镇化和经济高速发展给生态环境保护、可持续发展、健康社会建设带来了一定的挑战。在经济发展过程中，如何实现生态平衡，营造可持续发展的城镇景观，确保经济、社会和生态效益的有机统一与最大化，成为21世纪我国城镇建设面临的重要课题。

辽宁科学技术出版社出版的《中国景观设计年鉴2020—2021》，以年鉴形式，对具有代表性的景观设计案例进行介绍，有力地传播了我国景观设计与营造领域的新思路、新方法与新成就，在一定程度上呼应了我国城镇人居环境建设的需求。

今年是"十四五"规划开局之年，在党和政府领导下，我国民众万众一心，渡过疫情难关。春回大地，万物复苏，正是总结经验、展望未来的时刻。我非常欣喜地看到辽宁科学技术出版社克服疫情困难，顺利出版《中国景观设计年鉴2020—2021》，在此表示祝贺!

《中国景观设计年鉴2020—2021》选取了竣工的重点案例，体现了以下三方面特色。

1.类型丰富、特征鲜明

本书收录的案例包括六大类型：公园和广场，旅游和度假，居住区和别墅，商业和街道，办公、教育和文化，售楼处和示范区，基本涵盖了目前我国主要的景观设计类型。在各类型作品中，甄选了具有代表性的景观设计案例，总计69个，通过实景照片、设计图纸和相关的文字说明全面诠释了这些案例的设计主旨、构思手法、景观特色与营造效果。这些景观设计案例，如北京大兴生态文明教育公园、成都麓湖竹隐园、扬州运河三湾风景区、云上西棠田园综合体、江阴绿道、重庆新江与城清晖岸、中南上悦城、龙湖两江长滩原麓等，不仅空间布局和功能结构符合环境条件和社会需求，而且景观特征鲜明，彰显了地域生态文化，充分体现了我国景观设计的多样化成就和城镇环境建设的崭新面貌。

许 浩

南京林业大学风景园林学院 教授

风景园林历史与理论研究所所长

2.美观与实用充分结合

美观与实用是设计的两大根本目标。从设计到施工，景观工程周期一般较长，影响因素较多，只有通过设计施工全过程的精确管控，才能达到美观的效果。实用可以解释为以人为本，即在设计中充分考虑到人的需求，考虑到社会大众的需求。收录的案例均为竣工后交付使用的项目，如沙河源公园、上海艺仓美术馆水岸公园、大理的小院子、荣成市市民文化活动公园读书角等，不仅空间形态优美、用料考究，而且在使用后社会反响较好，充分兼顾了美观与实用的功能。

3.景观效益好

所谓景观效益，包括生态效益、商业效益、文化效益等。景观效益最大化是高品质的景观设计案例追求的目标。在书中，如徐汇跑道公园、上海艺仓美术馆水岸公园等，以公园建设为载体，体现了生态效益和文化效益。龙湖 U 城——充满青春活力的艺术商业街、苏州吴江华润万象汇、天会商务广场改造等项目，不仅满足了业主与使用者的需求，还提升了空间的商业效益。天津·京杭大运河创想中心重新激活了工业遗址基地价值，南京高淳区的固城湖水漫城将水文化与乡村休闲、度假旅游需求相结合，廖家沟城市中央公园——“公园+”的最新演绎项目恢复了滨水生境，成为扬州生态公园城网建设的重要节点。这些案例凸显了地域文化特征，或者兼具生态效益，或者融合了商业效益，普遍具有较高的景观效益。

总体来说，在《中国景观设计年鉴2020—2021》中，案例类型丰富、特色鲜明，顺应了新时期我国人居环境景观建设变化的趋势，充分体现了以人为本和生态文明价值观，具有较强的代表性。本书的顺利出版必将有助于进一步推动我国景观设计行业的发展。

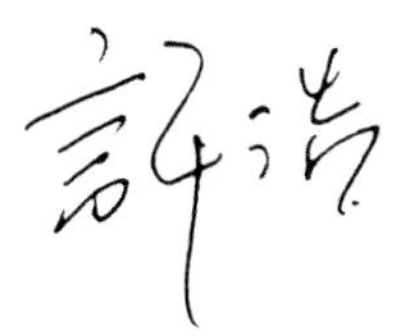

2021年3月写于南山楼

CONTENTS
目录

公园和广场

旅游和度假

居住区和别墅

—— 公园和广场

南昌绿地·庆典广场

廖家沟城市中央公园——“公园＋”的最新演绎

沙河源公园

成都麓湖竹隐园

张家窝镇中心公园

郗鉴湖公园

红土遗址公园

徐汇跑道公园

上海艺仓美术馆水岸公园

扬州运河三湾风景区

华中小龟山文化金融公园

北京大兴生态文明教育公园

荣成市市民文化活动公园读书角

东风生态广场

江西，南昌

Greenland Group The Celebration Square

南昌绿地·庆典广场

水石设计 / 景观设计

项目面积：
96,000平方米
设计团队：
景观事业一部设计四室
业主：
绿地集团
摄影：
王骁
景观材料：
陶瓷透水砖、混凝土、彩色塑胶

大自然中的斐波那契数列螺旋
演绎开放的现代艺术公园。

大地艺术——上升的螺旋引力

南昌绿地·庆典广场作为国际博览会展中心前部唯一的绿地系统，是该会展中心形式的衍生，承载停车、避难以及疏散等功能服务，为该会展中心各类大型活动的成功举办提供了强有力的基础保障。

场地环境——基于城市轮廓的衍生

该庆典广场是一个公共绿地景观项目，位于南昌市西南部，红谷滩九龙湖以北；场地变化丰富，生态景观良好。基地紧邻国际博览会展中心，是南昌“都市人居环境”的门户展示窗口。

项目原场地由于临时土方堆积形成了中心高四周低的特殊地形空间。设计通过土方平衡，让地形整体呈螺旋形态分布，呈现出四周高中心低的状态，自然生态的雨水调蓄系统让场地“活”了起来。

该庆典广场基于城市轮廓衍生出场地肌理走向，在设计语言上将地标建筑形式完美延续。景观设计立足上位，规划挖掘场地大尺度空间展示功能，充分利用现有地形特征，结合大地艺术演绎开放的现代艺术公园。

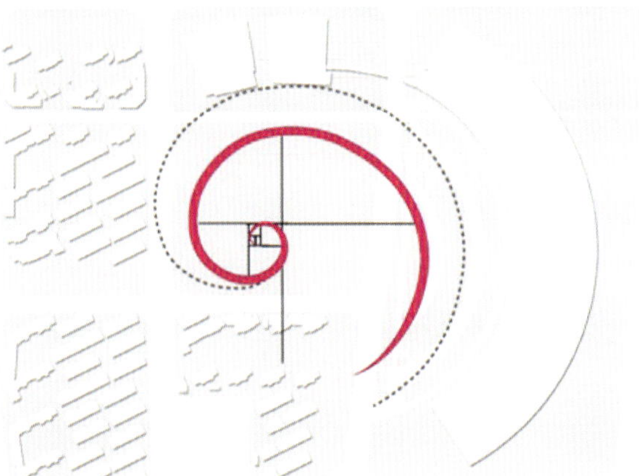

建筑边界与场地关系

城市人流与场地关系

场地内部关系

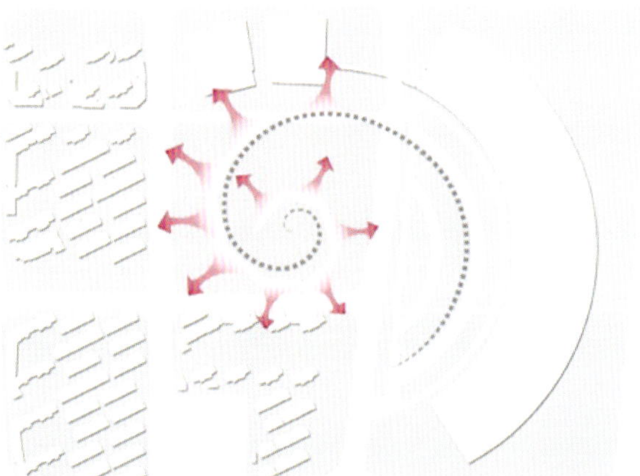

场地内外关系

场地空间分析图

概念解析——大自然中的斐波那契数列螺旋

斐波那契数列螺旋，也称“黄金螺旋”，是根据斐波那契数列画出来的螺旋曲线，在自然界中存在许多斐波那契数列螺旋的图案，诠释了自然界最完美的经典黄金比例。

该庆典广场以大自然作为创造媒体，与斐波那契数列螺旋有机结合，创造出一种富有整体性情景的视觉化地景艺术。场地内看得见的是螺旋形弧线元素，看不见的是螺旋形态产生的一种奇特的空间特性——引力，使场地功能空间黏合得越发紧密，场景空间相互作用，人一旦置身其中，会产生浸入式的观感体验。

螺旋观景构架的空间解构

该庆典广场基于国际博览会展中心的建筑设计语言向外扩展，演绎出斐波那契数列螺旋的设计语言形式。这种形式可最大化引导会展活动人员疏散并提供充足的等候缓冲空间。

廊桥的环形设计完美结合场地地形高差，底层的桥梁步道既满足人行，又能营造高低点游览的不同视角，衍生到场地空间之间各个功能的黏合、场景空间的相互作用。

斐波那契数列螺旋让信息能够紧密地结合在其中，允许其他微粒在一定的间隔处与它相结合。

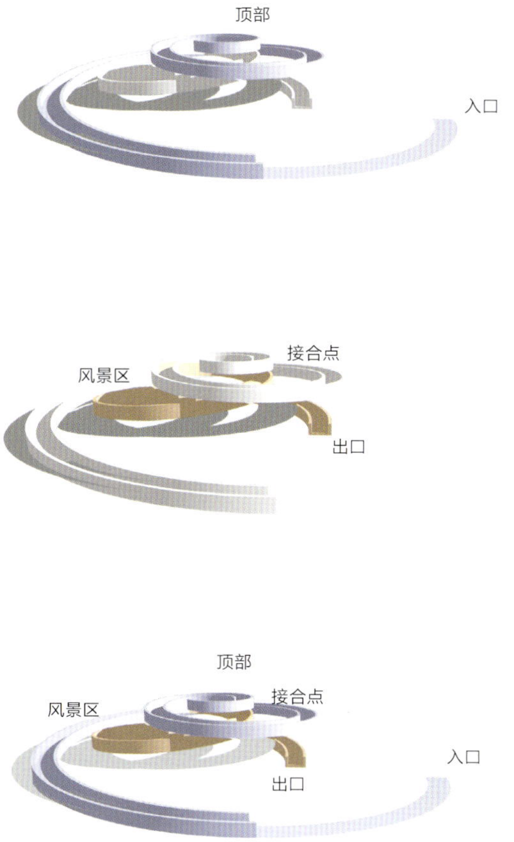

廊桥分析图

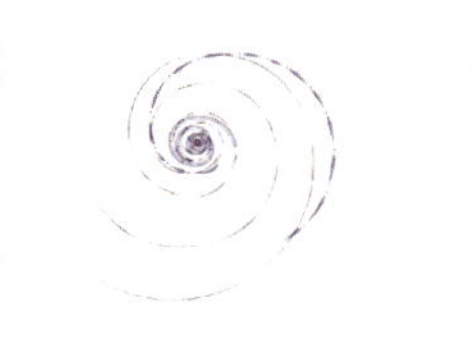

建筑边界与场地关系

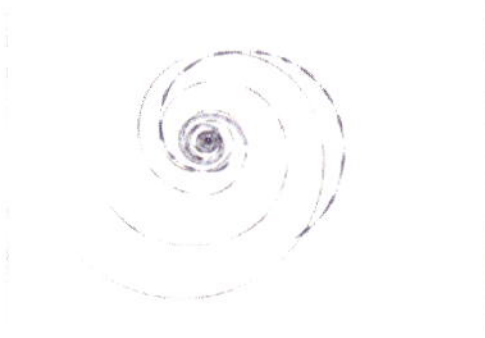

城市人流与场地关系

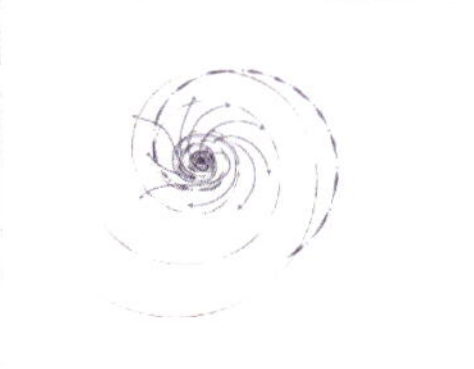

场地内部关系

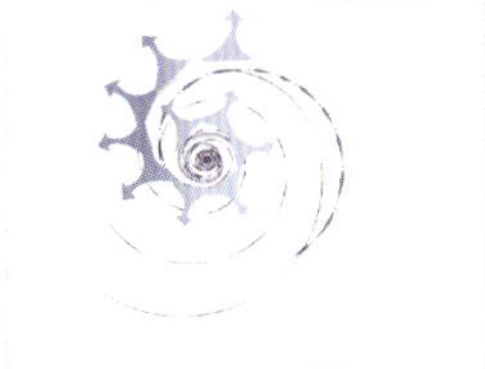

场地内外关系

场地铺装纹理

场地高差关系

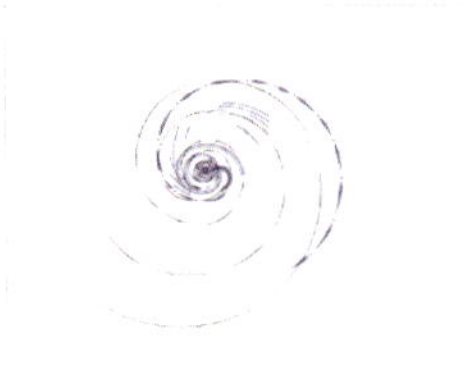

场地构筑艺术墙

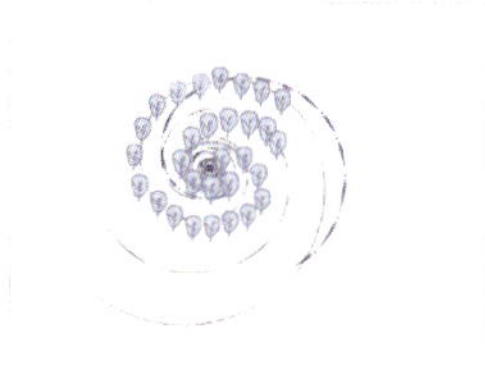

场地种植纹理

场地空间分析图
斐波那契黄金螺纹线与场地关系

场地内的螺旋线性空间在中心引力的作用下形成了众多有趣的功能区块。场地的铺装纹理、高差关系、构筑艺术墙以及种植纹理的分布经过螺旋催化作用，衍生出多种引力空间的波动。

这些空间相互影响、相互重叠，人们被吸引到这些空间内成为景观的一部分，去感受多样的空间氛围。最终形成一个参与性极高的趣味谷地空间，就好比吸引力法则说的那样：世间万物皆为能量组成，相互吸引。

区域划分——人与自然的一次引力碰撞

该庆典广场内划分出多个主题区域，入口、中心旋涡、动感运动环、大地艺术、运动活力区及停车场地等，功能性与艺术性兼具。

开启引力感之旅

场地入口广场由逆时针旋转的黑白条纹弧线铺装而成，体现昭示性入口的同时，引导人群往场地内部区域聚集。

由于引力影响让公园整体的绿化地形以螺旋形排布，漫步其中能够感受高低起伏的自然关系，大片的草坪为人群提供了一个聚会野餐的好去处。

支配运动的加速度引力场

场地的引力关系延续到运动场上，一条自地面延续出来的网状构架横跨在运动活力区，运动场休憩廊架为人们创造了一片充满活力的引力场空间。

区位图

南昌绿地·庆典广场
GREENLAND GROUP THE CELEBRATION SQUARE

绿地国际会展大厦

南昌绿地五洲皇冠酒店

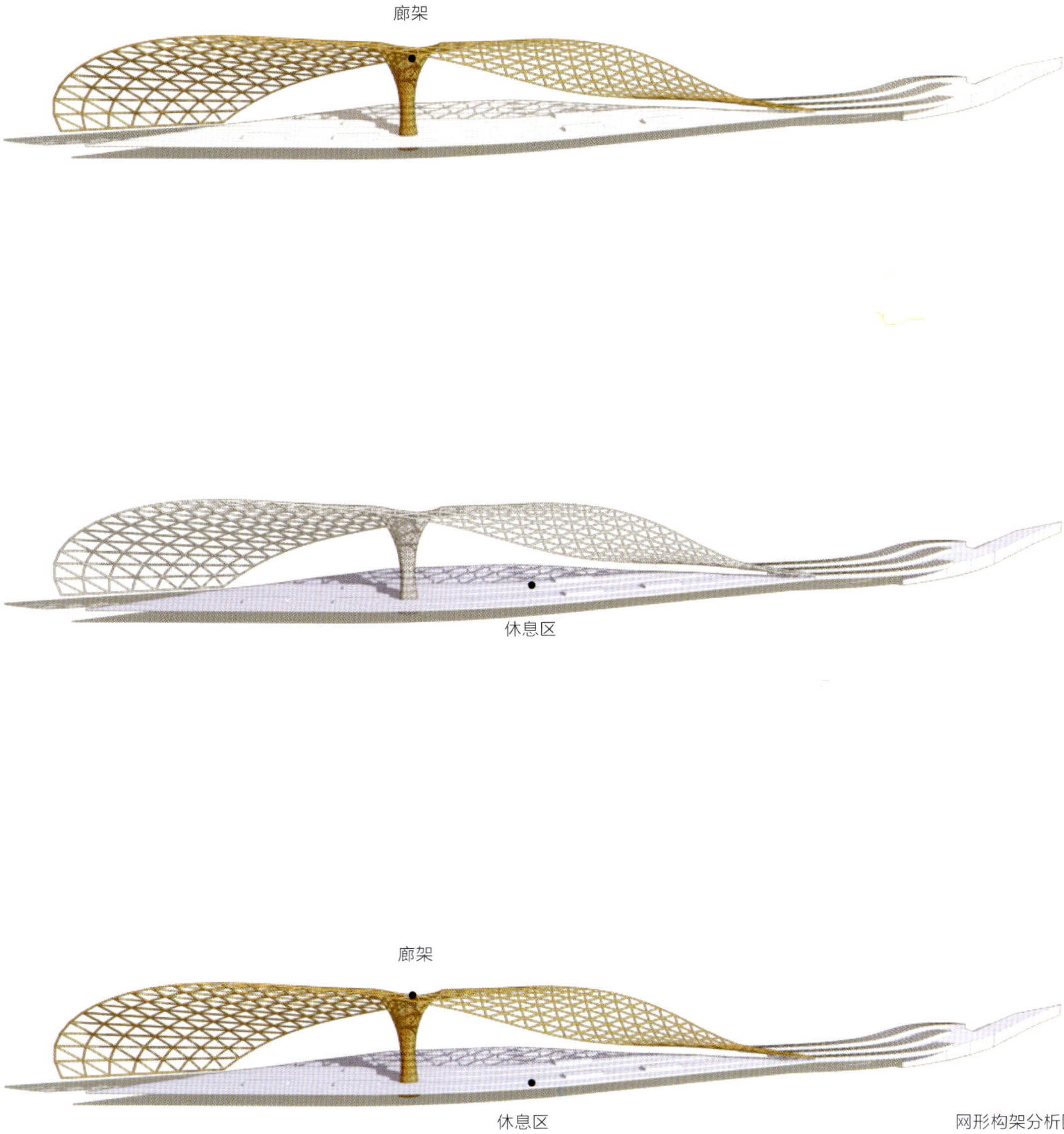

网形构架分析图

廊桥鸟瞰图

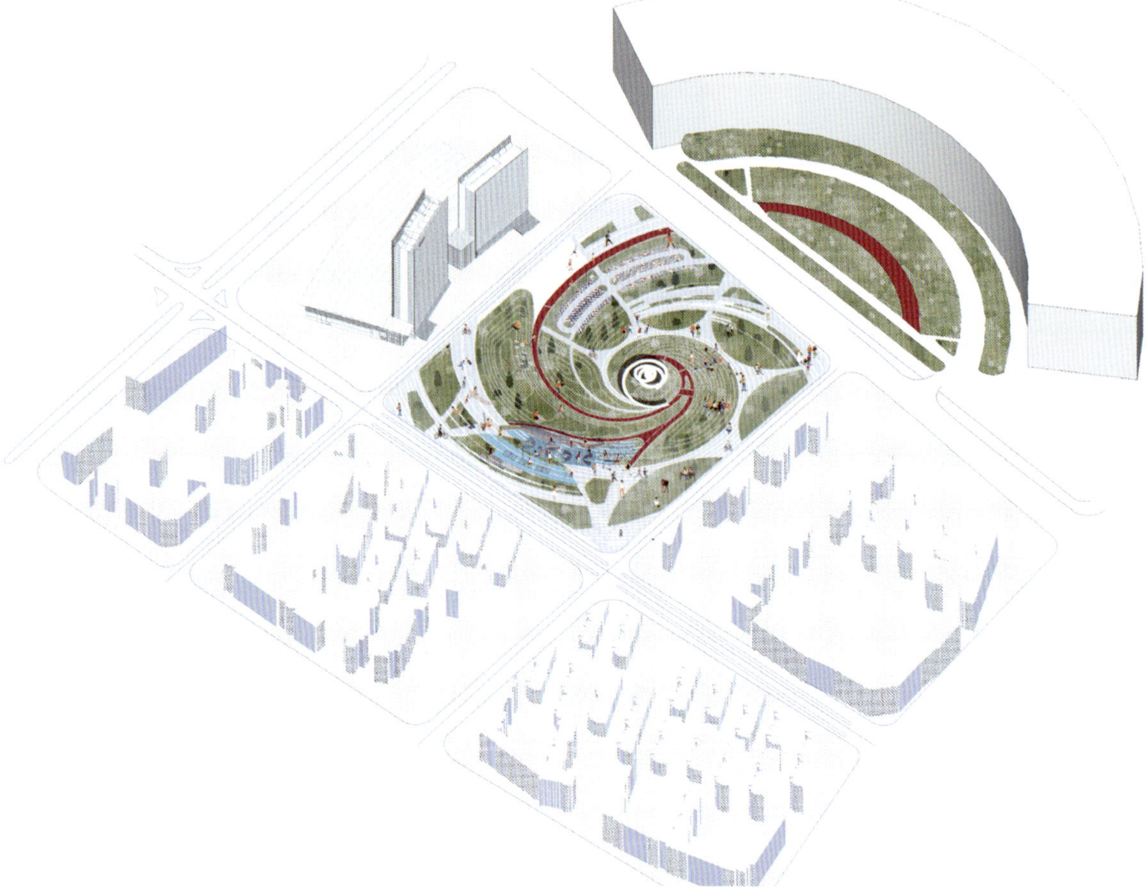

廊桥环形设计详图

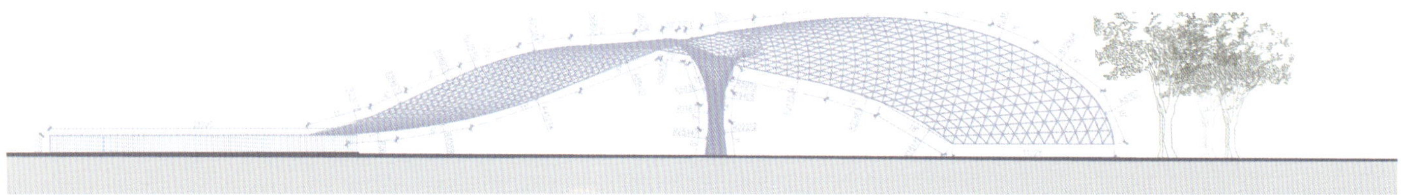

网形构架详图 1

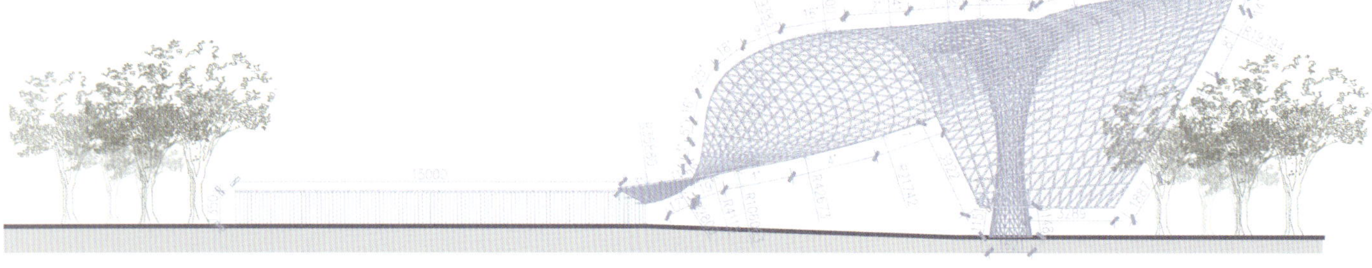

网形构架详图 2

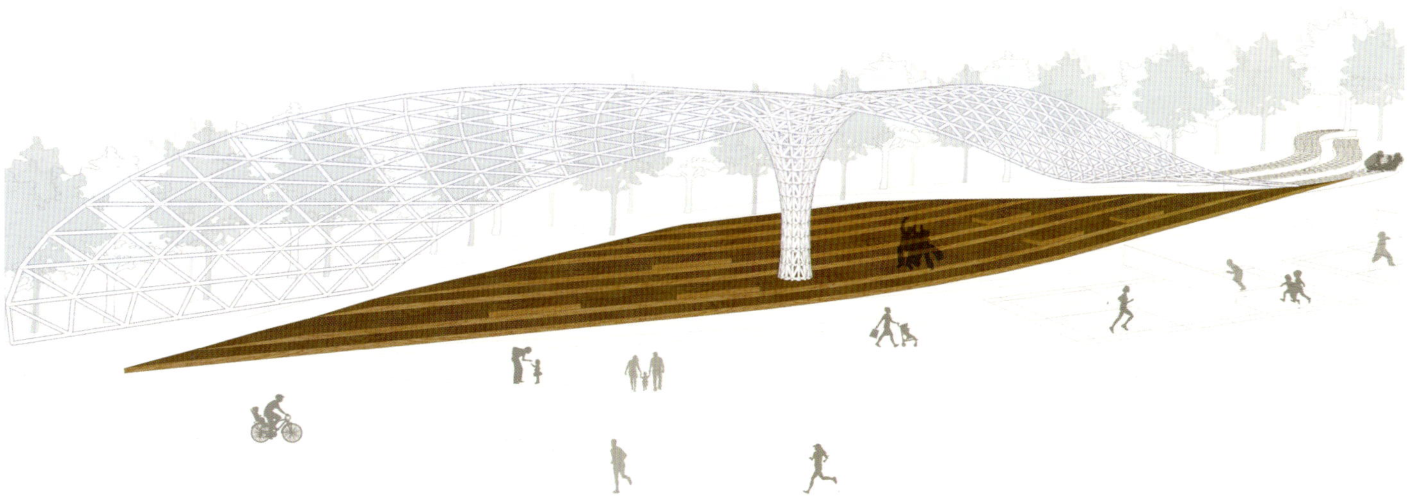
廊架图

利用原土方创造地景空间

原场地为土方堆弃场所

江苏，扬州

Liaojiagou City Central Park

廖家沟城市中央公园

——"公园＋"的最新演绎

艾绿尼塔 / 景观设计

项目面积：

约10.7平方千米

设计团队：

郭立、詹鹤、姜凌、郑锋、刘杨、沈元杰

植物团队：

蔡丽丽、王卉

概况

北郭清溪一带流，

红桥风物眼中秋，

绿杨城郭是扬州。

绿色，是扬州的城市底色。近年来，扬州执着追求生态文明建设的新境界，切实将城市的"绿色资产"变为百姓的生态福利，把建设更多元、更开阔、更均衡布局的公共空间作为新的历史条件下古城扬州最鲜明的新特色，称之为扬州"公园体系建设"。

廖家沟城市中央公园作为扬州公园体系111工程建设重点项目之一，规划总面积约10.7平方千米，其中陆域面积约4.9平方千米，水域面积约5.8平方千米。项目享有廖家沟得天独厚的自然资源及城市东扩的战略发展资源，打造成具有世界一流水平的城市中央公园，为扬州名城建设再添新地标。

"公园+"模式实践

进入"生态新时代"的扬州，提出了推进新城"公园+"、老城"+公园"的公园体系建设目标。廖家沟城市中央公园在设计之初，便创新地提出"公园+"模式，输出的不仅是江淮生态廊道，而且是更具参与性、体验性的城市中央公园概念。

生态

廖家沟滨水区是江淮生态廊道的重要组成部分，北接七河八岛生态板块，南连滨江生态湿地，承西接东是新扬州核心绿地，已经成为扬州生态公园城网建设的重要节点。基地现存大面积的消落带区域，设计在尊重现状、保护生态环境的理念下对现场进行了适度梳理，保留了原有的鱼塘水系、苗木肌理，并通过植物增补丰富生境多样性，打通东西生境联系，构建更加健康稳定的生态系统。

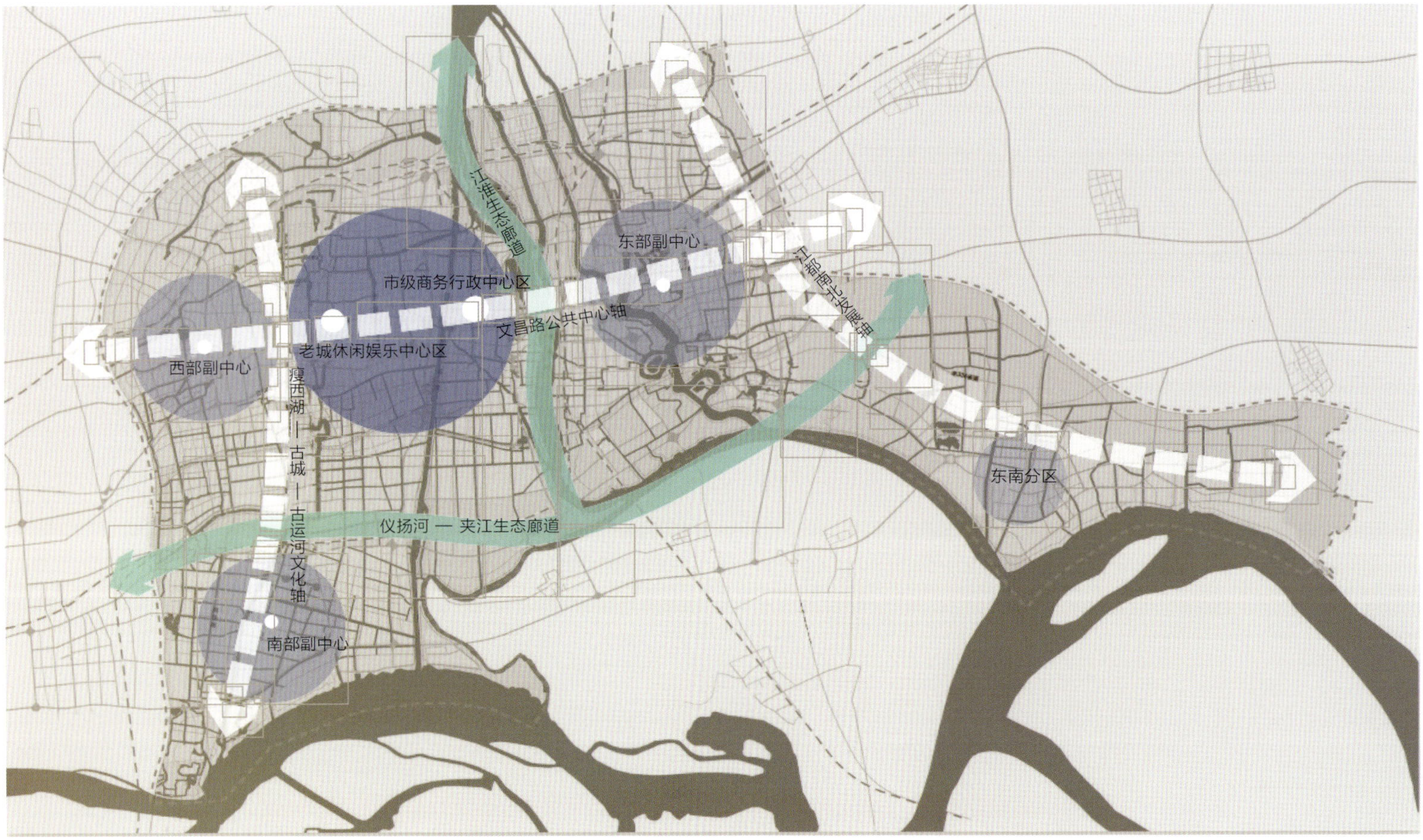
江淮生态廊道
东部副中心
江都南北发展轴
市级商务行政中心区
文昌路公共中心轴
老城休闲娱乐中心区
西部副中心
瘦西湖—古城—古运河文化轴
东南分区
仪扬河—夹江生态廊道
南部副中心

区位分析图

廖家沟滨水区是在城市总体规划中确定的江淮生态廊道的重要组成部分，也是规划的廖家沟城市中央公园所在地，兼具生态保育、为市民提供休闲活动场所、展示新城建设形象等多种功能；同时场地处于城市中心区域，毗邻未来的城市中央商务区和东部交通枢纽，直接切入城市中心，区位独特。

区位研究

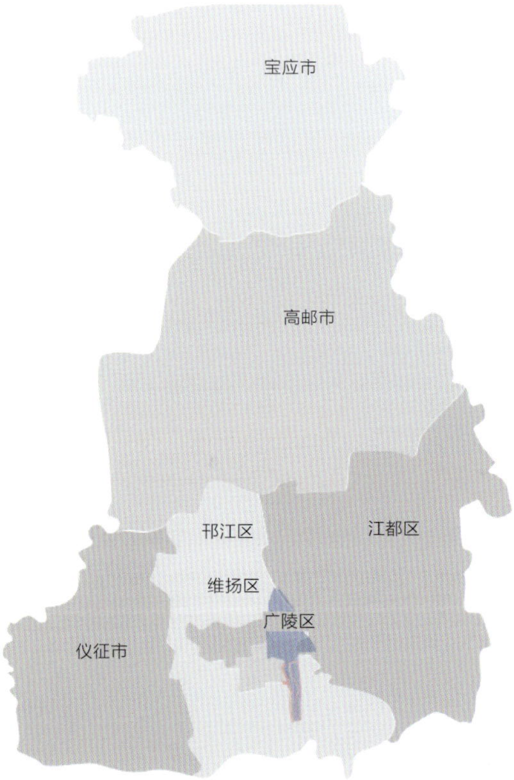

扬州市

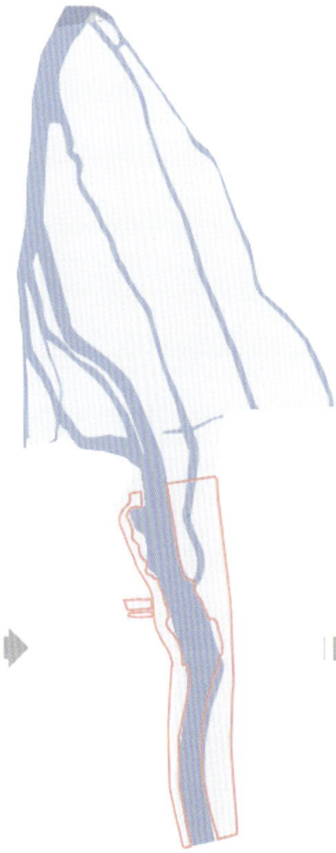

七河八岛生态板块

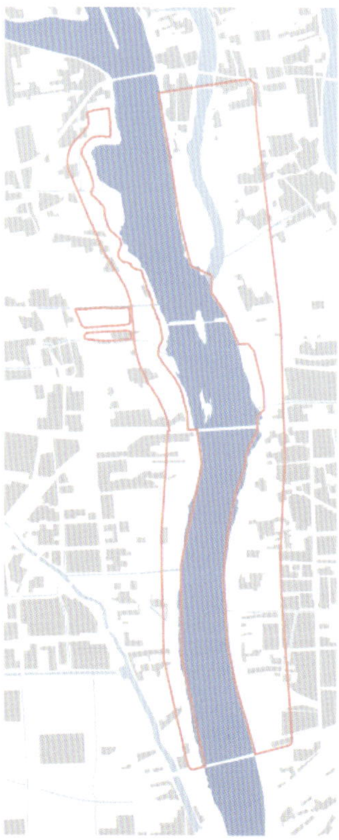

廖家沟区域

体验

借用廖家沟原有的优质自然条件，设计根据地块所处的位置结合周边城市功能需求，通过立体复合空间、水上穿梭空间、桥下彩色空间、借景框景空间、林下漫游空间、趣味跑道等多重体验空间增加公园的体验性，为人们提供不同的视野角度观赏亲近自然。

多彩

持续生长的滨水绿廊，美丽多彩的全民郊野乐园，繁荣生态的城市中央公园，这是设计的初衷，所以在满足生态体验的基础上，团队在绿杨城郭基础上增加了一抹淡淡的色彩。设计通过彩色铺地、彩色廊架、彩色景观盒、彩色雕塑等方式将“彩色”融入绿色，在点亮绿色的同时，融入城市中央公园的大环境。

结语

建成已100多年的纽约中央公园深刻地影响了城市里人与人的关系、阶层与阶层的关系以及人与城市的关系，乃至纽约人的品性，帮助纽约成长为世界顶级的都市。横向对比纽约中央公园，设计团队希望廖家沟城市中央公园能给扬州的城市发展、扬州的生态环境、扬州人的生活带来新的活力，真正实现迈向繁荣生态的后瘦西湖时代和世界名城扬州的振兴，期待该城市中央公园的持续更新与发展……

四川，成都

Lumber Yard Heritage Eco Park

沙河源公园

成都澳博景观设计有限公司 / 景观设计

项目面积：

10公顷

方案设计：

AECOM

施工图设计团队（成都澳博景观设计有限公司）：

何美霖、罗小波、吴夏汀、张瑜玲、王剑锋

业主：

中国电力建设集团有限公司

施工团队：

中国水利水电第十工程局有限公司

场地现状与挑战

沙河源公园，位于大西南建材城旧址，大量遗留的铁轨及存储木材的厂房被作为设计要素加以提炼。同时场地由府河、沙河环抱形成双河环抱、四面环水的河心岛形态，水质优良，植被茂密。这里也位于锦江绿道规划带中，沙河源公园的建立，形成了全新的、连续的城市绿廊。

设计团队根据这里的文化遗产梳理、市政规划要求等，以木为原点设计出适合人生不同阶段的旅程，满足不同年龄群的户外需求。将社区文化活动、场地印记艺术、生态健康教育、宜居水岸生活进行多角度融合，旨在创建一个充满活力、功能多元、尊重生态、保护文化的综合性公园系统。

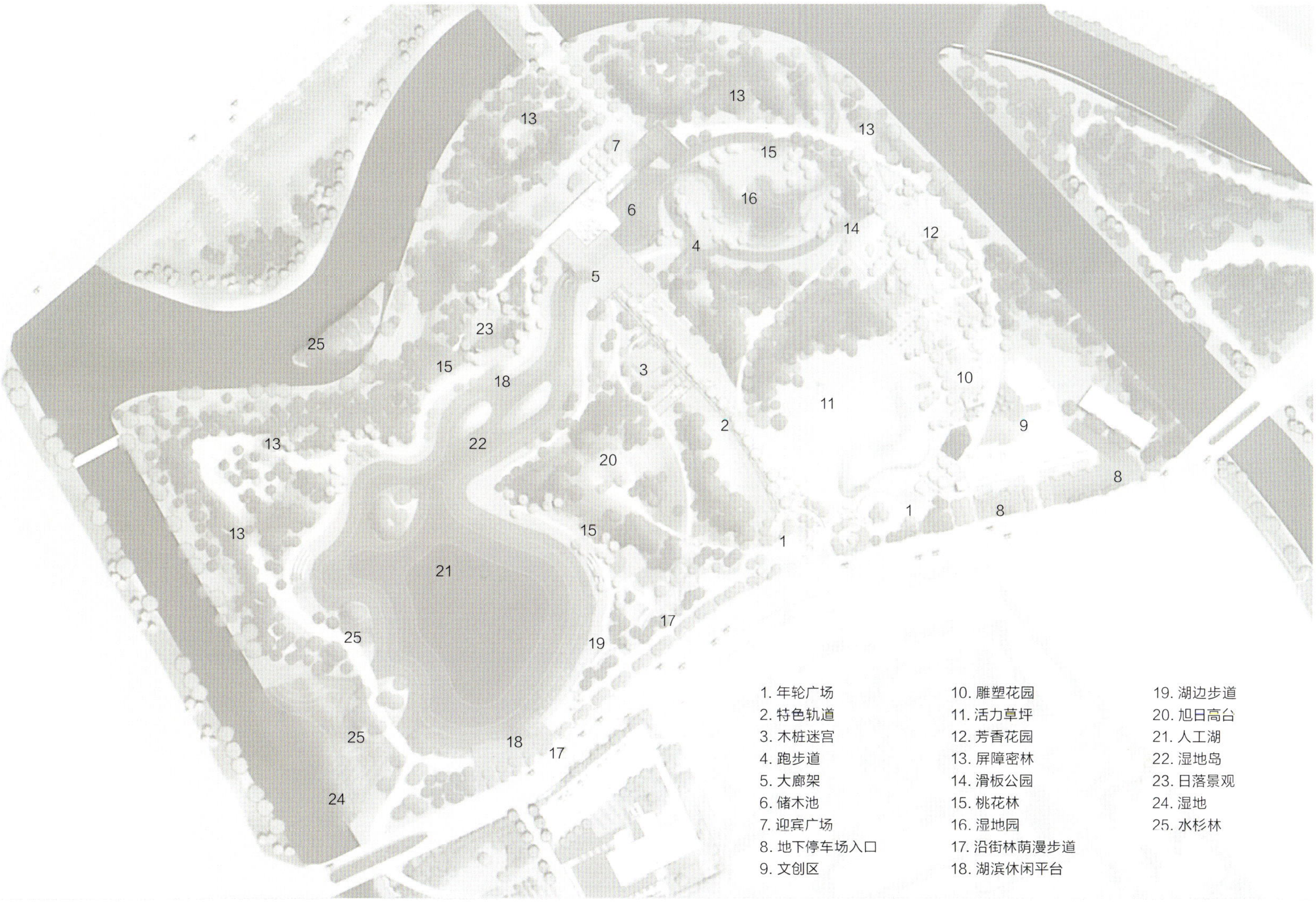

总平面图

锦江之心，绿道驿站

锦江之心——城北水岸生活的中心舞台。

绿道之核——城北慢行系统的核心驿站。

在成都加快塑造“人、城、境、业”生态可持续的大美公园城市总体布局下，沙河源公园的建立，弥补了绿廊现状的缺失部分，成为绿道之核，并以此串联起整个规划片区的慢行系统，成为锦江绿道的核心驿站。同时践行“绿满蓉城、花重锦官、水润天府”的总体规划布局，将可进入、可参与、景观化、景区化的原则进行再实现。

生活艺术，场地印记

沙河源公园旧址也是成都历史上的水运枢纽。20世纪50年代，成千上万的漂木昼夜不息地漂进成都，在府河九里堤的成都贮木场收贮、销售，北门一带发展为成都最大的木材集散地和木材加工基地。

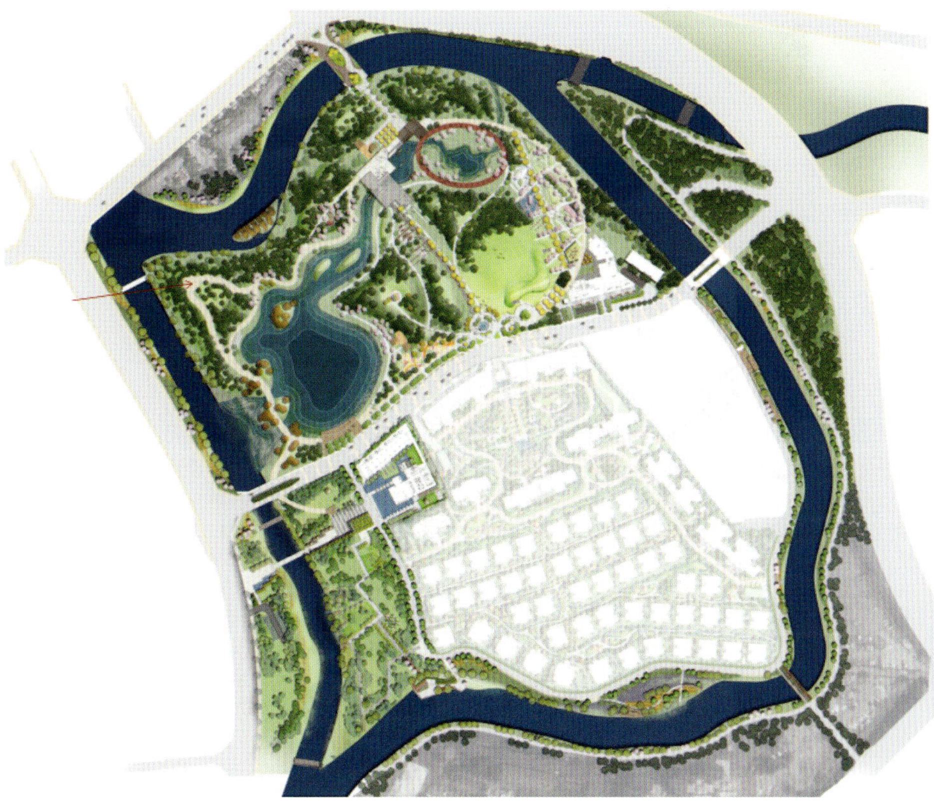

区域图

以木材文化为设计主题，尊重生态，感怀历史，提炼出极具特色的水木华年、木排水忆、花林漫径、云汀渡桥、水杉长堤等生活艺术场景，展现公园四季有景可赏的自然游玩性，再现场地的文化记忆，助力成都呈现碧水长流、生机盎然的宜居滨水长廊。

“一环三线”，生态持续

利用木材厂房记忆的再现，以生态维系可持续发展，鼓励社区互动，打造健康活力的城市公园，将社区与自然、人和空间进行连接。公园整体形成“一环三线”形态——活力之环、记忆之线、活力之线、绿色之线。

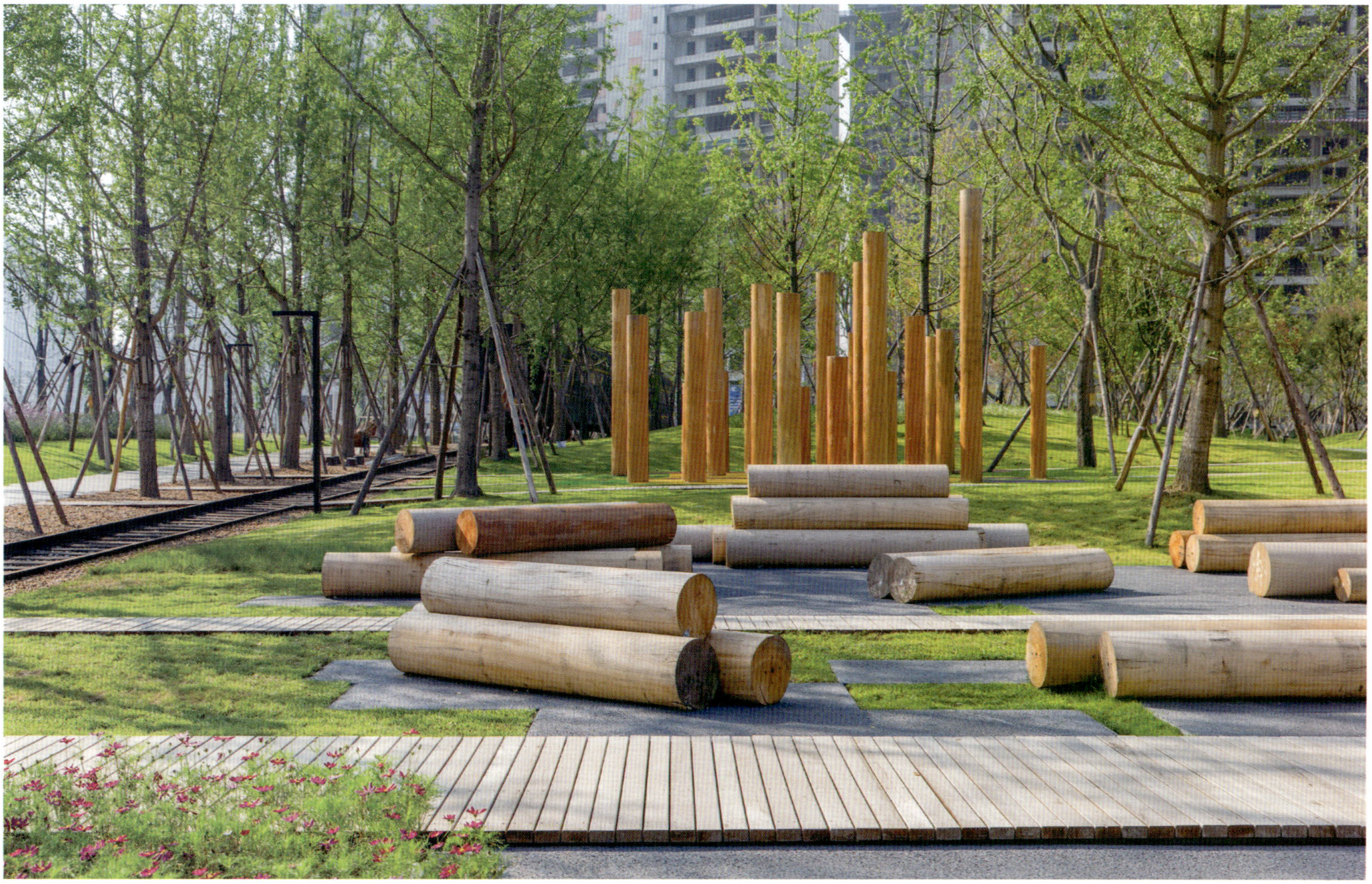

在形态上，根据周边环境打造山水格局，以开阔的大水面与大草坪形成对话，利用局部地形的处理，使整个空间开合有序、丰富多变，在保证视线通透的前提下，创造趣味无穷的空间体验。

1.打造桃花林、银杏林、海棠林、水杉林等不同特色组团花林。

2.保留原有树木并在重要节点上选用特大乔木进行点睛，丰富林冠线。

3.在水生植物方面选择芦苇表达乡愁意境，增添诗意，感怀氛围。

4.运用生态草沟、雨水花园、湿地、生态溪流，打造完全自净自洁的生态湖泊，打造海绵城市的示范典型。

项目面积：

约1万平方米

业主：

成都万华新城发展股份有限公司

获奖：

2018年度英国国家景观奖

四川，成都

Bamboo Garden

成都麓湖竹隐园

易兰规划设计院 / 景观设计

成都麓湖竹隐园是麓湖红石公园中的一处园中园，占地约1万平方米，位于该红石公园西南角2个居住组团中间的狭长谷地上。由于山谷幽静，在该红石公园规划之初即确定要将此作为一个静谧宁静的场所。易兰规划设计院在设计这处隐于竹林间的公园时，依托原场地南高北低的地势，将隐逸文化融入茂密的竹林中。一条蜿蜒的溪水自西向东流过该竹隐园。北入口处的竹林引导人们进入这一秘境，高大的竹子过滤了尘世的喧嚣，漫步林荫，泉水叮咚作响，使人逐渐放空心情，忘却烦恼。沿溪而上3座高低错落的茶亭隐于山畔溪边，翠林深处汇聚一汪池水，池畔的茶亭别具匠心地设计了转门，最大程度地将竹溪美景纳入亭中。不远处的梯田式的叠水景观，犹如一幅徐徐展开的人文画卷，体现出隐逸的耕读之美。由南侧入口逐级而下至开阔静谧的水面，水面之上的九曲桥玲珑别致。人们可以在竹林里散步下棋，在迷人的竹林茶亭中喝茶会友，在安静的氛围中瑜伽、冥想。

全园各处都体现出与自然融合共生的设计理念和手法，七分自然，三分人工（陈跃中语）。掩藏在高大竹林后面的水景、地形、建筑物塑造出了自然质朴又充满人文意境的景观环境，展现出该竹隐园内敛飘逸、舍弃世俗的美，将禅宗居易行简的文化与现代审美趣味融为一体。该竹隐园是读书品茗、文人雅集的场所，是喧嚣中一个静谧的隐逸之处。成都是一座有着悠久竹文化的城市，也是许多文人墨客归隐的地方。竹隐山谷来源于竹与隐逸文化的结合，构成了该竹隐园的主基调，是一个可以在微风翠竹间放松心灵、享受归隐情趣的地方。设计在尊重原始地形和场地记忆的基础上将场地规划与生态景观相结合，设计团队希望这里是一个能够唤醒和增强个人感受，促进人内省和冥想的地方。只有身在其中亲身体验，才会发现独有的惊喜和感动。

场地入口处被设计成一组类似于竹林的密集的线条集，将整个园林巧妙地藏在竹海中，正是以这种若隐若现的方式，制造出一种具有特殊质感的入口。漫步竹林中，竹子纵横交错，营造出丰富的视觉效果。高高的竹条围合成户外步行道，排列的竹条丰富了立面的节奏变化，在保证私密感的同时，并不会遮挡远处景观和室内空间的视觉联系。

设计最大程度地保留了竹子这种材料本身的美感。设计团队在当地请来了会制作竹建筑的工匠，利用乡村手工劳作的资源，在传统竹工艺基础上探求当代的手工艺建造方式，通过竹建筑满足当下人们内心渴望回归自然的文化需求。静谧的竹林，唯美的叠石瀑布，怎能不为游客提供精致的停留场所。经过反复推敲，设计团队选择了3处位置布置茶亭。茶亭半隐于山畔溪边、翠绿深处：一座最大的在叠石瀑布对面，临着水边，作为观赏水景的最佳位置；一座在叠石瀑布上面，半山茶亭与上方的叠石瀑布互为景观；还有一座在园路旁边，是一座过亭，和谐地与其他茶亭共同构成围合感。于是3座茶亭，在选址上一座滨水，一座半山，一座过亭，各具特色。

平面图

在现场勘探过程中，在地下挖出很多大块的、形态饱满的红砂岩整石。红砂岩存在于约2亿5000万年前形成的红色地层中，具有非常重要的地质特征，设计团队将其作为最重要的设计元素，以户外家具、景观小品、铺地、叠泉、挡墙等不同的方式呈现，营造出多样化的功能与空间，为整个场地带来了远古历史的厚重感，也能让每位到访者留下特殊记忆。

1. 北侧入口广场
2. 入口景观岛
3. 太极广场
4. 儿童乐园
5. 开敞草坪
6. 室内运动场
7. 网球场
8. 户外篮球场
9. 景观绿岛
10. 公园管理用房
11. 树阵广场
12. 中央景观湖
13. 水岸休闲台阶
14. 水上舞台
15. 生态洼地
16. 滑板公园
17. 设备管理用房
18. 活力空间
19. 自行车停车场
20. 停车场
21. 市民娱乐活动广场
22. 西南入口广场
23. 现存污水泵站

平面图

项目面积：
10.37公顷
合作机构：
天津市筑土建筑设计有限公司
摄影：
安博戴水道

中国，天津

Zhangjiawo Town Center Park
张家窝镇中心公园

安博戴水道 / 景观设计

张家窝镇位于天津市西南部，工业、商业和住宅一应俱全。张家窝镇中心公园为周围的社区提供了开阔的绿地空间,占地面积10.37公顷，东西长约500米，南北宽约300米。缺乏公共活动空间是张家窝镇给人的第一印象，社区呈现孤立的状态，居民的活动仅限于他们自己的社区内部。这种孤立可能会导致沟通困难并影响社区健康。大部分居民都是张家窝镇的新居民，因此安博戴水道设计团队认为公共空间不仅要增进邻里关系，而且要提供让人们享受与自然共处的机会。张家窝镇中心公园的设计旨在将其打造成张家窝镇的生态、知识、健康中心，在城市中创造更多的学习、娱乐和享受自然的机会，人们可以在这里展开各类活动。

公园的设计和活动安排都是基于场地周边条件和海绵城市的理念进行的。首先，绿地使用与周边用地相配合。活化边界设计：可适应不同社区特点，引入更多的多功能空间，并预留弹性空间，以应对未来发展。主题化中心设计：开敞草坪和中心湖体结合，形成灵活的设计方案，以适应不断变化的使用需求和气候条件，最大程度地展示园区的海绵城市特性。其次，城市与自然立体更新。场地被居住和商业楼包围，地势平坦，视线单一。在场地内创造多样地形变化，丰富景观视线，通过将密林、开敞草坪和中心湖体相结合的方式，不仅实现了营造花园绿洲的愿景，而且更有效地创造出一种能够缓解周边区域城市热岛效应的微气候，形成独立的绿色生态圈。再次，雨水花园、生态净化群落和中心湖体的设计充分发挥了公园的海绵城市功能，让自然元素和城市肌理更为融合，使海绵城市效益最大化，打造可持续发展的生态景观。在此过程中，景观亦充分展现了它作为教育载体的意义。

方案设计以“山涛”为基本立意展开，在形式语言上，以模拟自然的山环水绕的造型特点为基础，在水平空间上通过功能场地及铺装变化形成水波荡漾的形态，在垂直空间上通过景观微地形构成“山涛”起伏的形态，共同构成自然的交响乐章。

张家窝镇中心公园是一个自然与城市、景观与建筑相结合的设计，其形式和手法的运用完全取决于周围的环境和公园的整体定位。从生态、知识、健康出发，将绿地景观与市民活动相融合，打造成以全民健身活动为主题、以海绵城市为主导、配套设施完善的城市公园，使今天的城市居民不必跋山涉水便可感受自然。

山东，济宁

Xijianhu Park

郗鉴湖公园

艾绿尼塔 / 景观设计

项目面积：

752,000 平方米

设计团队：

郭立、詹鹤、易小丹、单秀凯

项目团队：

郑锋、郦辉帆、王卉、童秀蓉、华根飞、徐铮、朱芸苇、陈振坤

建筑团队：

刘杨、沈元杰

项目位于山东省济宁经济技术开发区，博大精深的儒家文化孕育了场地独特而儒雅的气质。场地东至嘉新路，北至呈祥路，西至嘉合路，南邻三期湿地景观区，是主城区到新区的主要入口，承接济宁新门户礼仪展示的功能。

设计历程

设计之初，充分挖掘该经济技术开发区所在地嘉祥县的本土文化——王羲之岳父郗鉴。

郗鉴年少时孤贫，但博览经籍、躬耕吟咏，以清节儒雅著名，不应朝廷辟命。郗鉴工于书法，有《灾祸帖》存于《淳化阁帖》中，正应孔子所述"兴于诗，立于礼，成于乐"之名。

最终设计团队将公园命名为郗鉴湖公园，整个设计围绕郗鉴文化精神展开。

郗鉴湖公园承载了项目之于城市发展的3个愿景：

1.传承文化——名城灿烂文化坐标。

2.启动未来——济宁现代公园典范。

3.创新门户——新区滨水门户花园。

为有效达成3个目标，提出了3个亮点策略：

1.文化再生，将传统文化当中的精髓，用现代手法进行提炼解构，重新演绎，通过多维度进行文化展示。

2.生态可持续，利用海绵城市技术打造会呼吸的公园。

3.活力引擎，打造滨水活力空间，利用现代科技手段加强人与公园的互

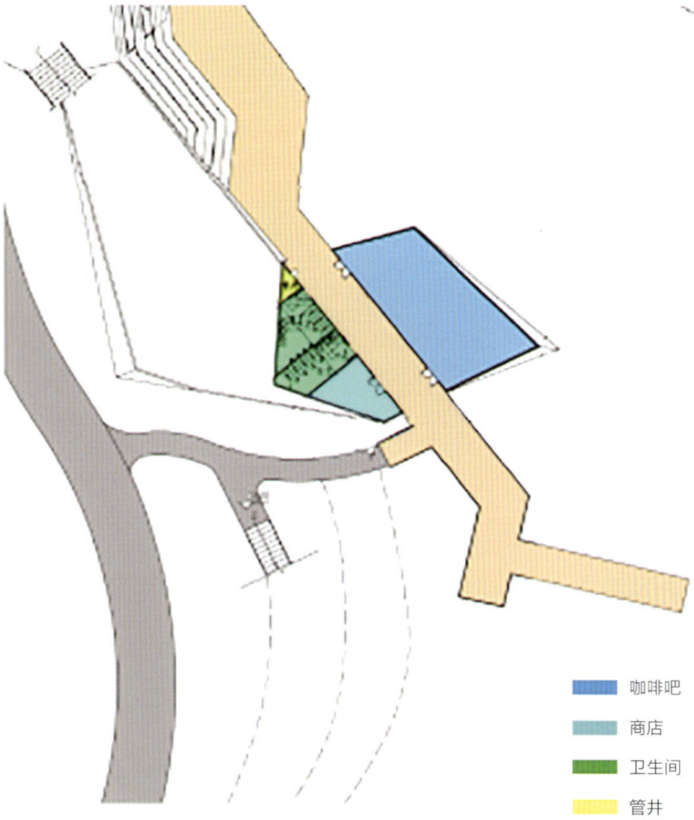

平面图

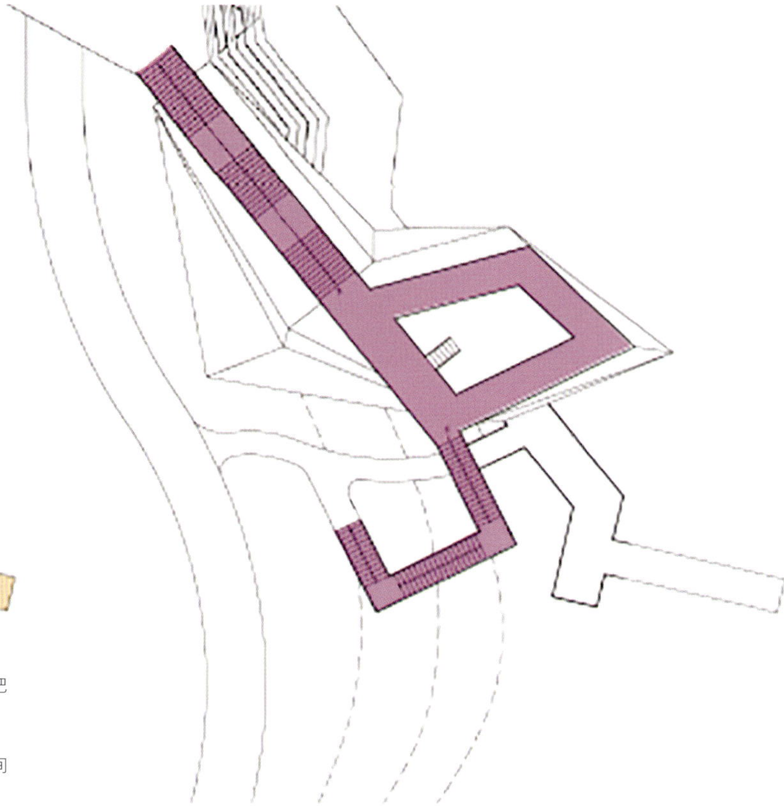
设计思路分析图

创新 协调 绿色 开放 共享
邻里共享生态文化广场
济宁经济技术开发区
WELCOME
Eco cultural Sharing Square

邻里共享生态文化广场

动，并为人的多样化活动提供个性场地。

设计内容

孔孟文化源远流长，赋予济宁丰厚的文化底蕴，在设计过程中，设计团队深受孔孟文化和郗鉴文化的影响，并对场地做了以诗书礼乐为主线的设计。

诗无界

主入口广场中间以镜面叠水水景展开，导向开阔的大湖面。整个画面如诗般静谧，引人深入，树影婆娑倒映在水中，与远处的湖面山水相接，给人无边无界之感。

考虑到现代设计语境下的古典底蕴与文化重生，设计团队引用了具有该经济技术开发区工业特色的耐候钢板为素材，进行打孔、拉丝等处理，打造富有科技感的特色景墙，同时结合《论语》经典地刻及郗鉴生平简介，层层打造郗鉴湖公园的文化渗透。

设计团队摒弃传统做法，希望人们能真正地置身湖中，与事物平视，方能看清事物。下沉式的观景通道从水面通过，可供人们站在更低的角度欣

赏两侧的水生植物，感受亲临其境、沉浸式的景观体验。

同时透过观鱼玻璃面可以观察水下的植物与鱼类，感受没有边界的自然，更立体地、全方位地体验生态景观。

书无边

设计团队打造的立体书廊整体采用耐候钢板，体现工业色彩。运用现代的表现手法重新诠释竹简和《论语》精句。

书廊往往给人意犹未尽之感，更能让人体会到文化的无边界。

立于礼

运用创意设计把大曲面坡道和展开的云桥意象结合，其形态突出“梦想”主题。设计团队希望所有人都不忘初心，在这个飞速的世界中立于礼。

儿童游乐场示意图

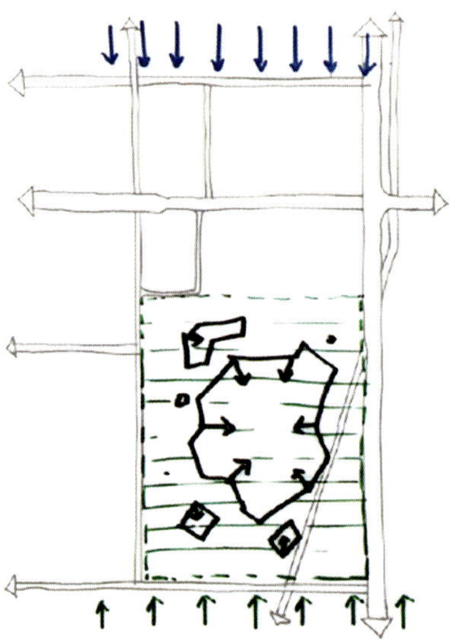

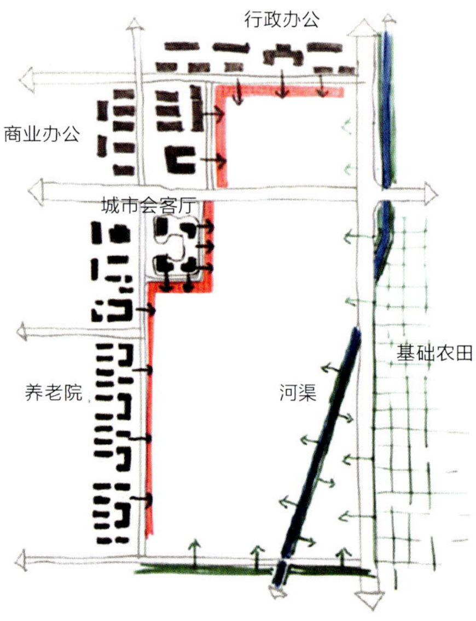

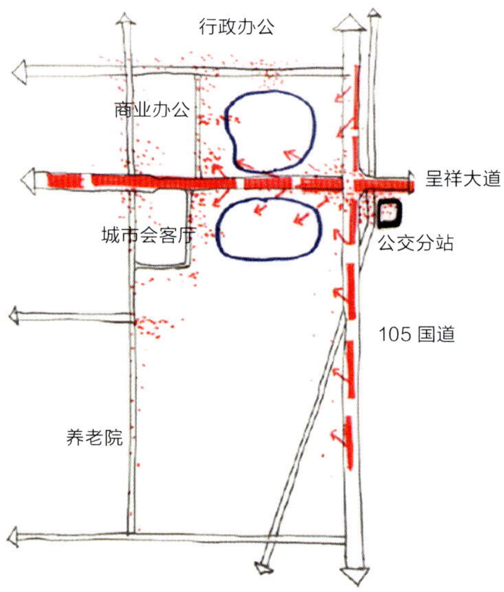

公园中游船码头结合滨水建筑，人们置身湖边时，具有良好的景观视野。建筑借鉴游艇的形态呈现，使得建筑悬于水面，有如一艘游艇飞驰于湖面之上，非常具有动感和可辨识性。

成于乐

设计团队收集了来自公园的各种声音，树叶婆娑的声音，鸟儿鸣叫的声音，人们跑步的声音……最终发现，孩子的笑声，是最动听的声音。

儿童游乐场在硬质游乐场地的基础上加入生态游戏区，让孩子更多接触草地、石头、树枝，与大自然亲近。

场地以“80后”的回忆为主题，将那个年代的飞行棋、大富翁、跳房子等游戏一并融入场地，让大人带着孩子重新体验自己童年的游戏。

艺术趣味活动与水生植物融合，加入艺术花展的概念，结合趣味水上汀步、水上栈道、假山跌水及水动力设施形成具有趣味、科普价值的水生植物艺术花展。

结语

郗鉴湖公园是自该经济技术开发区建区以来打造的第一个“一湾碧水十分秀、清韵流长几多春”的主题性、开放式文化公园，有效改善了辖区环境，提升了居民生活质量。这是该经济技术开发区不忘初心、砥砺奋进、打造美丽新城的一个镜头。

设计团队以“客户需求”为导向，以“专注、创新、美好、精致”为宗旨，用设计师的执着和激情，整合内外资源，为业主提供具有卓越品质和经济效益的作品。

设计团队一直在为人们打造更美好的生活环境的道路上前进……

共享

学而时习之不亦说乎
学而时习之不亦说乎
学而时习之不亦说乎
学而时习之不亦说乎
学而时习之不亦说乎

學而篤志，切問而

江西，南昌

Red Earth Heritage Park

红土遗址公园

水石设计 / 景观设计

项目面积：

约16公顷（启动区约2公顷）

设计团队：

景观事业二部设计三室

施工团队：

绿地森茂园林

业主：

绿地集团江西事业部

摄影：

日野、潘爽、张华宏、孙翀

景观材料：

夯土、红砂岩、耐候钢板、竹木

文明就这样兴起与衰落，
却没有察觉到它与地球关系的全部意义。

——刘易斯·芒福德（Lewis Mumford）

缘起：大地的敬畏和时光的诗意

项目位于南昌绿地安南小镇旁，距离南昌市中心约38千米，基地占地约16公顷。在现场的每一个人都会为壮阔的红土荒漠、成片的荒草、大片的马尾松林所吸引。这片大地下，蕴藏着红土的地质构造和其地质学意义。

这片红土的地质学名称是网纹红土(Plinthitic Horizon)，是第四纪冰期及后续的鄱阳亚冰期的冰碛物，是在湿热气候条件下淋溶和风化的产物，其断面特征为在不同年代的红色土层中夹杂着蠕状带有白斑的红泥，所以网纹红土又称蠕虫状红土。

因土质黏重板结，雨季降水不易下渗，地表径流引起坡面冲刷致使水土流失，长年累月往往形成植被稀疏、沟壑纵横的“红色荒漠”景观，考古学者称之为“旷野遗址”。

印象：自然的自我修复

设计团队调研了2013—2018年这片区域的卫星地图，发现基地内裸露的

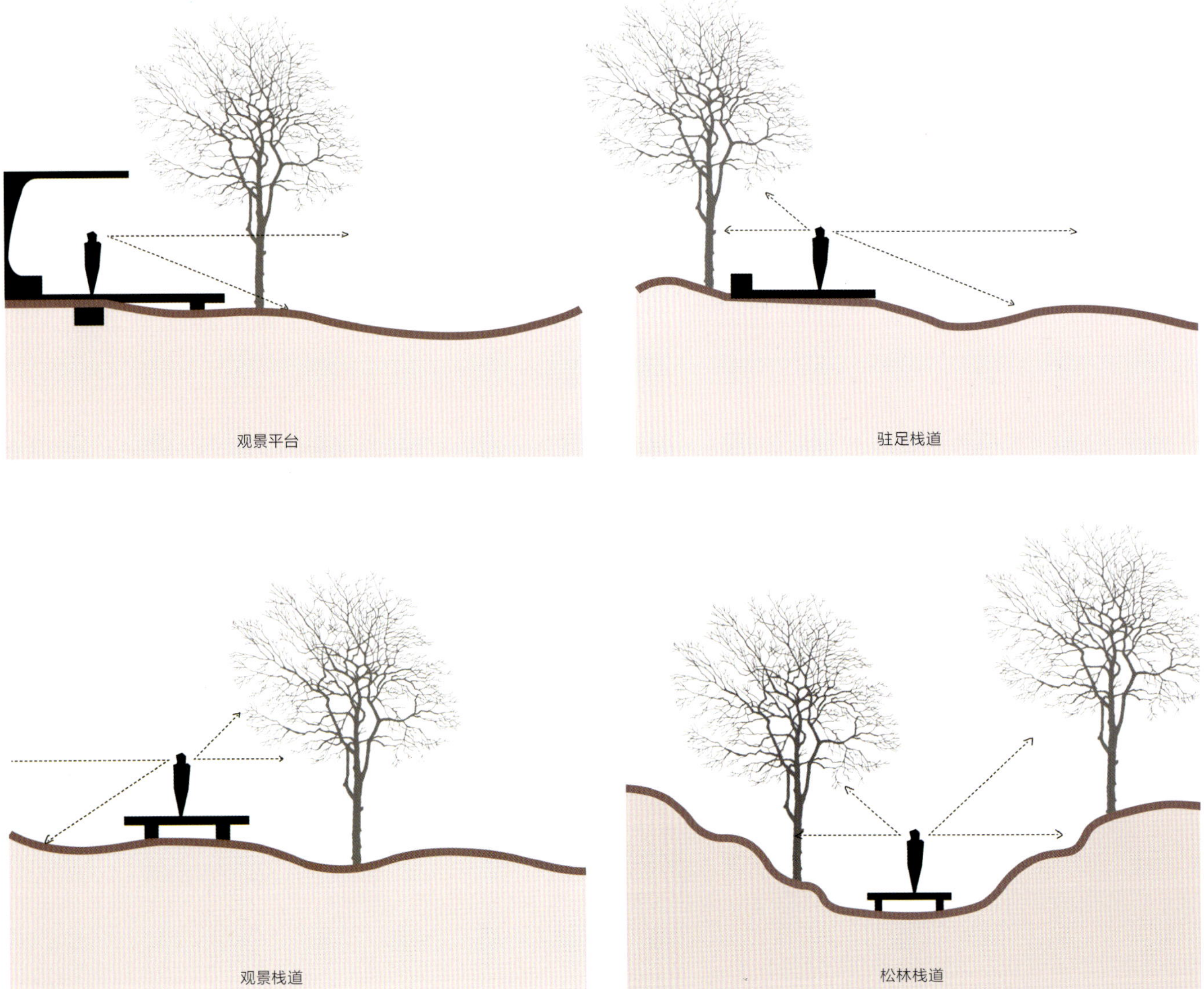

剖面分析图

红土在慢慢减少，植被覆盖率在慢慢增加。由于红土是酸性土，能在其中生长的植物品种非常有限，多是马尾松等先锋类树种，大自然在缓慢地进行自我修复。荒凉和盎然，颓废和生机，自然的修复力和生机力让这里的一切展现出微妙的平衡。

策略：生态修复、社会科普和自然体验

场地内有极为独特的红土地貌和原生植被群落，但面临水土流失和动植物多样性失衡等问题，场地内的生态敏感、脆弱、易破坏。

整体设计策略：在通过分析植被、竖向径流等的基础上，从生态修复、社会科普和自然体验出发，对这片场地进行保护性开发。同时明确设计的三低原则：低介入、低维护、低造价，最大程度地减少对场地和植被的破坏。

在生态性策略上，根据植物群落和水土流失情况，引入林相修复和水源涵养策略。在林相修复策略中，引入先锋物种马尾松、刺槐、青冈等，进行斑块化混合式种植。经过时间的洗礼，各个物种之间竞争和成长，逐步改良红土酸碱度，会自发地建立起“平衡”的植物群落，并缓慢地向与当地气候适应的亚热带常绿阔叶林过渡。

在水源涵养策略上，由于场地整体的地势和坡向，雨季的地表径流引起水土流失，所以在径流的管廊冲沟种植喜湿的旱生植物——芦苇、千屈菜、蒲苇等，固结土壤，保持水土。

水源涵养示意图

现状

径流分析图

红土的连接：公园入口

公园内外有4米的高差，现场的高差断崖呈现出红土的断面层次。利用从现场取土建造的夯土墙作为入口高差的挡墙和入口景墙，夯土墙的肌理呼应红土地质的断面分层，同时用一种回归传统工艺的方式营造传承一种拙朴之美。

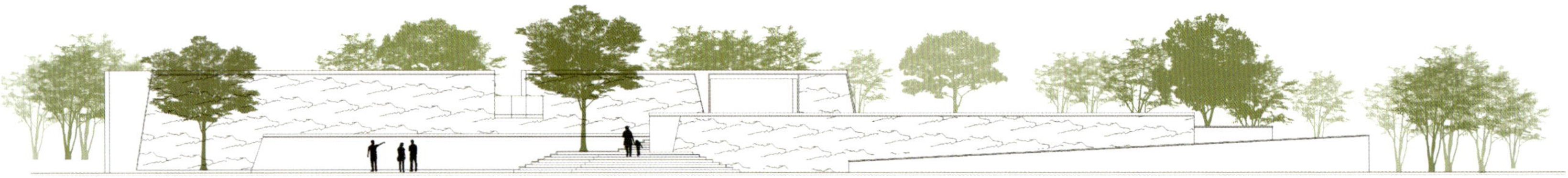

夯土墙立面图 1

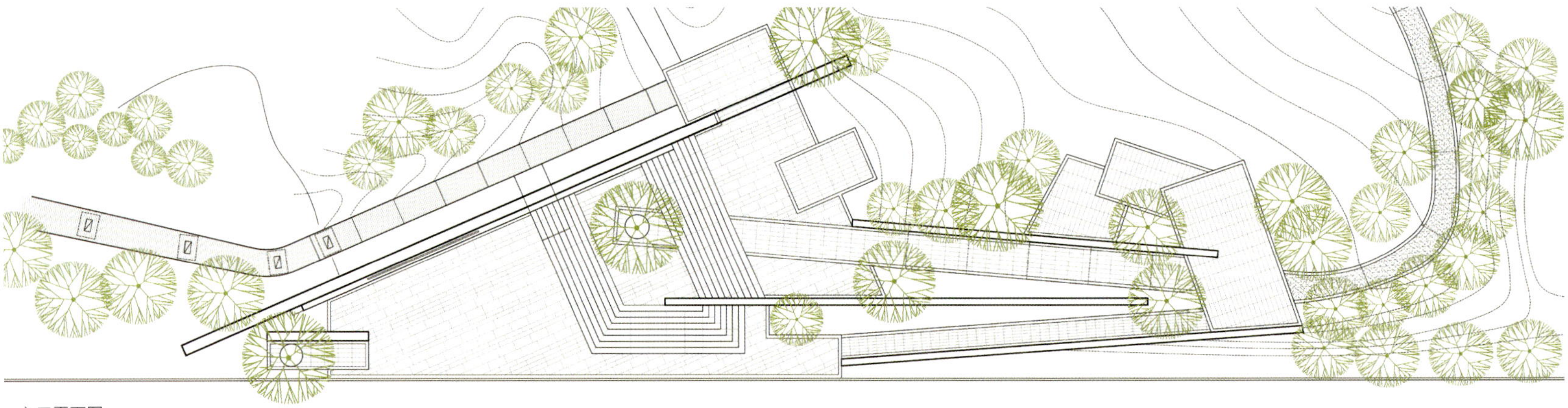

入口平面图

红土遗址公园
Red Earth Heritage Park
RED EARTH HERITAGE PARK

总平面图

连接：与场地的对话和回应

红土遗址公园是集大地景观、自然体验、生态修复、科普认知、休闲放松为一体的自然公园，是以网纹红土的红色荒漠景观为主要特色的遗址公园。

公园内共布置了10个景点，分别是红丘乐园、红土绿洲、赤脚乐园、风铃教堂、自然课堂、迷雾森林、风灵原野、梅岭秀色、呐喊吊桥、自然草甸。景点通过内部的道路系统进行串联，可根据园内地图标识的引导选择要到达的景点区域。

该公园的启动区为临近市政道路的场地，作为毗邻安南小镇中心的就近区域，更作为公园的主入口及人流的集散和引导空间，包括公园入口、松果草甸、红丘乐园、松林栈道、红土绿洲5个部分，也是与场地空间对话的5种连接。连接是与场地的对话和回应，通过连接人与自然，设计团队希望用一种敬畏与质朴，回应大地的雕刻时光。

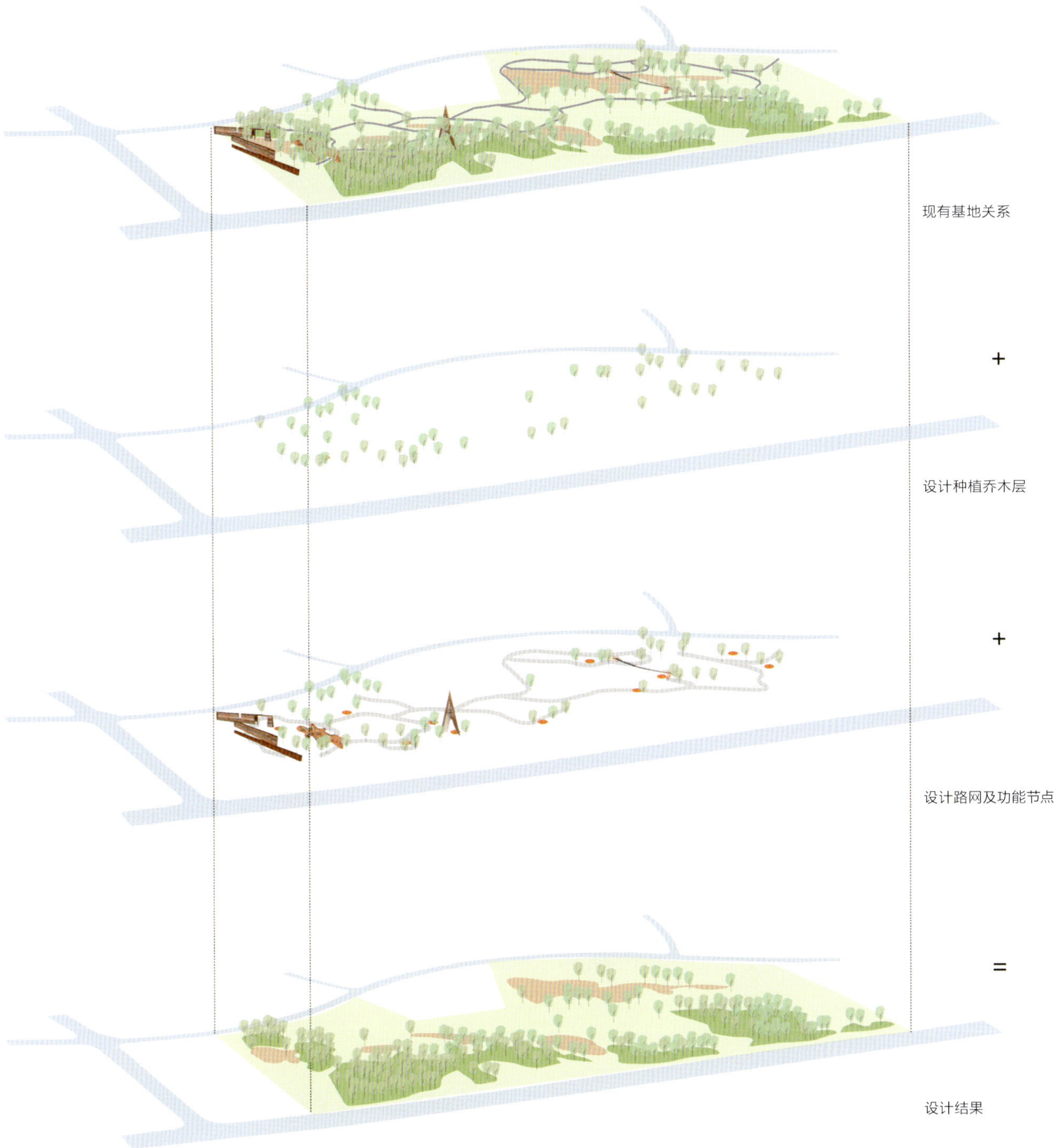

策略分析图

趣味的连接：红丘乐园

场地内有两块裸露的荒地，一块较为平坦，设计为松果草甸；一块高低起伏不平，利用现状结合红土丘陵的起伏形态，设计为红丘乐园，并借用不同的坡度和设施，设置了攀、爬、滑、钻、跳、跨、挖、转、敲等不同的玩法和体验，并鼓励小孩甚至大人寻找发现场地的乐趣和进行冒险的探索，并用层层等高线呼应场地的起伏。

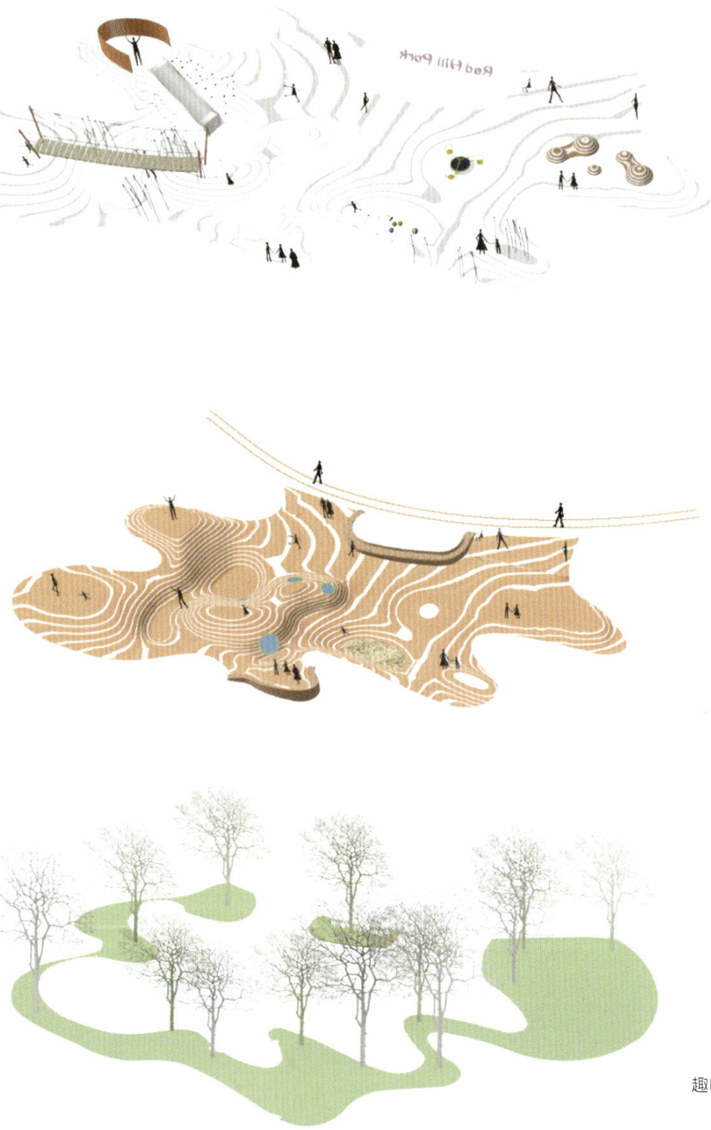

趣味的连接

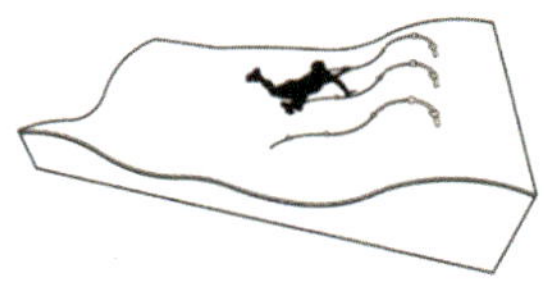

攀爬

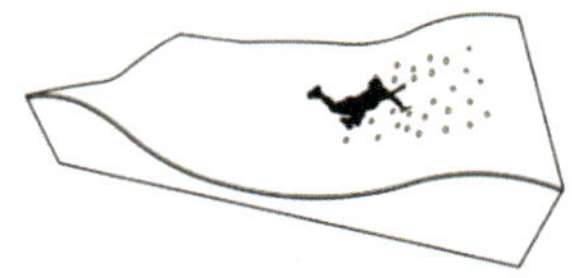

攀岩

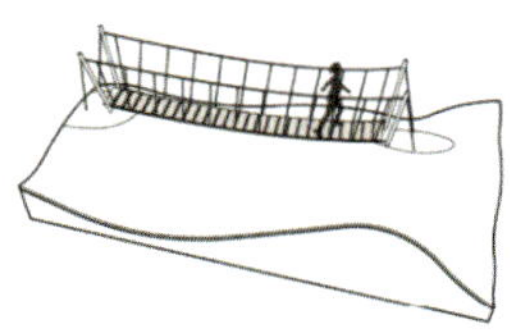

吊桥

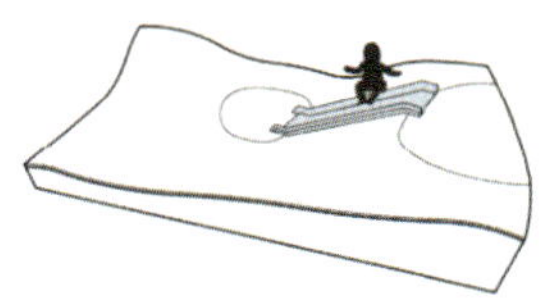

滑梯

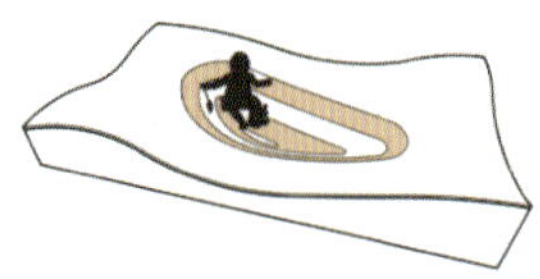

滑池

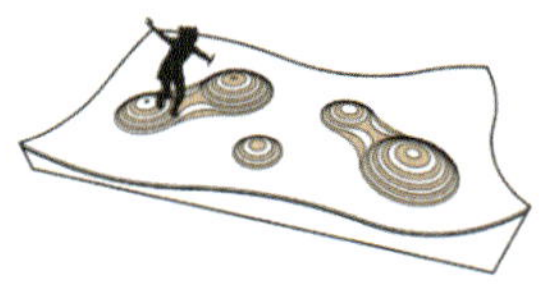

小山

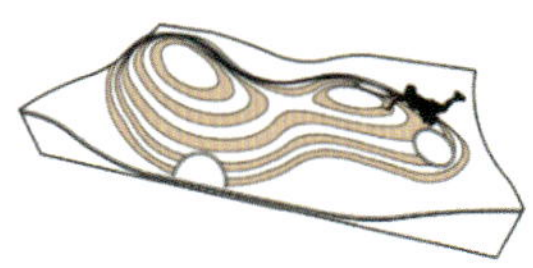

钻钻洞

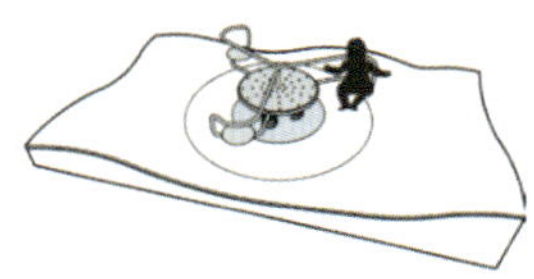

转转椅

艺术的连接：松果草甸

在场地的中部空间，利用荒地做了一块中心草坪，同时作为公园入口空间的人流缓冲区和停留休憩区。而在踏勘现场的过程中，设计团队通过对松果的艺术化再加工，使其成为中心草坪区的空间艺术装置，同时也是对原生场地的一种呼应与对话。

自然的连接：松林栈道

为了减少对现状植被和地质的破坏，同时不阻隔场地内的雨水径流，松林栈道以浅型基础形式架空连接，在栈道路线的布置上避让开乔木点位，根据现场的情况，仔细勘验现场进行放线定位。

修复的连接：红土绿洲

在现场踏勘时，有一区域的部分红土由于常年水土流失，土质开始松动散落，所以将土壤和植被修复的手法在此处实施试点，希望能对大区的生态修复的形成示范。

工艺：夯土墙，回归传统的拙朴之美

夯土墙以生土为主要材料。生土建造在中国产生于4000多年前的新石器时代。夯土墙有六大特色：一是生态环保，就地取材；二是具有可再生性；三是低能耗，无污染；四是蓄热性能好；五是施工简易，造价低廉；六是具有质朴的乡土意境。

中国，上海

Xuhui Running Park

徐汇跑道公园

Sasaki / 景观设计

项目面积：

8.24公顷

业主：

上海徐汇滨江开发投资建设有限公司

摄影：

张虔希、顾悦平

徐汇跑道公园是一个反映上海城市发展史的创意城市更新项目。考虑到场地的前身是上海龙华机场跑道，公园设计效仿机场跑道的动态特质，采用多样化的线性空间将街道和公园组织成一个统一的跑道系统，满足汽车、自行车和行人的行进需要。虽然所有的空间都是线性的，但每个空间都采用了不同的材料、尺度、地形，并设计了不同的活动项目，以创造多样的空间体验。这样，公园成为承载现代生活的跑道，在都市环境中提供了一处休闲和放松的空间。

该公园的设计还迫切需要能够穿越时空，在现代城市肌理之中留下一抹往昔的记忆。设计时尽可能地保留了原有机场跑道的混凝土铺面，包括利用破碎的跑道混凝土块重新建造新的园路、广场以及休息区等。公园内许多空间的设计都旨在唤起人们在乘飞机时上升、下降的体验，不仅向访客暗示基地作为机场跑道的历史，同时也为场地提供了多种视角。

在道路设计中，通过控制车行道的宽度，鼓励使用公共交通而不是私家车，来竭力保持紧凑的城市中心区的感觉。此外，6行落叶行道树沿人行道、自行车道以及机动车道形成绿化隔离带，创造了舒适的微气候、四季变换的景致及具有人性化尺度的景观大道。在地铁站和相邻开发地块之间的下沉花园，可以改善人们来往于地铁时的空间体验，同时增加公园的空间层次。

与景观功能相结合，公园里全部运用长三角本土植物创造多样的陆生和水生动物栖息地。观鸟园、果林和小树林等多种多样的花园营造了优美的陆生环境；湿地台地、生物构筑的驳岸与漂浮湿地模块组成健康的水生环境。

灯杆的设置再现了对机场来说最为重要的通信和照明功能，呼应了基地的航空和工业历史。地埋的线状和点状灯具不仅标示出昔日的跑道，而且也是公园的标志性视觉元素之一。发光的扶手、座椅、遮阴棚、架空步道和环境标识一起为功能空间创造视觉边界。所有的灯光都有意识地避开了栖息地和夜行生物的活动区域。

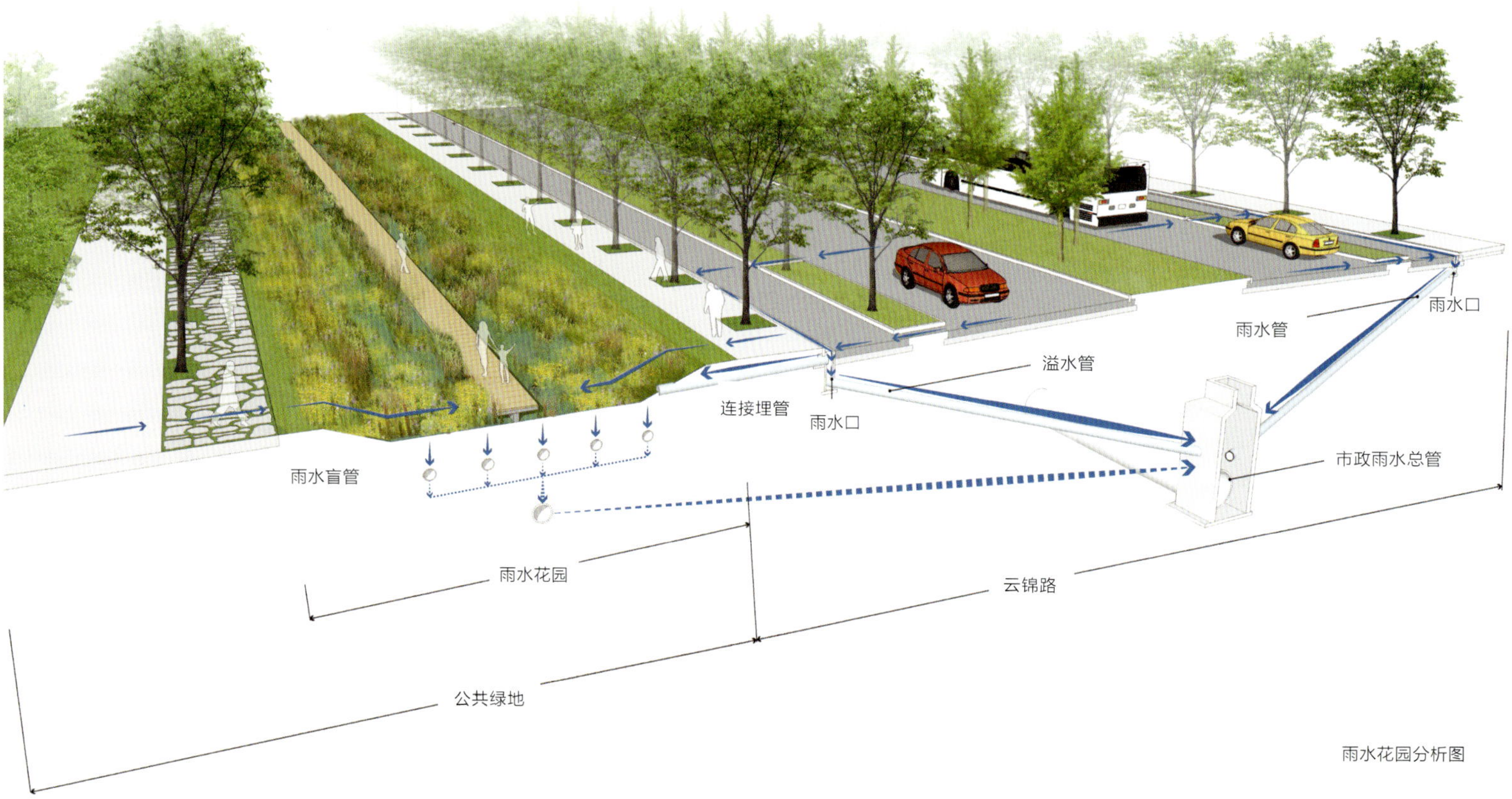

雨水花园分析图

1. 丰谷路
2. 龙兰路
3. 云锦东方
4. 绿地汇中心
5. 航空服务业集聚区
6. 龙启路
7. 龙耀路
8. 机场河
9. 西岸传媒巷
10. 龙文路
11. 黄石路
12. 龙水南路

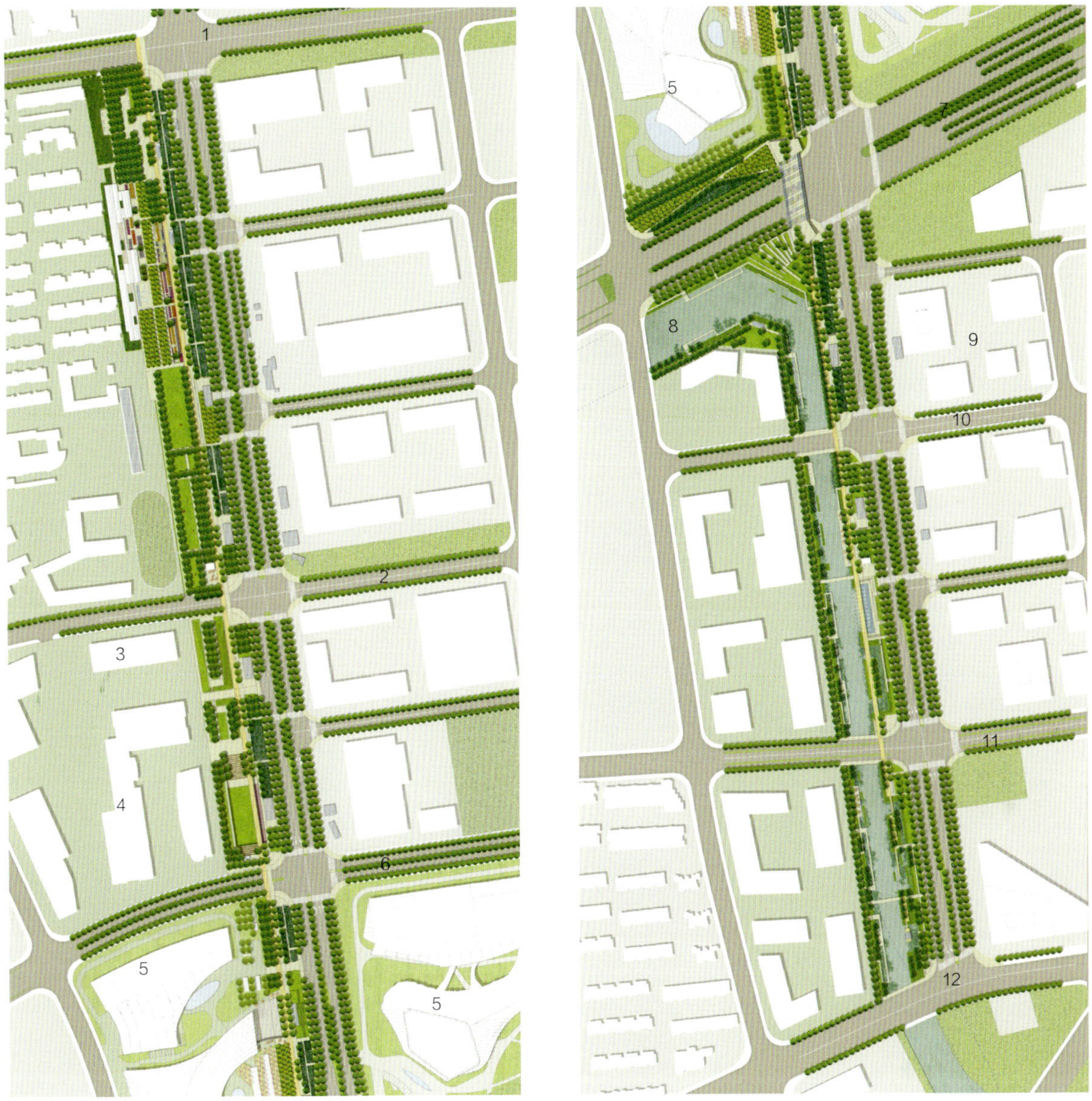

总平面图

云锦路和公园的雨水通过路旁5760平方米的雨水花园和8107平方米的人工湿地进行管理。这里将建成上海市第一个沿道路的雨水花园系统。基地北面的径流流经公园中的雨水花园后排放到运河中，南面的径流则经过一系列过滤湿地排入运河。用以减缓流速的开放前池与植被覆盖的湿地相结合，有助于减少道路径流中的悬浮颗粒物和污染物。整个场地的雨水径流最终经机场河排入黄浦江。

徐汇跑道公园在2016年春季开始施工，龙兰路至丰谷路之间和龙耀路至龙水南路之间的段落均已完成施工并向公众开放。示范段深受附近居民的喜爱，已经成为社区新的生活交流空间。

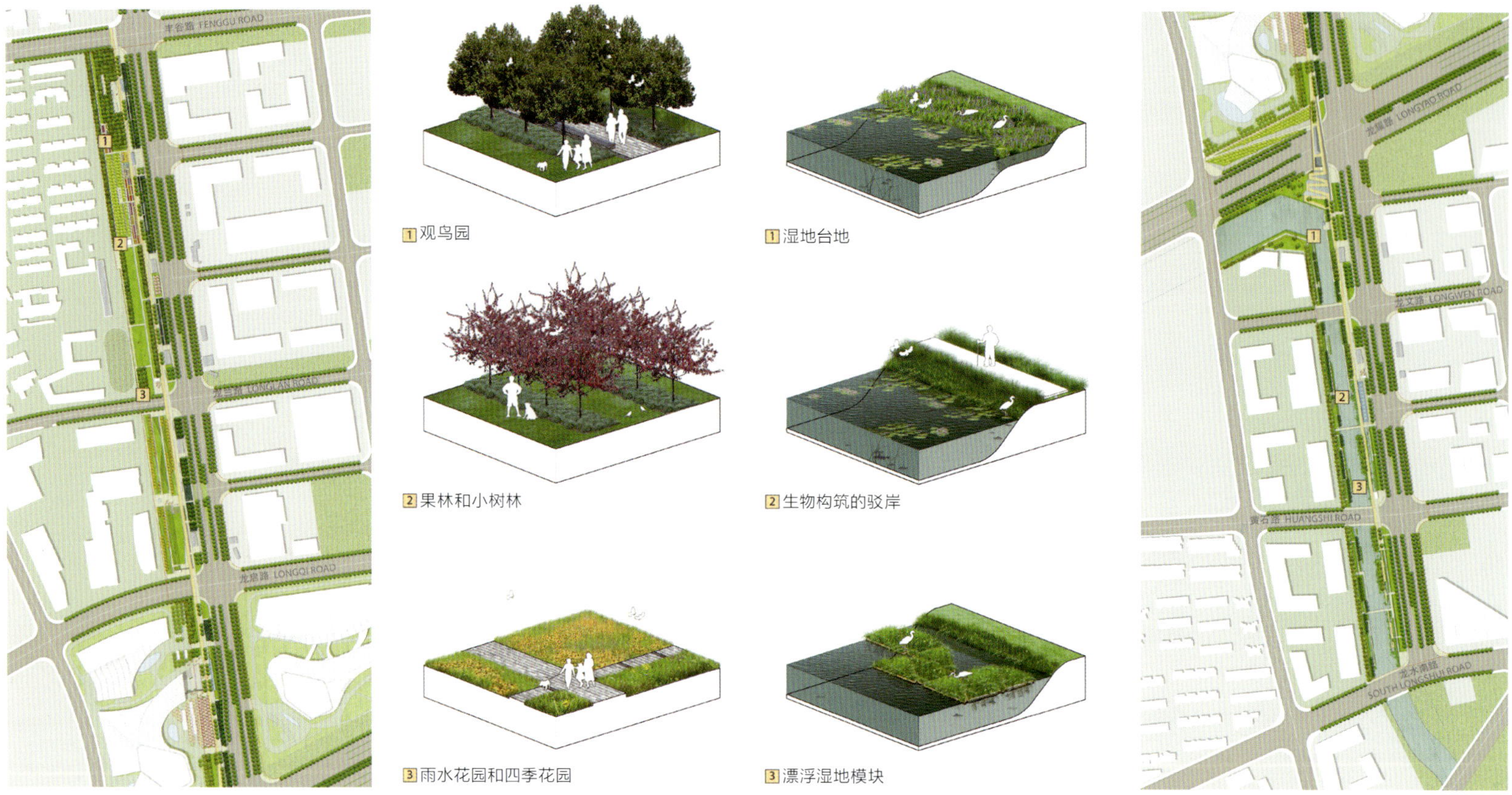

生态设计图

Old
Navy

中国，上海

Shanghai MOMA Museum Waterfront Park

上海艺仓美术馆水岸公园

一宇设计 / 景观设计

项目面积：
80,000平方米
设计团队：
Alex de Dios、王裕中、吴孛贝、黄婉贞、田益正、徐陆、杜巧
主创设计师：
林逸峰
业主：
上海东岸公司
合作团队：
大舍建筑
摄影：
Alex de Dios、林逸峰

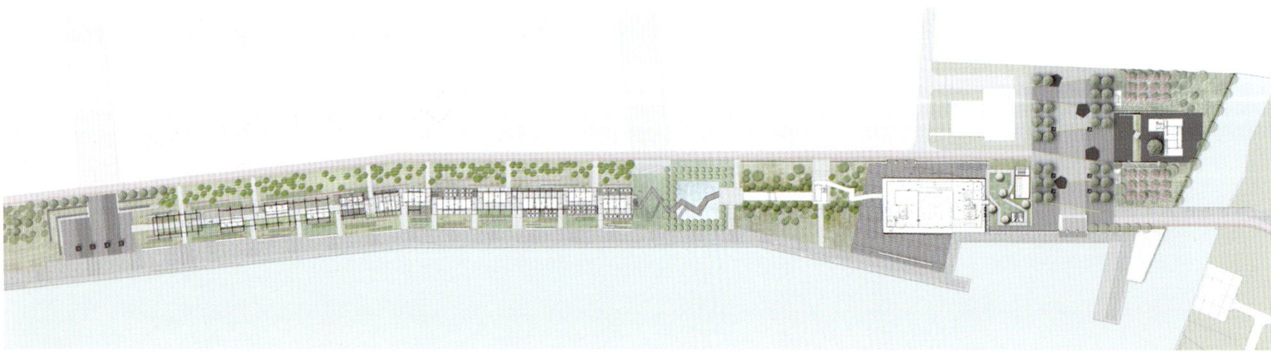

工业遗迹的重生

作为上海历史上重要的工业遗迹，艺仓水岸原为输送煤炭、储存煤块供城市使用的重要基础设施。经时代的更迭，煤仓的储煤功能渐渐丧失，艺仓水岸作为上海工业遗址重要的水岸城市更新项目，将运煤信道转变为文创走廊，煤仓化身为黄埔江东岸首个滨水美术馆——上海艺仓美术馆，而昔日的工业水岸，化身为新的市民水岸空间——上海艺仓美术馆水岸公园。

自然之美

在景观的设计概念上，主要以重生自然之美来修复之前工业生产对环境的影响，以林之道、天之池及野之原为概念，利用森林、天空及云彩等自然元素，贯穿整个公园的设计。

在手法上整个项目以场地已有的树木为材，通过保留和移栽的方式，坚持不砍一棵树的原则，重新放大自然的力量：林之道穿参天绿树而过，天之池的红叶映照，野之原的各种绿色的林带，把自然和色彩带回大地。

对于被工业破坏的地表，在景观设计策略上，设计团队以重新铺上一片草原的概念，让自然修复草木枯槁的褐色水岸，带回清风与野花，带回生机与绿意。

时间之美

项目除了想体现自然之美外，更想体现一种等待的美。跳脱仅以人为本的观点，而坚持以自然为本的哲学，遵循自然生长的时间与速度，等待花开，等待草原的滋长，等待红叶，等待日落的宁静景观。所采用的植物，后期维护及修剪成本较低，让植物自然生长成美丽的状态，有别于速效人工的美，当人们拜访此地，有可能看到正要盛开的花田，有可能看到芦苇正抽穗摇曳或树林正要转黄的瞬间等各个时间的美。

生态之美

在材料运用上，项目利用回收的混凝土环保材料，降低对自然的影响；在植物选择上，选用有利于昆虫与鸟类栖息的生境组合，吸引蜻蜓、蝴蝶回到场地，创造生态的、和谐的、永续的生态水岸。

江苏，扬州

Yangzhou Canal Sanwan

扬州运河三湾风景区

艾绿尼塔 / 景观设计

设计团队：

詹鹤、姜凌、单秀凯

项目团队：

郑峰、刘杨、沈元杰、蔡丽丽、王卉

摄影：

张卓君

悠悠运河水，两千五百年。
蜿蜒三道湾，锦绣扬州南。
北有瘦西湖，南有古三湾。

何为三湾？明万历二十五年（公元1597年），扬州知府郭光复为解决漕运交通的问题，把原有的100多米长河道改弯变成了1.7千米长，以增加河道长度和曲折度的方式来抬高水位和减缓水的流速，从而解决当时交通命脉上最关键的难题，形成古运河三湾段。

扬州运河三湾风景区，位于古运河三湾段，现为世界文化遗产、国家水利风景区。以该运河及周边湿地风光为依托，因地制宜地配置人文景观及休闲设施而形成大型生态人文景区。景区规划建设以扬州的高旻寺和文峰寺为端点，以古运河为轴线，以项目为核心，充分彰显水工技艺和运河文化，打造与瘦西湖相呼应的城市南部风景名胜区、体育休闲区和旅游度假区。在概念的汲取上，设计团队充分尊重扬州特有的历史文化，以《扬州画舫录》中描述的扬州生活为源，结合现代社会的发展诉求，借“三湾”之妙境演绎新时代下的扬州——扬州的后瘦西湖时代。

圈层规划

在2012年介入之初，设计团队便提出“圈层规划”理念，立足原有湿地资源，利用绿色生态技术，构建圈层保护体系，实现生态保护与游览休闲的融合。根据该运河的生态情况，设计团队分3个圈层（湿地保护、湿地缓冲、参与性湿地）来规划；根据整个圈层的划分，设计满足了与人们活动相对应的3类需求。空间既完美地构建了生态保护体系，又和谐地与游览休闲紧密融合。

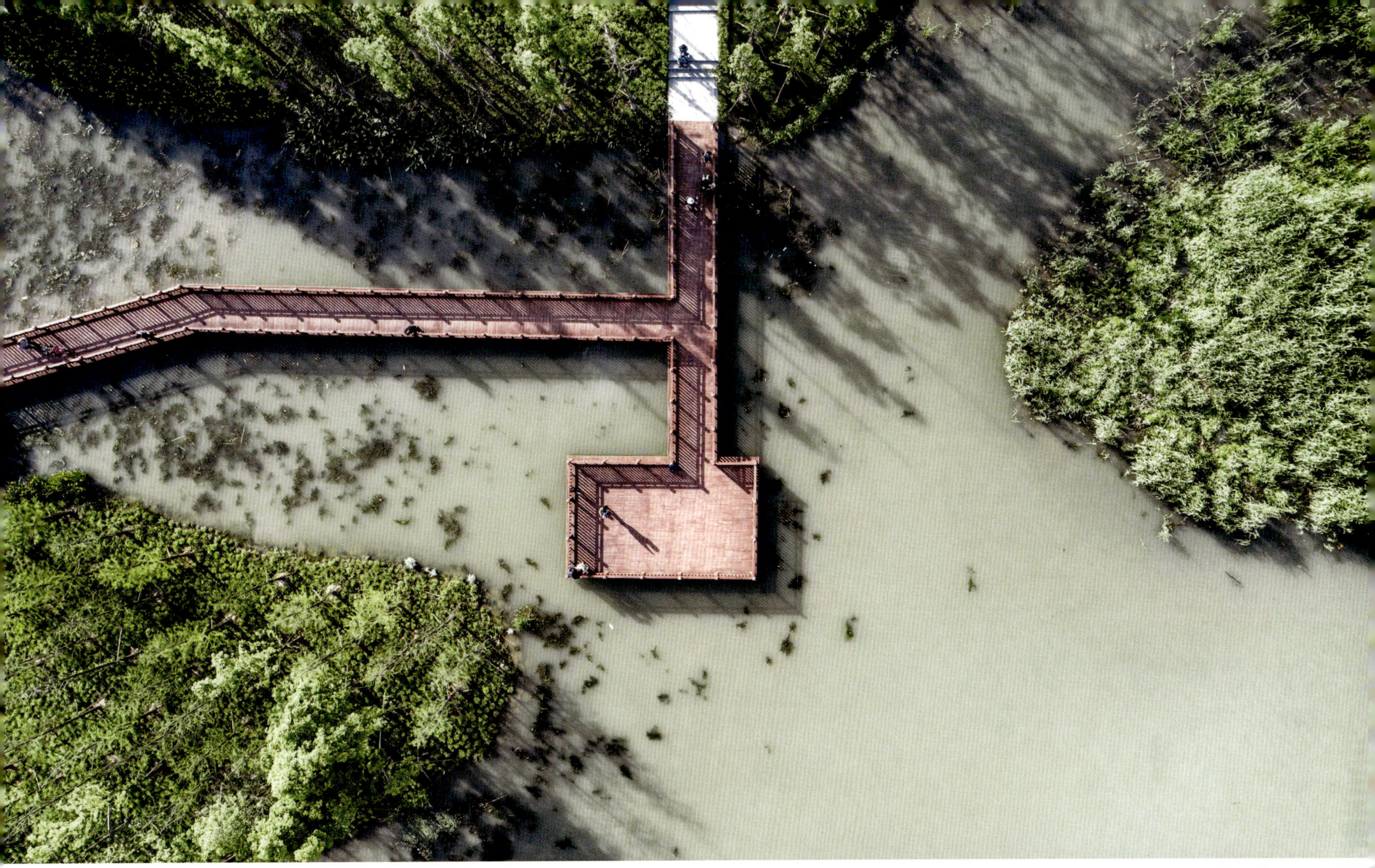

基地清理
·对 50 米范围内的违章建筑及构筑物进行拆除
·新建建筑控制在 50 米范围线外

基地修复
·对基地内的植被和水体进行保留和修复，利用植物对水体进行净化

驳岸建设
·保留原有驳岸形式，对原有码头进行修复

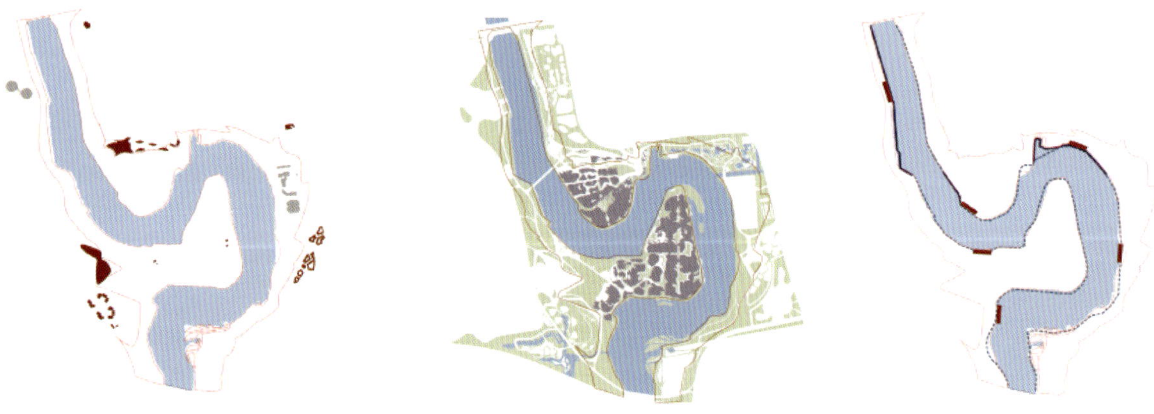

保护策略分析图

为了保护该运河世界文化遗产景观的完整性、真实性、唯一性等，将运河两岸外 50 米范围内的违章建筑及构筑物予以拆除，同时在不改变运河原始景观特性的情况下，通过生态治理、适宜改造、修复景观，既达到保护要求，又达到美化运河的效果。

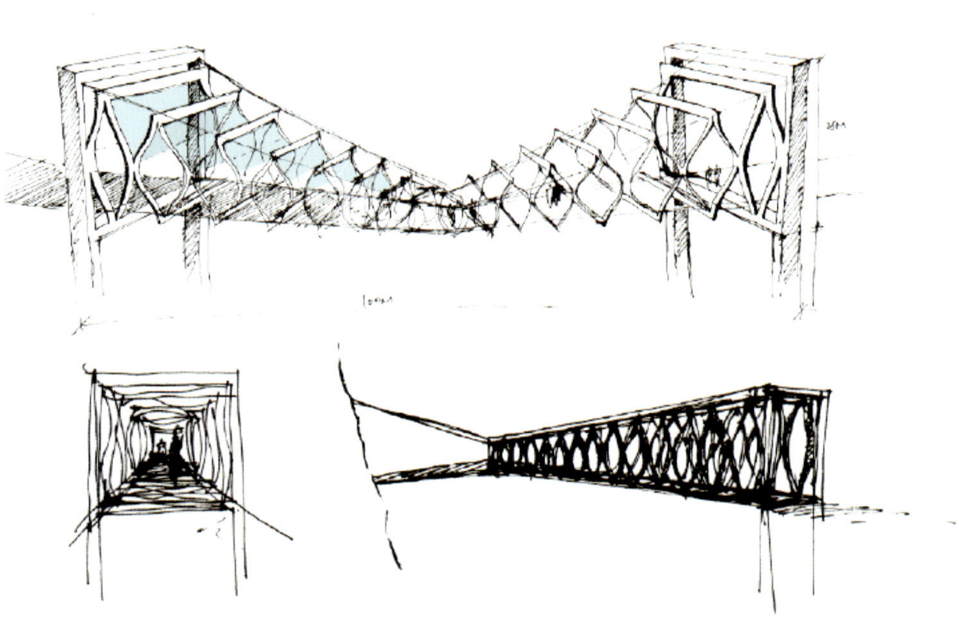

剪影桥方案灵感汲取了非物质文化遗产——扬州的剪纸艺术

运河遗产保护

中国运河是一部大书。一条流淌了2500多年的河流，带给扬州悠久的历史和璀璨的文化，扬州有“中国运河第一城”的美誉。而三湾，恰是风光最绮丽的篇章之一。为保护该运河世界文化遗产景观的完整性、真实性、唯一性，将运河两岸外50米范围作为世界文化遗产控制范围，在不改变运河原始风貌的基础上，通过生态治理、修复景观，既美化运河，又保护古运河韵味中的原汁原味。

生态三湾

根据“圈层规划”理念，设计保留了三湾古老的媲美都江堰的水利特色，并在外围保护和恢复了三湾生态湿地，建立不同强度的生态和休闲圈层。首先对广陵区三湾湿地内由水泥厂累积的重度污染水体及污泥进行抽离、更新。利用梯级净化、水生植物及净化设备对湿地内水质进行提升，彻底改善湿地水质。在最具生态价值的核心区域设置湿地区域，并进行分层控制，从外围到核心分别是湿地参与区、湿地缓冲区、湿地保护区，同时在湿地缓冲区局部采用立体交通，以架空廊桥的形式减少人类活动对生物的干扰，从而在保证生态修复、生境营造的同时，也能够满足城市休闲的需要。

设计根据规划要求，对三湾核心区域9万平方米左右的鱼塘进行了保护，对于湿地保护区，设计团队进行了梳理，使塘与塘连接，形成开阔水面、浅水区、深水区，营造丰富的生境系统。在湿地缓冲区设置了观鸟廊、观鸟屋、观鸟平台、生态步道等，为市民、游客体验学习湿地生态提供了鲜活的教材。观鸟屋景区设有禁止游人进入的核心保护区，这里水草丰茂，湖水清幽，众多鸟类在此栖息。观鸟屋是供游人欣赏湿地风光、珍稀鸟类的观景台。

活力三湾

根据场地特色分别打造湿地生态体验区、三湾慢生活体验区、田园风光体验区、体育健身区及儿童活动园，为城市休闲生活提供绝好的载体。老百姓可以在这里跑步、打球、跳操……公园，成为人们生活的一部分。同时，充分考虑经济性，发挥公园自身"造血功能"创造营收，使公园得到有效运行和维护。

文化三湾

剪影桥——剪影桥是一座跨古运河的景观桥，全长168米，其中主桥长120米，宽20米。方案灵感汲取了非物质文化遗产——扬州的剪纸艺术。这种民间流行的平面和立体构成艺术在中国唐代就开始盛行。设计创新性地采用风格化的现代材质和工艺，将剪纸艺术中的拉花以透空的感觉表达出来，将古代文化和现代文明交相辉映于古运河之上，同时实现了两岸的交通功能。

听雨榭——运用漂浮屋顶的设计手法，将古典园林中的水榭做现代的艺术演化，在三湾河畔形成听雨观三湾、抬头望星月的意境。正如南宋诗人蒋捷的《虞美人·听雨》：少年听雨歌楼上，红烛昏罗帐。壮年听雨客舟中，江阔云低，断雁叫西风……

锦瑟桥——"锦瑟无端五十弦，一丝一柱思华年。"刘禹锡的"新声促柱十三弦，扬州市里商人女"及《扬州画舫录》的"年年肠断玉箫声，檀板红牙小部筝"，描绘的正是扬州古筝，锦瑟桥运用了古筝的元素，分为弦、梁、柱、板，桥顶的钢管好似琴弦，琴弦中间是筝的"码子"，古筝中称之为雁柱，远看就如一台大型古筝立在天然湿地风光之中。

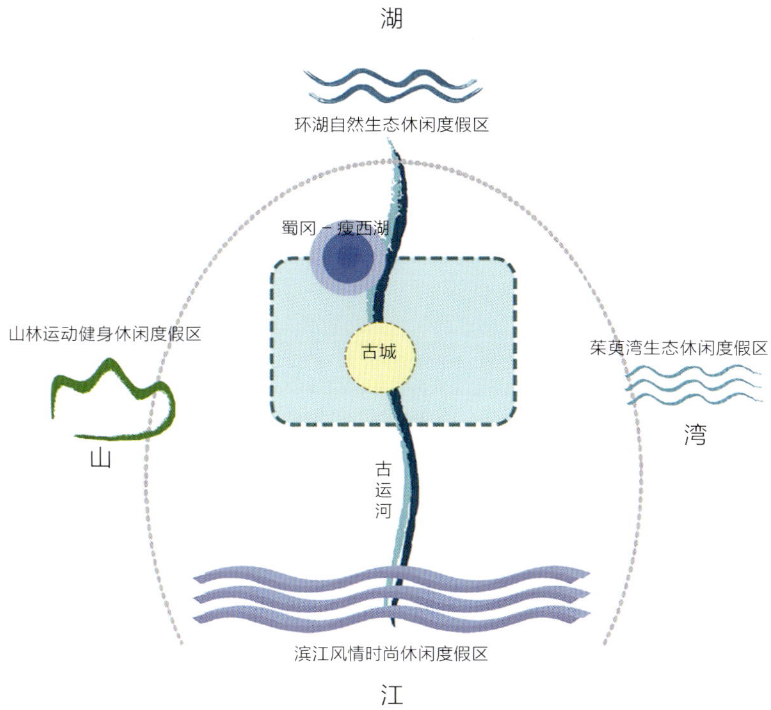

扬州市图书馆
YANGZHOU LIBRARY
城市書房
三湾

城市书房——城市书房为两层建筑，面积约240平方米，书房临水而建，朝向西边的古运河，采用中国传统水榭和画舫的设计元素，古朴中透露出现代感。书房一层通透，打造了供市民和游客休憩的区域。二层为阅读室和观鸟台，室内布置温馨，书香味十足，配置了空调、卫生间、自助咖啡机等设施，为市民、游客提供一个阅读的共享空间。

凌波桥——桥的结构形态采用下沉系杆拱，全长223米，其中主桥长148米，宽16米，整座桥的设计灵感来自扬州的水。考虑到无障碍设计，方便老年人、婴儿车、轮椅顺利通行，摒弃了传统拱桥的形制，但吸取了传统拱桥的审美韵味，保证安全、便利的同时，赋予自身的特色。

大运河博物馆——张锦秋老师的作品，博物馆主体部分设置多个主题展厅和考古研究所、文创展示区、文化剧场、儿童体验区等多个功能区，是集文物保护、科研展陈、休闲体验为一体的现代化综合性博物馆，成为三湾锦上添花的重要一笔。

后记

中国园林强调“虽由人作，宛自天开，师法自然，回归自然”。可是在城市化进步的途中，设计团队好像离自然越来越远，但在城市和生态保护结合的路上，设计团队从未止步。

湖北，武汉

HuaZhong Xiaoguishan Cultural Financial Park

华中小龟山文化金融公园

metrostudio迈丘设计 / 景观设计

景观面积：
69,071平方米
建筑设计：
水石设计
业主：
南国置业
摄影：
林绿、潘爽

项目位于湖北省武汉市武昌区小龟山坡地之上。场地内为20世纪的红砖建筑厂房及附属设施，承载着厚重的历史记忆和人文气息，记录了武汉这座老工业城市的过往辉煌。项目意图打造一个有浓厚历史文化内涵，集金融、办公、文娱、商业、展览、餐饮、酒店等为一体的多功能、高效率的华中多元化金融文化公园。

尊重场地历史，新旧结合，以文化性、功能性、生态性为设计原则。对场地保护改造，将城市历史文化和金融办公需求融入旧场地，通过景观设计打造一个文化金融公园。金融文化广场属于项目首开区，主要由南入口广场、金

华中小龟山文化金融公园
HuaZhong Xiaoguishan Cultural Financial Park

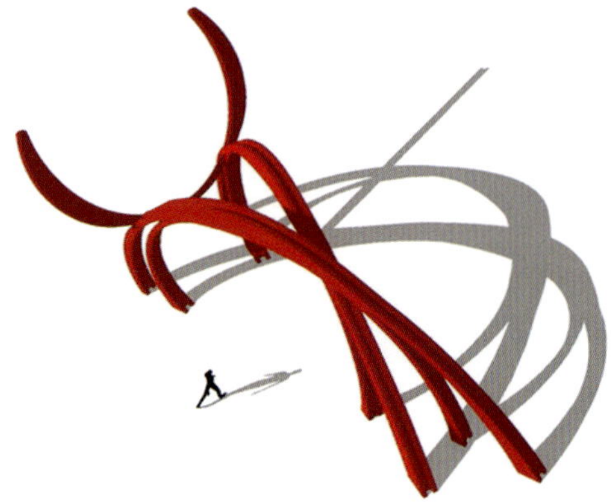

融活动草坪、金融故事广场三部分组成。专门为场地设计的红色金融牛雕塑位于金融活动草坪和金融故事广场之间，色彩鲜艳张扬，线条优美流畅，牛的形态呼应园区主题，成为广场的焦点，增添了人气。园区内点缀有旧机械雕塑，旧水管雕塑与坐凳结合，涂鸦与旧建筑结合，烘托场地文化氛围，打造丰富有趣的园区景观。整个园区保留20世纪的红砖建筑厂房属性，以多层砖混结构为主，结合场地条件进行适当拆改，新增的景观露台激活二层平台空间，与金融故事广场空间自然地过渡。

金融艺术公园由金融之眼、金融艺术公园、主题性建筑和企业剧场组成。金融之眼是盘旋而上的构架，下有几个旧机械雕塑，中间有一个形似旋涡的水景，林荫给人漫步森林的感觉。金融艺术公园中有一保留的大型龙门架，做草坪留白处理，供人群聚集活动，节假日可作为演艺活动场地。小龟山森林公园依小龟山而建，修复小龟山山体植被，地形起伏的阳光休闲草坡上设有趣味滑梯，共同构成开敞舒适的休闲活动空间。植被与原有大树结合形成的森林空间，曲折蜿蜒的森林栈道，由集装箱改建而成的森林树屋，营造了生态自然的空间氛围。

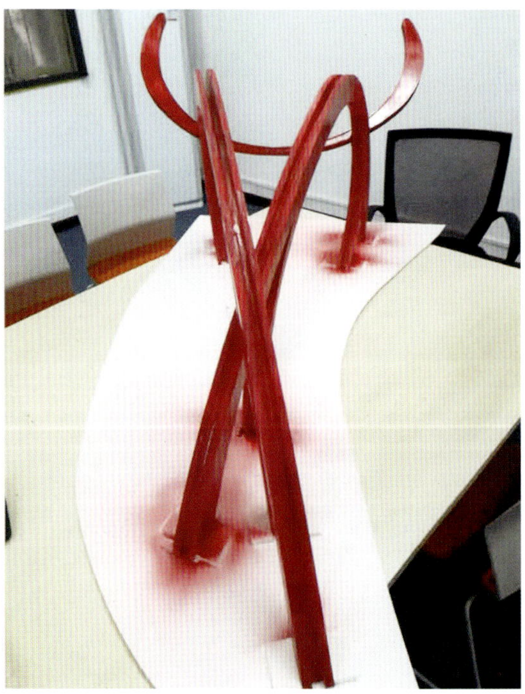

建筑模型：水石设计

空间推敲

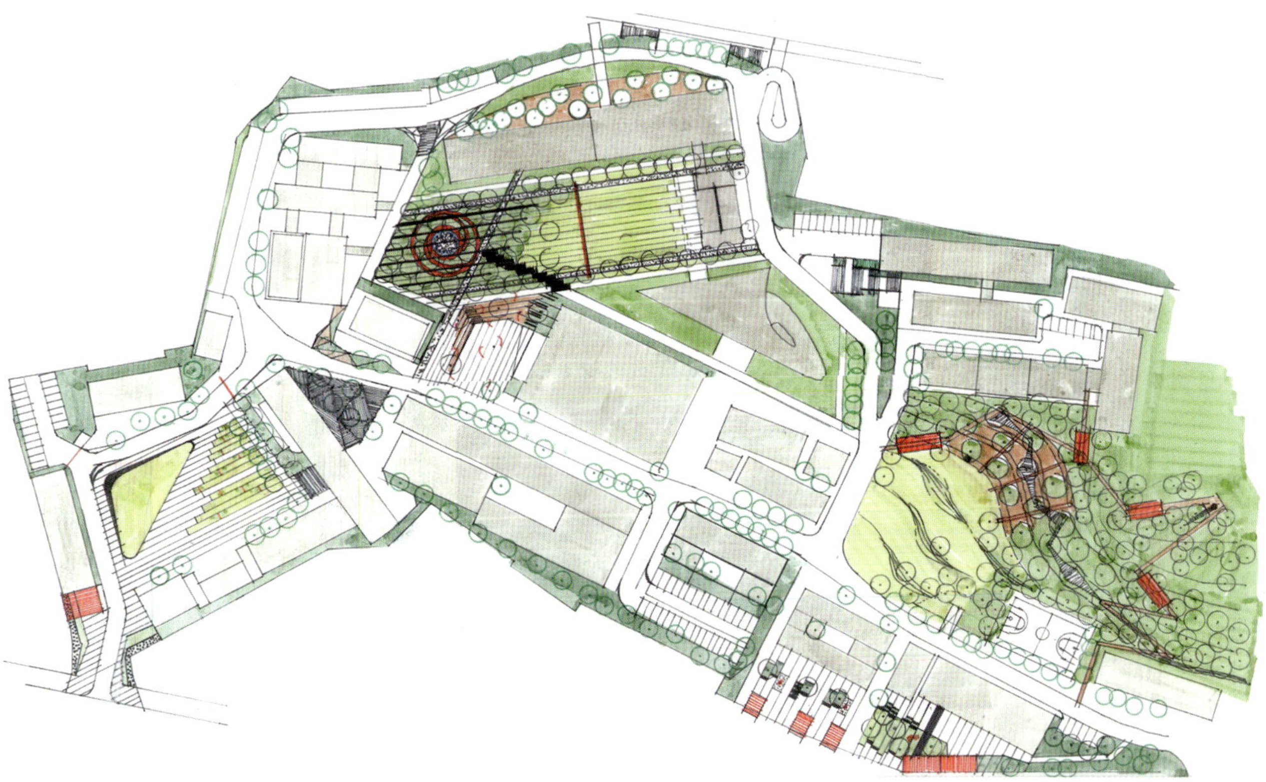

总平面图

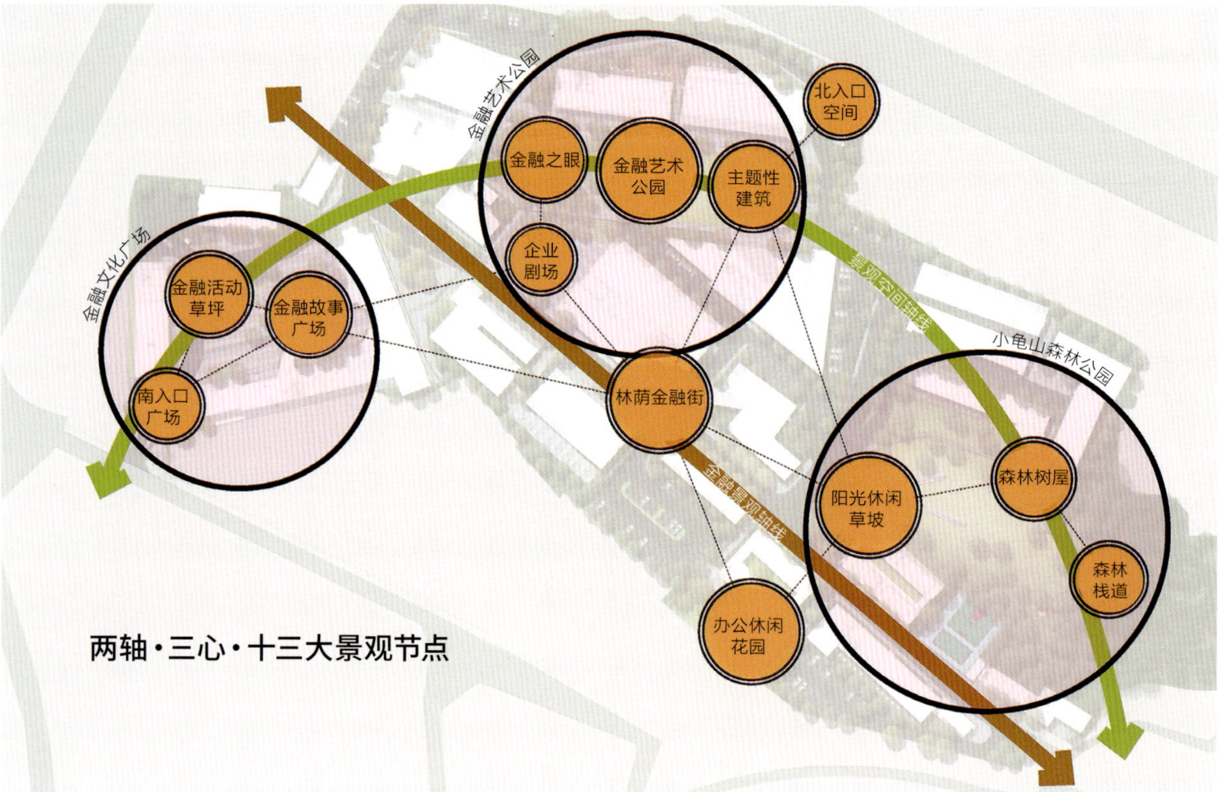

景观结构分析

广场平面图

华中小龟山文化金融公园
HuaZhong Xiaoguishan Cultural Financial Park

项目面积：
约141,456平方米
设计团队：
刘廷杰、白静、施源、戴标
主创设计师：
刘廷杰
摄影：
胡义杰

中国，北京

Beijing Daxing Ecological Civilization Education Park

北京大兴生态文明教育公园

加拿大考斯顿设计／景观设计

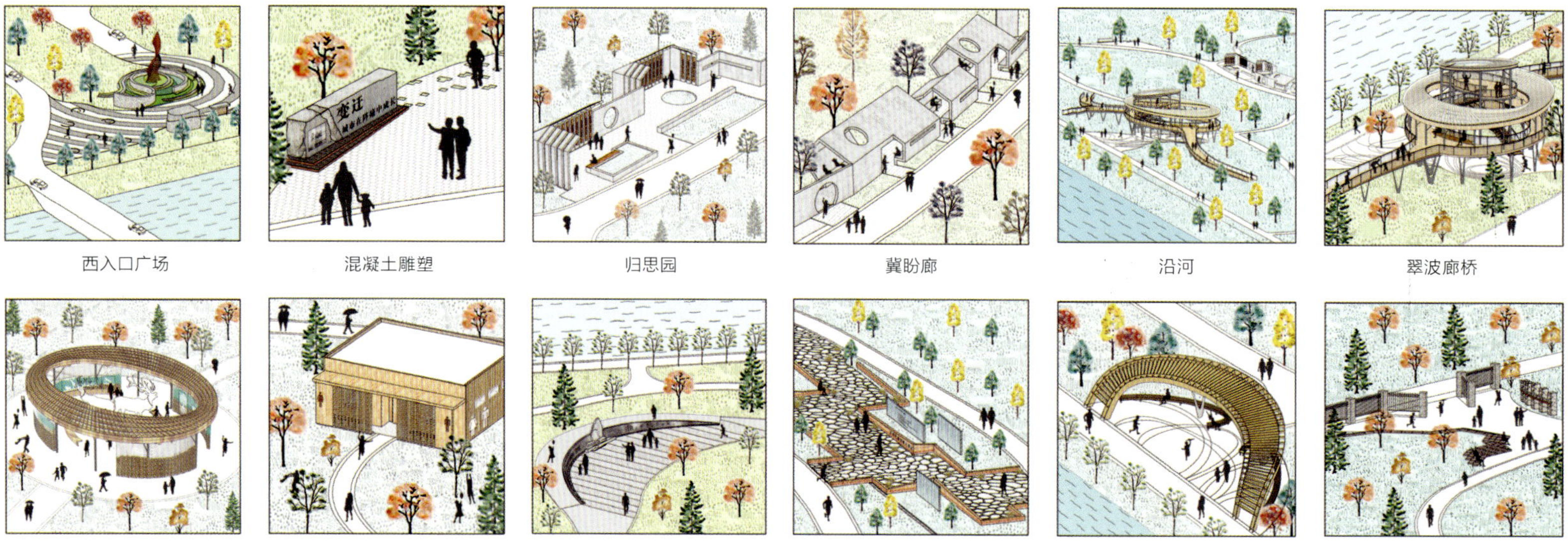

西入口广场　混凝土雕塑　归思园　冀盼廊　沿河　翠波廊桥

永续廊　公共休息室　树·纪念广场　奋进林地　贯虹廊　东入口广场

连环画演示图

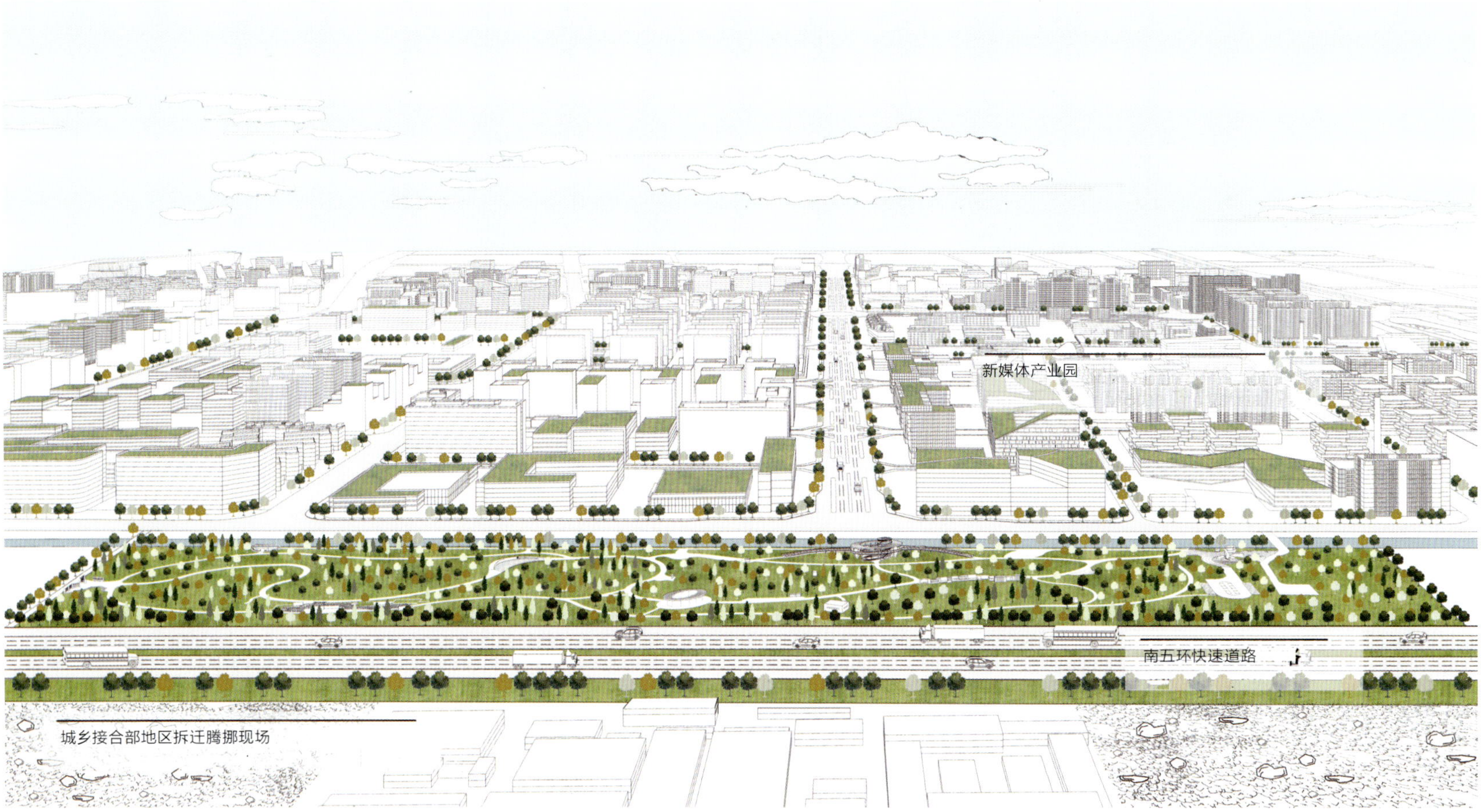

整体分析图

蜕变

北京大兴生态文明教育公园位于大兴区北侧、南五环快速道路以南，新媒体产业园北侧紧临新凤河，总面积约141,456平方米，它处于北京主城区边缘，依临新兴城市板块和机场辐射区。2013年国家提出有序疏解非首都核心功能、调整产业结构、完善城市空间、加强城乡接合部地区的改造治理以配合京津冀协同发展战略。这个城乡接合部地区成为北京产业调整升级、腾退还绿的重点区域，面临大面积低端产业关停、废旧建筑拆迁、流动人员清退的阵痛和挑战，也面临城市更新和重生的巨大喜悦和机遇。

2016年4月5日习近平等国家领导同志参加了公园原址地的植树节活动，倡导“知行足下”“把大兴建设好”，扎实推动城郊地区城市更新和绿色再生工作。北京大兴生态文明教育公园就诞生在这个城乡接合部地区一系列的变迁和事件之中。

叙事性空间结构

北京大兴生态文明教育公园正如一幅慢慢展开的手卷，连续不同的景致构成完整叙事性公园。它既展现公园职能，同时又引发主题联想（来源于故事或内容）；既实现腾挪还绿的城市发展战略，又要通过空间更新对城乡接合区域的环境和生活方式起积极介入作用（来源于讲述故事的形式空间）。当内容和陈述内容的形式形成完整的结构，就成为“叙事”。设计的目标是建立一个围绕生态文明的线性叙事性空间结构和场所编排，又构建自在欢愉的暗示和启迪环境。结构和场所具有连续、关联和偶然的叙事特征，同时又传达欢愉、自由、浪漫的郊野个性，展现叙事性和诗性的结合。

该生态文明教育公园自西向东按叙事逻辑编排了4个关联景园，分别命名为畅想园、智慧园、知行足下纪念园和奋进园，呈现了“自然畅想”“普及引导”“教育纪念”“努力践行”的线性递进关联，并分别由一条一级园路和一条环形生态步道贯通。这一线性叙事方式如胶片所展现的连续影像空间，又如一幅园林画手卷，既平实连贯具线性叙事关联，又结合静止或动态叙事场所设计，增加体验和审美，引导思考。

群体灰建筑与场所

传统景园中的建筑小品（或景观小品）被重新定义为更为积极的灰建筑概念，即介于建筑和景观之间的模糊空间和构筑物，具有建筑和景观的双重属性。五环公园内的灰建筑群具有完整的空间形态、意义象征或暗示、整体材料性征，形成一系列事件性场所，并积极鼓励游人参与事件和体验。随着行为和时间移动，场所和景园之间、场所和场所之间在空间和意义上呈现了叙事性序列关联或在偶然机遇后重新编排的意义联系。

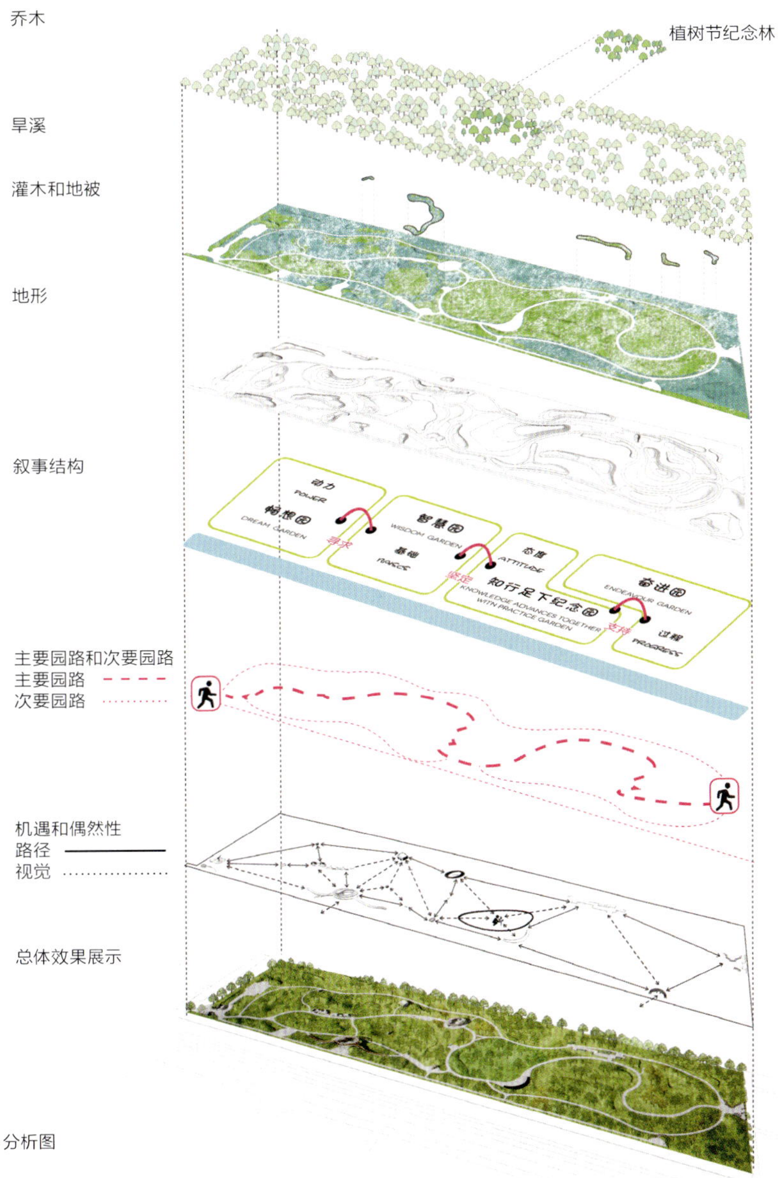

分析图

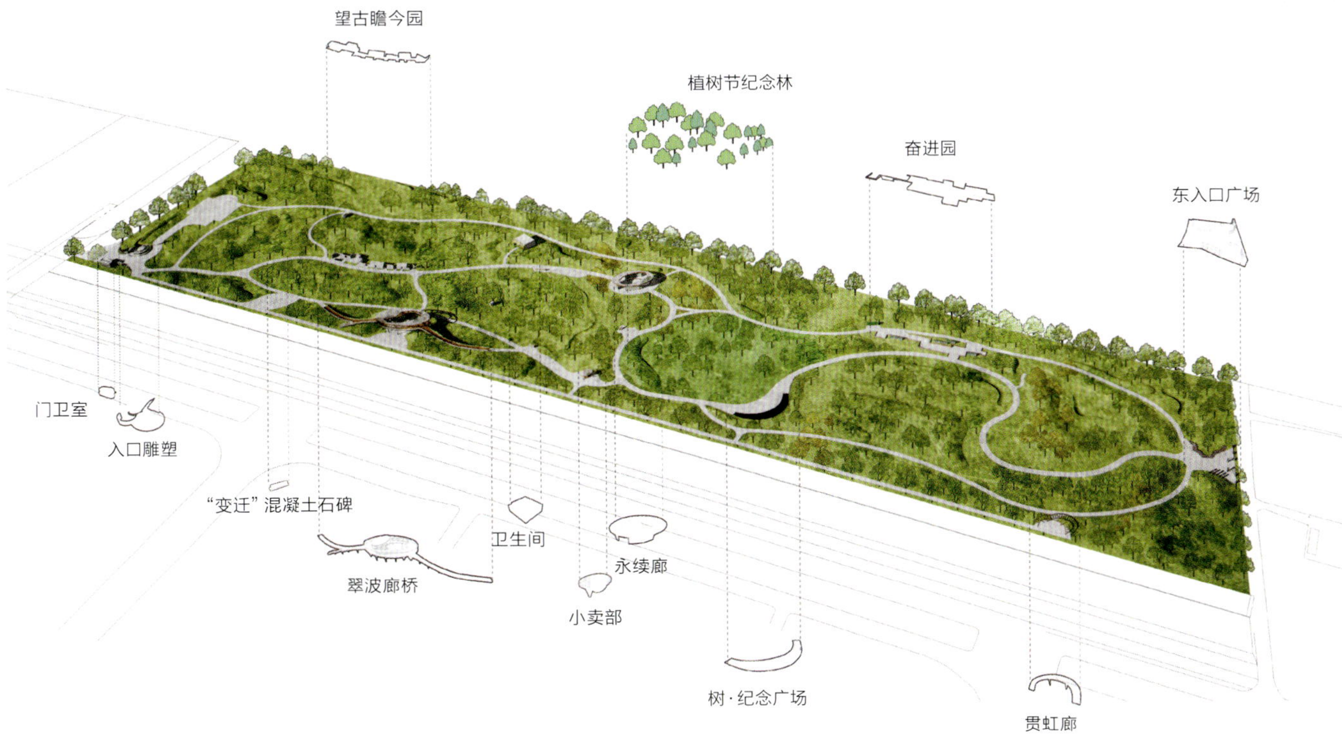

构筑物分析图

材料、记忆和可持续性

大量拆迁废弃材料砖砌块、混凝土、碎骨料被循环再利用，用作景观矮墙、雕塑、排水边沟及垫层、预制垃圾桶、铺装、石笼墙填充料等。不仅增强可持续性，也增加场所的历史感、触摸感和感染力。

1. 拆迁废弃的砖石混凝土细骨料用作透水边沟、铺装垫层、预制垃圾桶、中骨料制作石龙墙填充料。

2. 大型废弃混凝土大梁用作场地雕塑；废砖加工砌筑景观矮墙；废弃混凝土大砌块用作碎拼铺装。

3. 透水混凝土砌块与透水混凝土地面强化雨水自然渗透。

4. 炭化木等环保低碳材料用作构筑物的结构或装饰。

地形

重塑地形，使植物群落有高低变化，增加了植物的生境。下沉式绿地，种植湿生和水生植物，形成雨水花园，起到海绵作用。

旱溪

几处旱溪利用原场地的洼地，营造雨季储水、旱季见绿见石的自然生态场景。湿生植物交织在干枯的卵石体和波光粼粼的水体之间，局部散落的置石烘托野趣横生、自然天成的幽远景观，仿佛闲云野鹤、出尘嚣外。几处知识栏图文结合讲解生态系统中水的重要性、湿地生态系统及人工湿地的做法及作用。

植物

在植物配置方面，增加观赏性植物群落，丰富了植物的林缘线。在植物群落的边缘种植不修剪和少修剪的花灌木，群落的中间林地和地被采用喜阴植物。

西入口广场

它是生态文明建设的主入口，流线型渐高的毛石砌墙像一幅画卷的卷头，卷轴处是以萌发为主题的雕塑，预示生态文明建设的蓬勃生命力。

混凝土雕塑

废旧混凝土大梁形成的裂变状雕塑，寓意城市的变迁和阵痛。

望古瞻今园

位于畅想园内的望古瞻今园是一组连续线状群组灰建筑，紧邻和平行一级园路，由归思园与冀盼廊两部分组成，为混凝土现浇带状观景灰建筑。其中归思园以中国古书“竹简”为设计原型，提取中国传统园林的空间特征，营造观赏空间。通过山水田园诗的意趣渲染陈述，细致描摹中国人向往中的山水田园。冀盼廊则以抽象几何形式的变化组合，构成可供休憩的游廊。这一组线性序列空间，尺度宜人、材料纯净；借用抽象建筑符号、墙顶转换等富有趣味的建筑手法引导游人动线和体验；结合墙面、天棚的文字展现世界在应对环境变化中努力与历程，使游人在片段的事件记录里，认识、理解和遐想。

智慧园

智慧园是该生态文明教育公园的知识科普与生态意识引导基地。智慧园

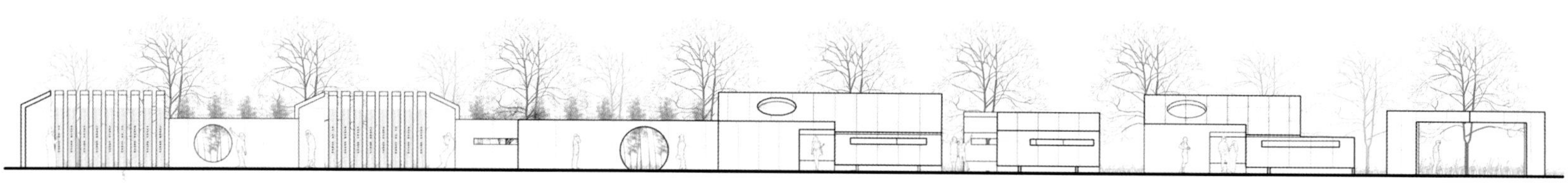

剖面图

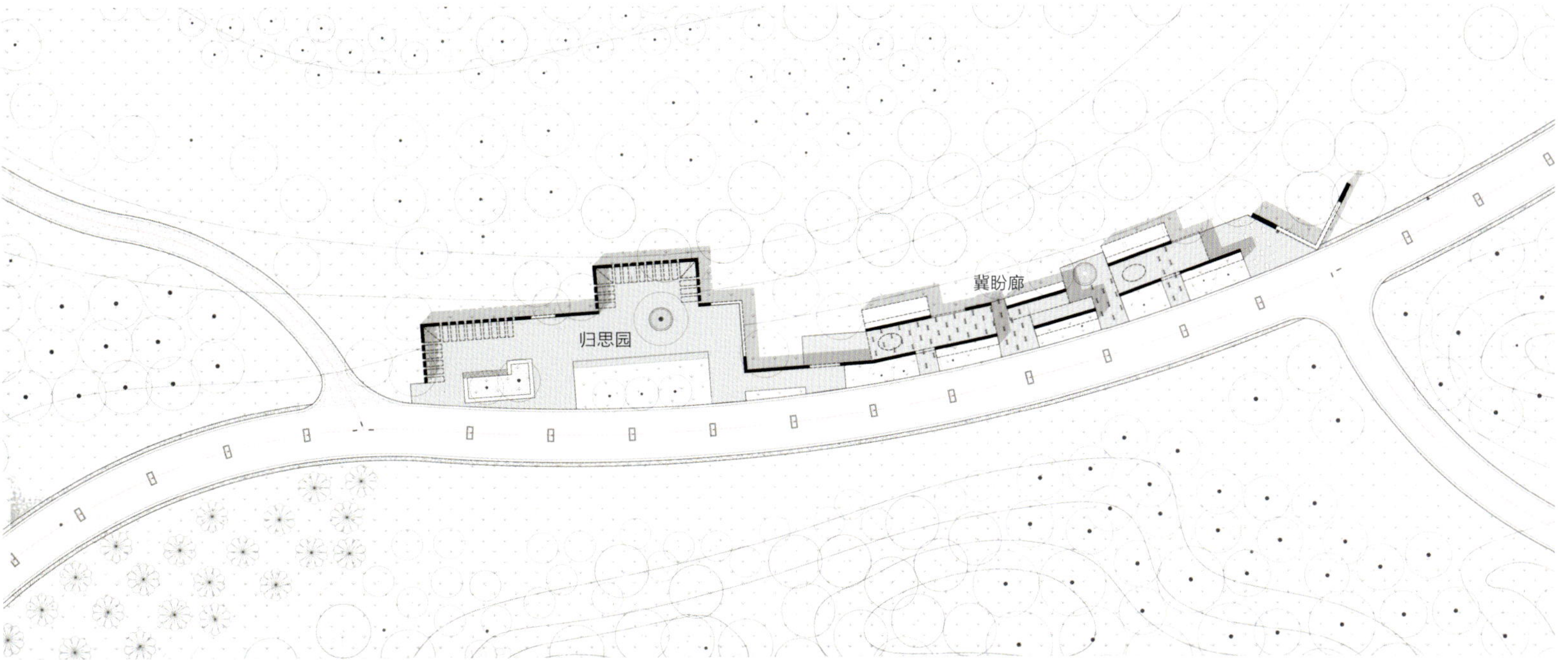
冀盼廊
归思园

望古瞻今园平面图

饮酒·其五
结庐在人境 而无车马喧
问君何能尔 心远地自偏
采菊东篱下 悠然见南山
山气日夕佳 飞鸟相与还
此中有真意 欲辨已忘言
魏晋·陶渊明

以场地实例结合图文的方式，生动地展示自然科学知识、对生物界的认知及生态环境保护优化技术。

翠波廊桥

位于智慧园内的大型灰建筑翠波廊桥为钢木结构的景观游桥，主体二层，局部三层，紧邻二级生态步行道。150米凌空飞动的桥体作为广阳大街北端的独特城市标志物，既强化北兴路的城市景观界面，又成为重要的城市节点，与产业园区蒸蒸日上的发展互为对景，隐含对生态文明和城市发展的礼赞。桥体下部采用 Y 形钢柱承载与基础焊接，有如翚斯飞之动势；上部采用重型胶合梁、木柱和局部加钢构稳固件的复合木结构形式。翠波廊桥是行为和时间移动下，游人自发体会和联想的一种叙事方式，是短暂旅行后的浪漫想象。游人随着引桥及环形平台可直至第三层平台，在高程不断变化中于林端行走、凭栏远眺，感受独特的观赏体验。近视可俯看满园绿色及中部植树节纪念林地，平视可眺望大兴及新媒体产业园的城市变迁，远视可目及大兴城市剪影和西山余晖。自然、城市和内心融为一体。

永续廊

位于智慧园内的永续廊是由拆迁废料作为墙体填充骨料构成的圆形石

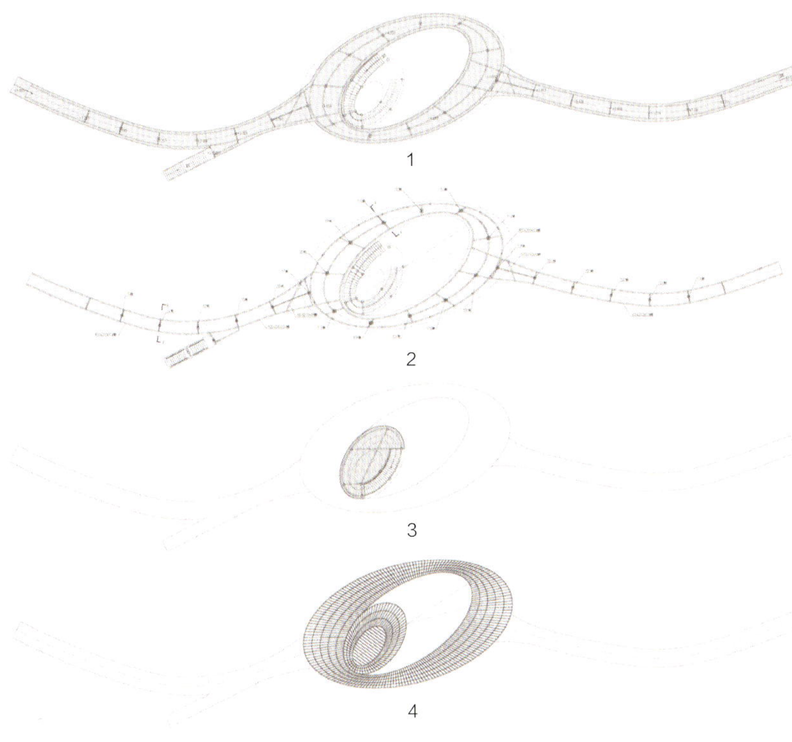

1. 一、二层平面布置图
2. 一、二层结构平面布置图
3. 三层平面布置图
4. 屋顶平面布置图

翠波廊桥各层平面图

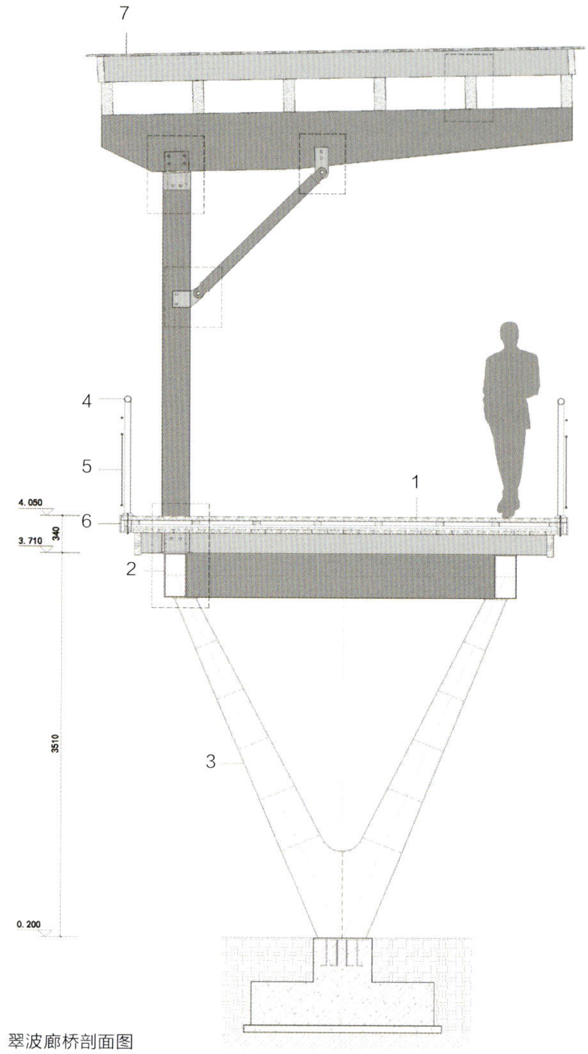

翠波廊桥剖面图

1.38 毫米厚炭化木面板，间隙 5~8 毫米
2×3CCA 防腐木纵向龙骨 @500 毫米
2×3CCA 防腐木横向龙骨，内填 20 毫米厚砂浆保护层
4 毫米厚 SBS 改性沥青防水卷材
38 毫米厚炭化木望板
双拼 2×8 搁栅，间距≤ 500 毫米
2.200 毫米 ×400 毫米钢梁，深灰色氟碳漆
3.V 形钢柱，深灰色氟碳漆
拼板为 10 毫米钢板，肋为 8 毫米钢板，材质 Q235B
4. 60 毫米 ×3 毫米通长不锈钢扶手
5. 不锈钢钢丝网
6.-10 毫米 ×100 毫米 ×90 毫米 /110 毫米 /158 毫米钢板
7. 聚碳酸酯阳光板

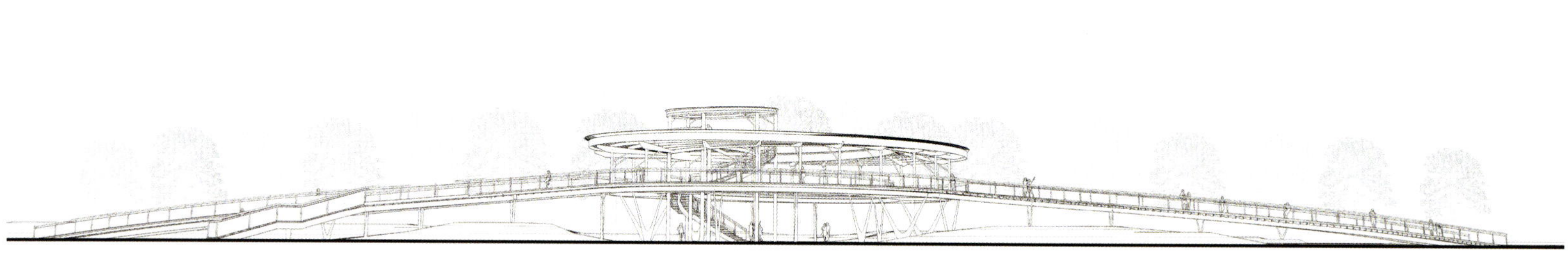

翠波廊桥立面图

笼景墙，钢木作为支撑结构和顶部构件共同构成大型休憩空间，由一级园路与畅想园的望古瞻今园连接。永续廊四面墙体分别在石笼墙体外以有机玻璃图示展示生长植物的土壤、植物生长与自然界交流、动物生长与植物的关系及动植物遗骸在有机物和微生物作用下对土壤成分的补充等自然界生态系统的循环共生过程。永续廊是静态叙事的，传达了生态系统循环往复、生生不息的永恒命题。围合构筑物的中间是两头废旧钢丝箍扎的麋鹿，徜徉在青草地上，呈现祥和温顺的自然界画面。

知行足下纪念园

知行足下纪念园是该生态文明教

永续廊剖面图

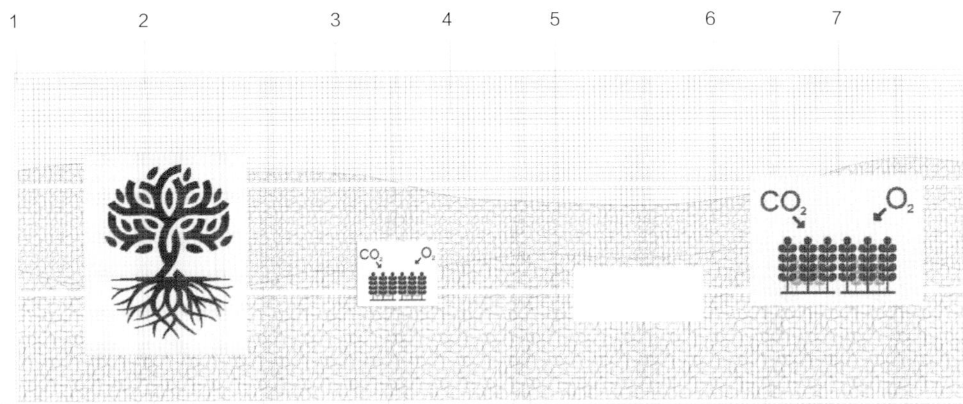

1.L30×2 厚角钢，外喷浅灰色氟碳漆
2.50 毫米 ×50 毫米 ×5 毫米 ×7 毫米厚镀锌 T 形钢框架，外喷浅灰色氟碳漆
3.8 毫米厚钢板，外喷浅灰色氟碳漆
4.5 毫米浅灰色钢丝网，50 毫米 ×50 毫米间距
5. 红棕色现场废旧骨料砌块
6. 蓝绿色玻璃块
7. 丝网印刷玻璃（无色），白色点阵图案

永续廊节点图

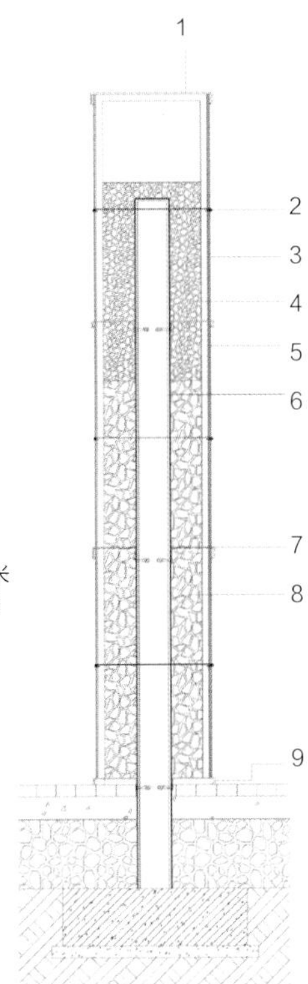

1.8 毫米厚钢板，外喷浅灰色氟碳漆
2.6 毫米拉筋 @1200
3.50 毫米 ×50 毫米 ×5 毫米 ×7 毫米厚镀锌 T 形钢框架，外喷浅灰色氟碳漆
4.50 ~100 毫米蓝绿色碎玻璃
5. 钢丝网孔 50 毫米 ×50 毫米
6.150 毫米 ×10 毫米厚方钢管
7.8 毫米厚钢板，外喷浅灰色氟碳漆
8.80 ~15 毫米现场碎砖
9.50 毫米 ×3 毫米厚方钢管

1. 不锈钢驳接件
2.10 毫米 +PVB1.52 毫米 +10 毫米厚钢化夹胶玻璃（丝网印刷）
3. 150 毫米 ×10 毫米厚方钢管立柱
4.8 毫米厚钢板，外喷浅灰色氟碳漆

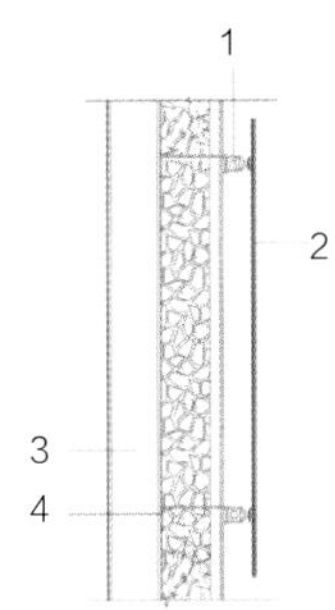

永续廊石笼景墙节点图

育公园的高潮及核心区域，植树节纪念林作为此区域的核心，以记事方式记录2016年4月习近平等国家领导同志来到这里与广大干部群众、支持者、少先队员一起参加义务植树活动的事件。知行足下纪念园成为珍爱自然、爱护环境的精神传承与弘扬场所。

树·纪念广场

树·纪念广场处在知行足下纪念园核心位置并与一级园路紧邻。该纪念广场的半圆形环抱的花岗岩纪念墙将广场分为高低两层空间，下层空间作为参观、纪念、交流和集会的场所，沿后侧缓坡道可到达的上层空间作为植树节纪念林的眺望台及活动时的发言空间。纪念墙上展现了植树活动的事件记录；墙体主立面配置“十年树木、百年树人”的金属字和志愿者植树的连环画式场景浮雕。“要把大兴建设好”的总书记嘱托铭刻在置石上并与纪念墙融合在一起，是广场的视觉焦点，更赋予大兴美好希望和激励。

奋进园

通过空间场所和文字内容演绎大兴区生态文明建设的一步步努力是该生态文明教育公园的结语。

奋进林地

奋进林地处在奋进园一级园路一侧。一组由废弃红砖构筑的非连续矮墙，废弃混凝土块及渣滓骨料铺砌的休憩、展示空间，散布其间如胶片的玻璃墙分别记录大兴区公园绿地建设的成效及分布、大兴区生态文明建设大事件及大兴区产业调整助力生态文明建设的日志。对拆迁中废弃材料的应用，成为大兴区在腾退还绿的蜕变过程中的实物见证。事件内容、空间载体和具有触摸感的再加工废弃材料形成极具感染力的场景。

贯虹廊

位于奋进园内的贯虹廊，是圆拱造型的特色钢木结构休息廊。贯虹廊起始线与终点线均与河岸和防汛设施平行，双向弯曲的廊身由两根弯曲的钢梁和它们之间的木构连接件组成，支撑结构也是如翠波廊桥的Y形钢柱。宁静而展翅欲飞的造型，象征和谐又寓意腾飞。贯虹廊与翠波廊桥同在二级生态路北侧，分别处在新媒体产业园次干道广平大街的北端延伸点和主干道广阳大街北端延伸点。这一排列使它成为新媒体产业园的重要景观，同时面向城乡接合部地区蒸蒸日上的生态文明建设和城市化发展区域，飞动的形态具有极强的象征意义。

东入口广场

作为东入口的门户接市政支路，以拆迁遗留废料填充的石笼柱与塔形常绿树作为背景的公园名称背景墙充分反映了生态建设与城市变迁的不可忽视的联系。广场中保留场地内的原始植株，场地铺装特别选用透水的散

置石子，最大程度地保护原植物生长。

机遇和联想

各个灰建筑场所之间的行为路径、视觉联系存在偶然性。这一偶然性产生的独特体验和即时事件超越了原有的叙事逻辑编排，增加了叙事的多样性和机遇。这一行为过程丰富了游览者的认知和想象，成为欢快和愉悦的经历。比如望古瞻今园可以由归思园向东至冀盼廊，也可以倒过来发生。从古代中国乃至当代世界，这一时间线可以因游览顺序重新编排。比如从望古瞻今园向南可直达翠波廊桥，这一路径并非按原有的叙事序列，然而由望古瞻今园至翠波廊桥、由近地面的线性水平体验至凌空林端的高空飞动体验，在欢畅的行为后暗示由憧憬至礼赞、由启发认知至自发感悟的跃升。在永续廊里透过湿地旱溪目及翠波廊桥顶端，自望古瞻今园沿一级园路远视永续廊，自翠波廊桥远眺树·纪念广场和贯虹廊等。这些视觉的偶然性编排了多样的叙事组合，构建了在公园主题结构框架下内在叙事性之间的欢愉体验和多维度联想。

尾声

建造在城乡接合部腾退还绿区域中的北京大兴生态文明教育公园以线性叙事结构，以当代朴素简约的空间塑造手段，完成游园职能和启迪性升华。灰建筑群体高度参与场所叙事，陈述内容及陈述内容的形式介质所构成的叙事修辞尝试以更开放和抽象的方式，以静态叙事、线性叙事、行为主导的动态叙事等手段，建立了丰富的场所体验、偶然机遇、知识认知、意义象征和联想。这既构建了主题叙事框架下的逻辑和序列，又营造了欢愉浪漫的观景体验，犹如连续的园林画手卷，展现了叙事性和诗性的合一。

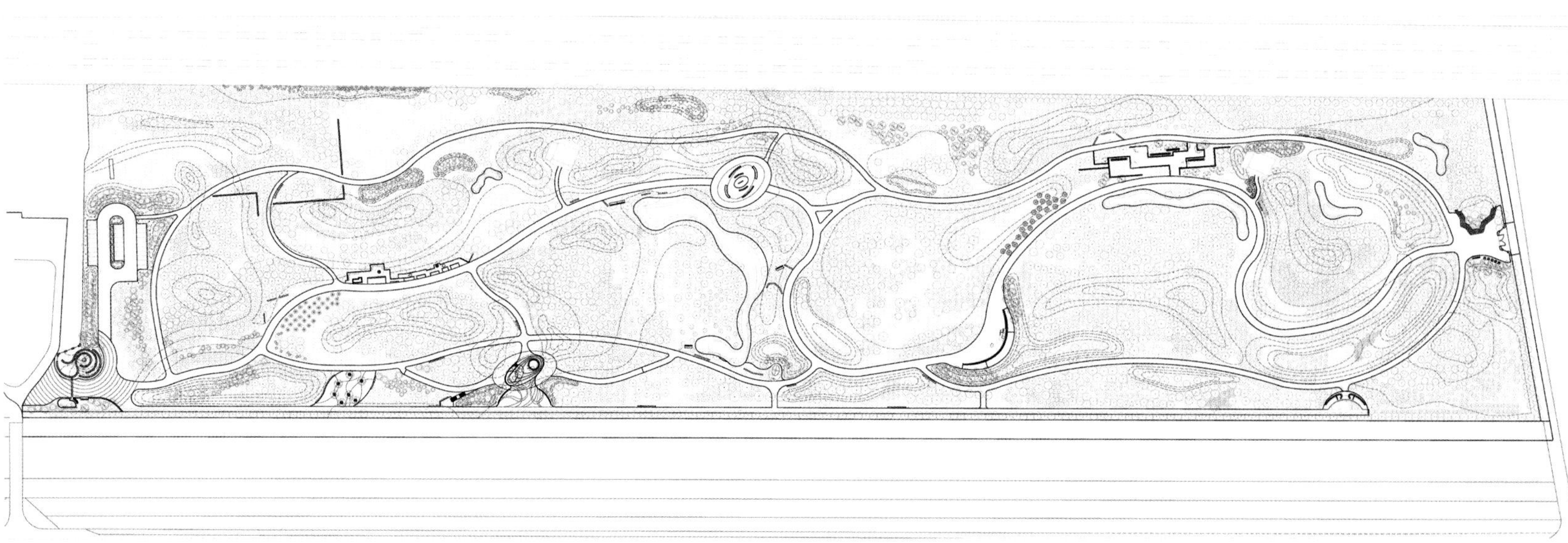

总平面图

永续廊
Sustainable Corridor
树·纪念广场

山东，威海

Readers Pavilion at Citizen Cultural Park, Rongcheng

荣成市市民文化活动公园读书角

艺合境建筑设计事务所／景观设计

项目面积：
400平方米
主创及设计团队：
杨志强、万伟迪、王琳、吕景伟
室内设计：
青岛颐金建筑装饰工程有限公司
灯光设计：
青岛鸿图照明有限公司
幕墙设计：
北京豪杰盛世幕墙装饰工程有限公司
业主：
荣成市绿景园林有限责任公司
摄影：
樊明明

荣成政府广场具有典型的中国市府广场特征：纪念性尺度、仪式化空间（长约800米，宽200米，相当于12个足球场大小）。广场中部是大面积的草坪以及供市民集会演出的下沉广场，广场东西两侧则集中设置了一些市民活动空间与设施，两种公共空间通过柔性绿化相隔。读书角的场地位于广场东南侧，在现场踏勘场地时，周边景观绿植已经基本做好，不规则曲线状绿化所围合的场地总体呈三角形。

设计有两个关键的出发点：建筑如何延续城市广场的公共性与开放性？如何通过建筑空间的置入，将广场的尺度与人的尺度自然地过渡转换？设计试图通过“穿越”和“消隐”两种策略加以应对。

读书角是广场序列空间的延伸，人流可从多个方向进入。方案首先顺应基地形“势”将三角形转变为3个同心圆，圆形空间在对应人的流动方向上被切割出3个缺口，形成3个独立的C形单元空间，分别对应3个功能区块（阅览区、儿童区和咖啡休闲区）。3组单元空间相接处自然形成一块共享的公共空间，不同方向的人流可以自由地穿越，延续了城市广场的开放性。

每个独立单元包含室内和室外空间，构成上好似太极，暗含彼此相融相斥的组织逻辑，形成空间、界面、动线与体验上的复杂性。多层空间的嵌套外加玻璃幕墙的穿透与反射，使内外空间不断叠加组合，形成一种视觉上的张力，激发人们不断探究的欲望。

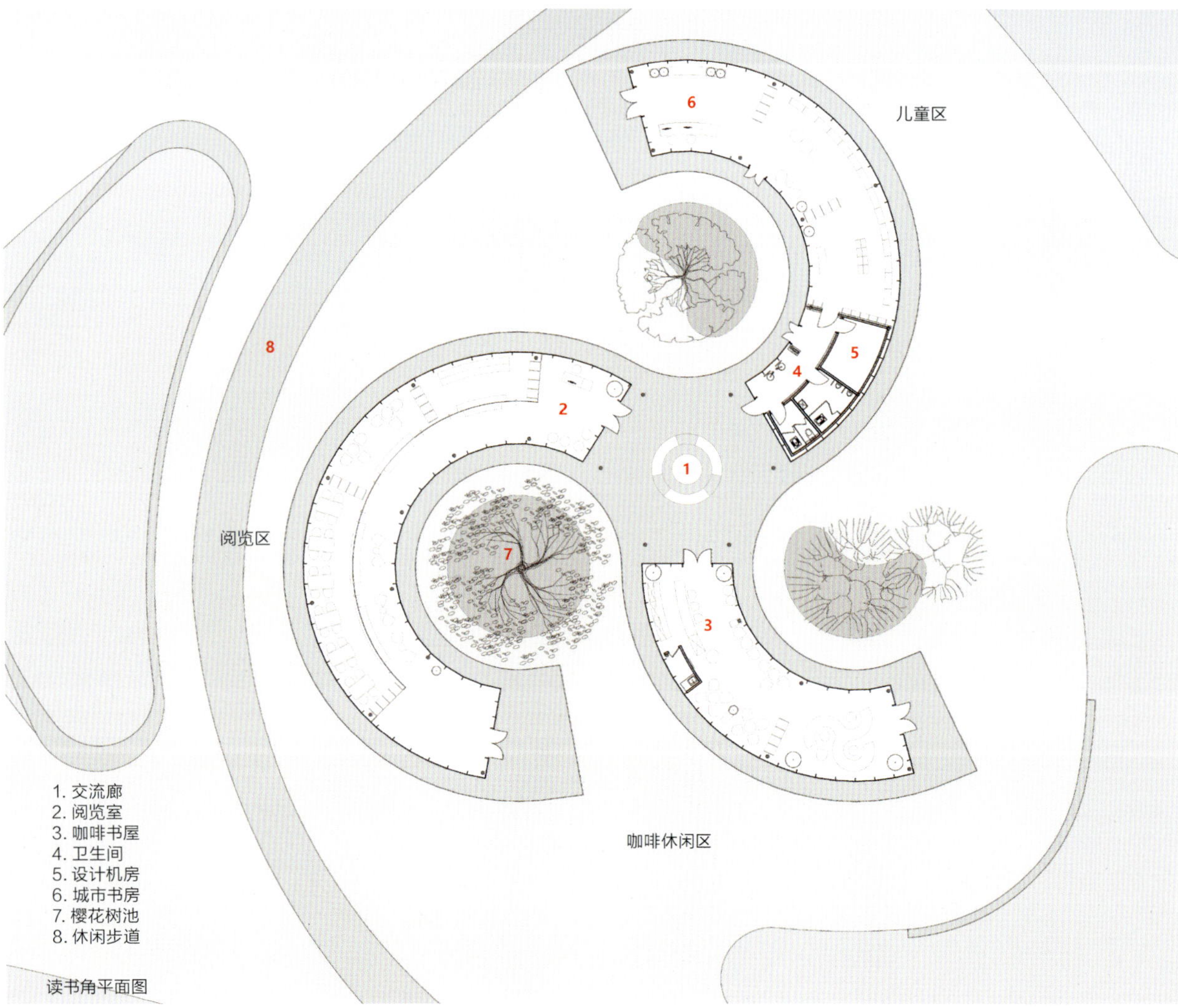

读书角平面图

在平面设计上以5度的同心圆为一个基本单元模数，柱跨、幕墙单元、室内地面等建构要素均以此为基本模数。钢结构形成坡度平缓的屋架，出挑1.5米的檐口，与入口巨大的出挑一起形成流动连续的灰空间，在起到遮阳作用的同时，强化形体“消隐”的特质，同时也自然形成两种尺度上的过渡。

在2.6米高度设置出挑0.4米的挑板，作为固定扇与开启扇的分割，使得外立面更加完整通透。正负零标高处为一出挑的平台，高于室外地坪0.6米，增加了建筑的悬浮感，天气好时人们在檐下坐于平台上阅读聊天，甚是惬意。

通过BIM设计，设计团队和室内设计、幕墙设计、灯光设计等专业团队更直观地协同合作，提升对作品完成度的控制。

整个模型分为表皮、屋架、钢结构框架以及室内几个部分。通过BIM设计可以非常便捷地控制圆弧的分段尺度、屋面板的大小、幕墙面板的均

读书角剖面图

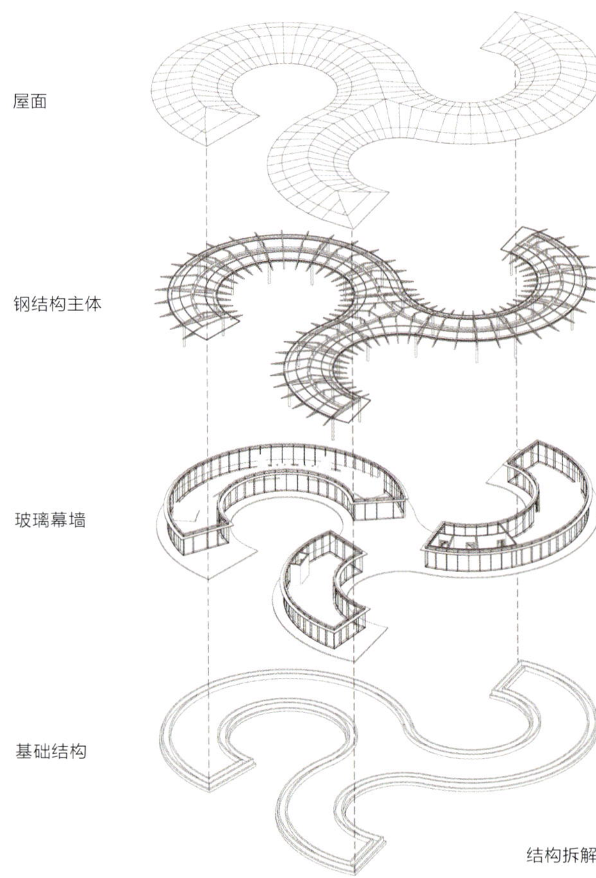

结构拆解图

匀分布等。在结构设计部分，弧形钢结构网架相较于方形的，在抗扭方面较为不利，设计团队借助BIM成果和钢结构厂家一起完成了整体结构模型。

轻钢结构的采用，为大跨空间提供基础。设备管线、空调机等在顶棚内设置，而顶棚上方空间不足，结构又需要一定的刚度，在综合各方需求的情况下，利用屋盖檩条作为整个屋盖的结构层。为解决屋盖刚度薄弱的问题，在框架柱处增设了水平联系梁，保证结构的刚度，减小了构件截面，降低了建造成本。

结语

项目提供了一种在纪念性尺度场地中的设计策略，它不追求个体的个性，而是强化个体与个体之间、个体与环境之间的相互依存关系，用类同型异的单元组合形成一种含蓄的复杂性。

项目建成后取得了良好的社会效益。由于C形体量在空间与功能上的自适应性，业主复制其中一个标准模块在广场的西北角做了一个票友区，可见这种单元空间具有一定的类型学意义，值得在结构、设备、装配式一体化方面做进一步系统化的建造研究。

云南，玉溪

Ecological Landscape Design of Dongfeng Square

东风生态广场

瓦地工程设计咨询（北京）有限公司，
中国市政工程华北设计研究总院有限公司 / 景观设计

项目面积：

43,624 平方米

业主：

玉溪中建海绵城市建设运营有限公司

摄影：

曹冰、吴昊、张硕、朱磊森

时代创

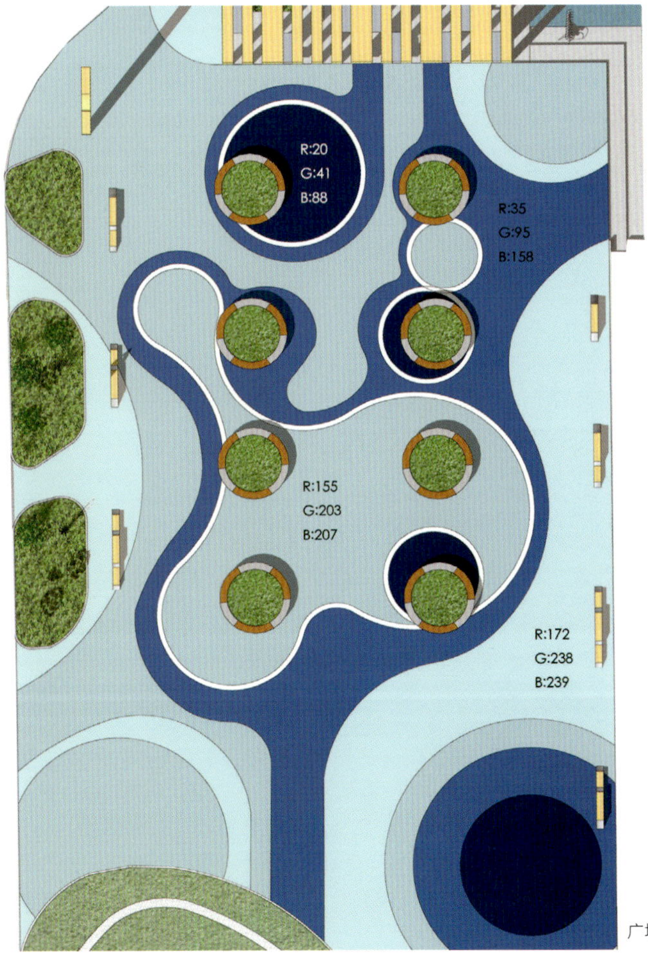

广场平面图

游乐场平面图

东风生态广场位于玉溪市红塔区红塔大道与东风中路交叉口，改造前是玉溪人民的“大广场”，人流聚集，但是缺乏清晰的空间结构和活动吸引力。2016年开始设计的东风生态广场项目是玉溪市打造国家级海绵城市试点的重要组成部分，根据海绵城市建设整体要求，场地的年径流总量控制率需要达到92.9%，通过构建生态缓冲及雨水调蓄控制体系，使项目建成后具有推广性以及示范性。同时业主要求不仅解决雨水径流污染问题，同时需要提升景观环境品质，改善交通组织，使陈旧的老广场重新焕发活力，生态性、公益性和文化性并重。

理念和策略

工程内容包括：活动广场、中心水景、自然式种植群落、动线组织、生态湿塘、雨水花园、景观廊架、艺术构筑物、展示牌设计等。设计团队坚持低影响开发和最小化干扰、生态审美下的城市空间和回归人的海绵城市3项策略来构筑新的广场肌理和景观。主要的挑战有：怎样较好地处理功能和形式的关系、现有资源和改造干扰的关系、海绵对绿地的占用和种植提升的关系，并且为市民增加更为舒适的活动场地。

策略一：低影响开发和最小化干扰

改造前广场铺装大多数为不透水铺装，产生径流量较大。绿地大部分高出道路广场，造成雨水难以进入绿地；表层红土之下的黏土透水性一般，不利于雨水滞留渗排。按照海绵城市建设要求进行严谨的计算和布局，项目共建设雨水花园462平方米，植草沟165平方米，雨水滞留带791平方米，湿塘和湿地180平方米，地下蓄水池380立方米，广场透水铺装1076平方米。设计实现了以下综合目标：

实现90%的径流控制率，32.4毫米降水不直接外排，减少了场地积水风险；特征因子TSS削减率达到45%，减少了对水系统的污染；雨水资源化利用率12%。

雨后的雨水花园

具备渗、滞、蓄、净、用、排功能的雨水设施在多个场合转化为亲水空间，给市民带来可供体验的“雨水适应性”景观。同时，为尽量减少对场地现有可利用资源的破坏，设计师保留了原来的大致地形和主要交通通道，保留原有长势较好的乔、灌木，仅把绿篱带移除以增加景深，结合海绵措施和竖向优化进行改造；原有铺装石材被回收用作新广场内铺路图案的材料或者挡水堰石，占硬地60%的灰色铺装转变为饱含地域色彩的生态彩色透水面层，并且为市民增加了更加舒适的健身活动场地。改造后的广场体现着生态理念的创新，光广场透水铺装就运用了透水碎石路、大孔隙块石步道、陶瓷透水砖、透水混凝土面层等5种新技术类型；地下蓄水池在当地蒸发量大的气候特点下发挥了应有的作用，实现了对绿化喷灌系统的回用补水。

芝樱
玛格丽特
南非万寿菊
迷迭香
蓝花鼠尾草
细叶朱蕉
红鞘水竹芋
红花鼠尾草
金叶石菖蒲
美女樱
千叶蓍
薰衣草
红花酢浆草
勋章菊
虾衣花
常绿萱草
百子莲
蜘蛛兰
银边草
黄金菊
绣线菊
纸莎草
翠芦莉
水葱
月见草
欧洲荚蒾
毛尖球
清香木
山桃草
粉黛乱子草
细叶芒
千屈菜
旱伞草
狼尾草
鸢尾
柳叶马鞭草
多年生宿根花卉混播

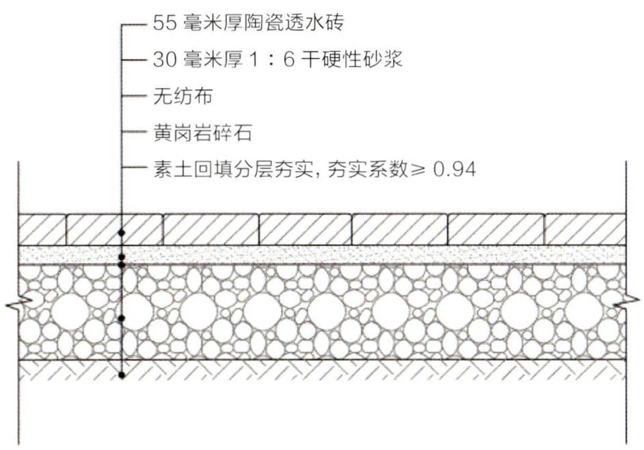

陶瓷透水砖人行道做法图

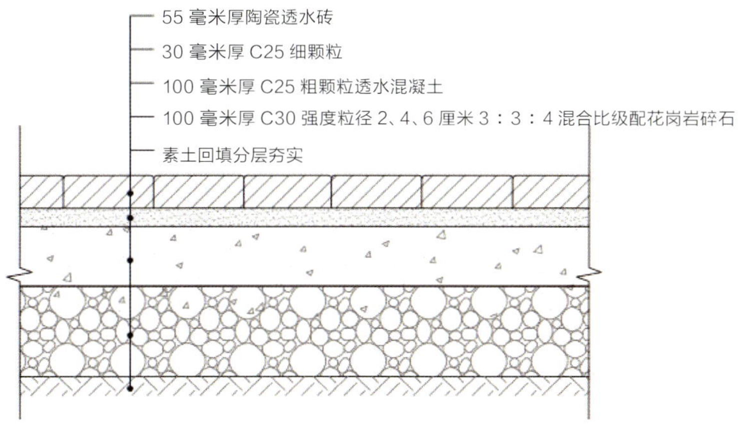

陶瓷透水砖广场和车行道做法图

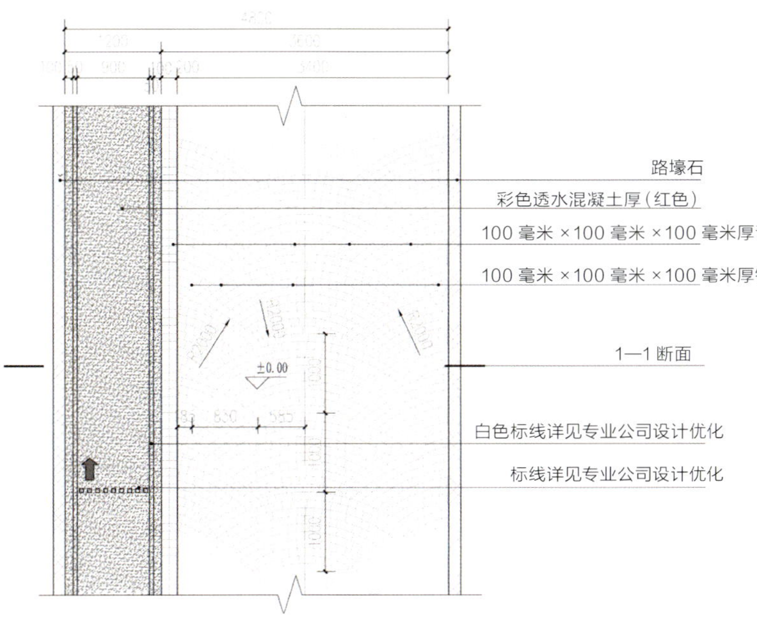

广场铺装图

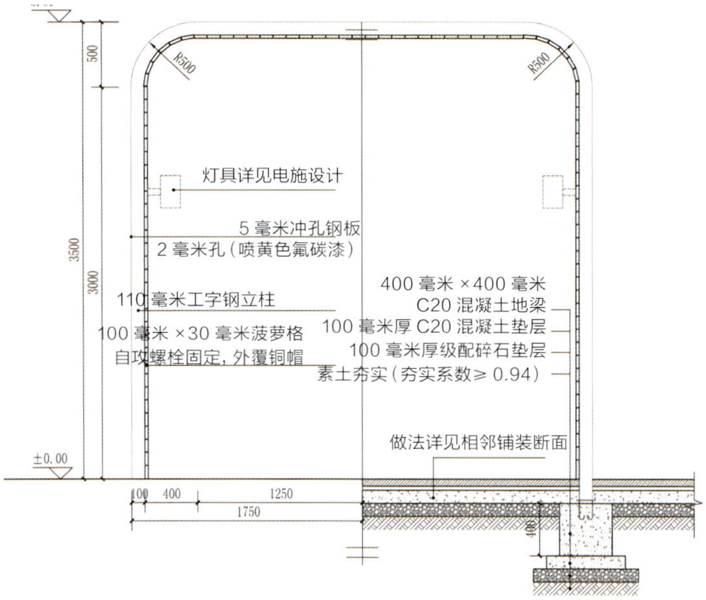

600 毫米宽构架 1—1 剖面图

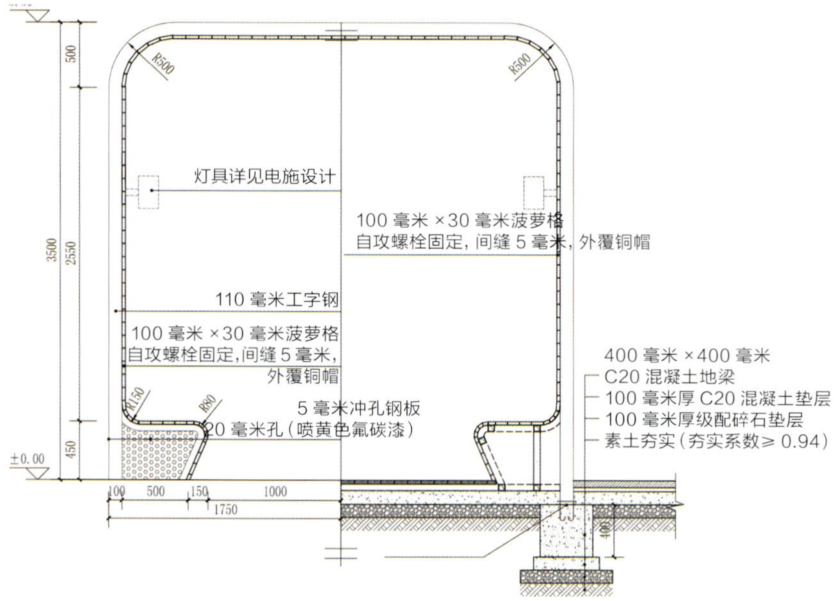

1200 毫米宽构架 2—2 剖面图

时 代

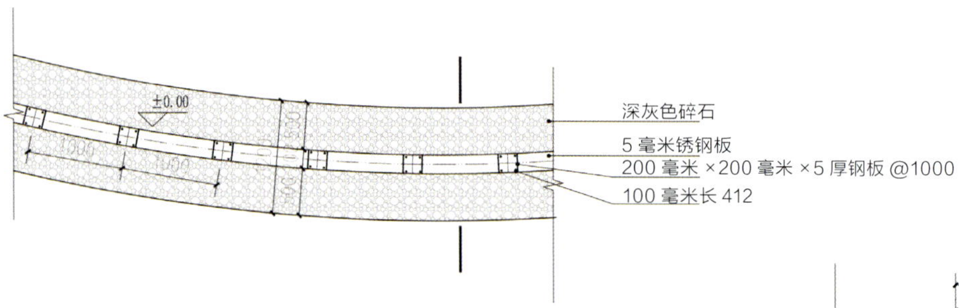

1200 毫米宽碎石道铺装大样图

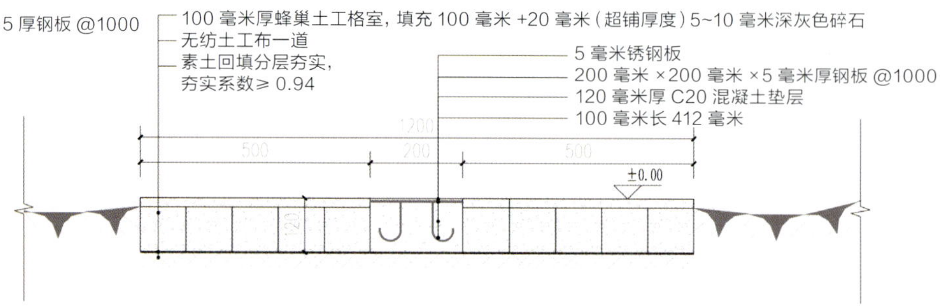

2—2 断面图

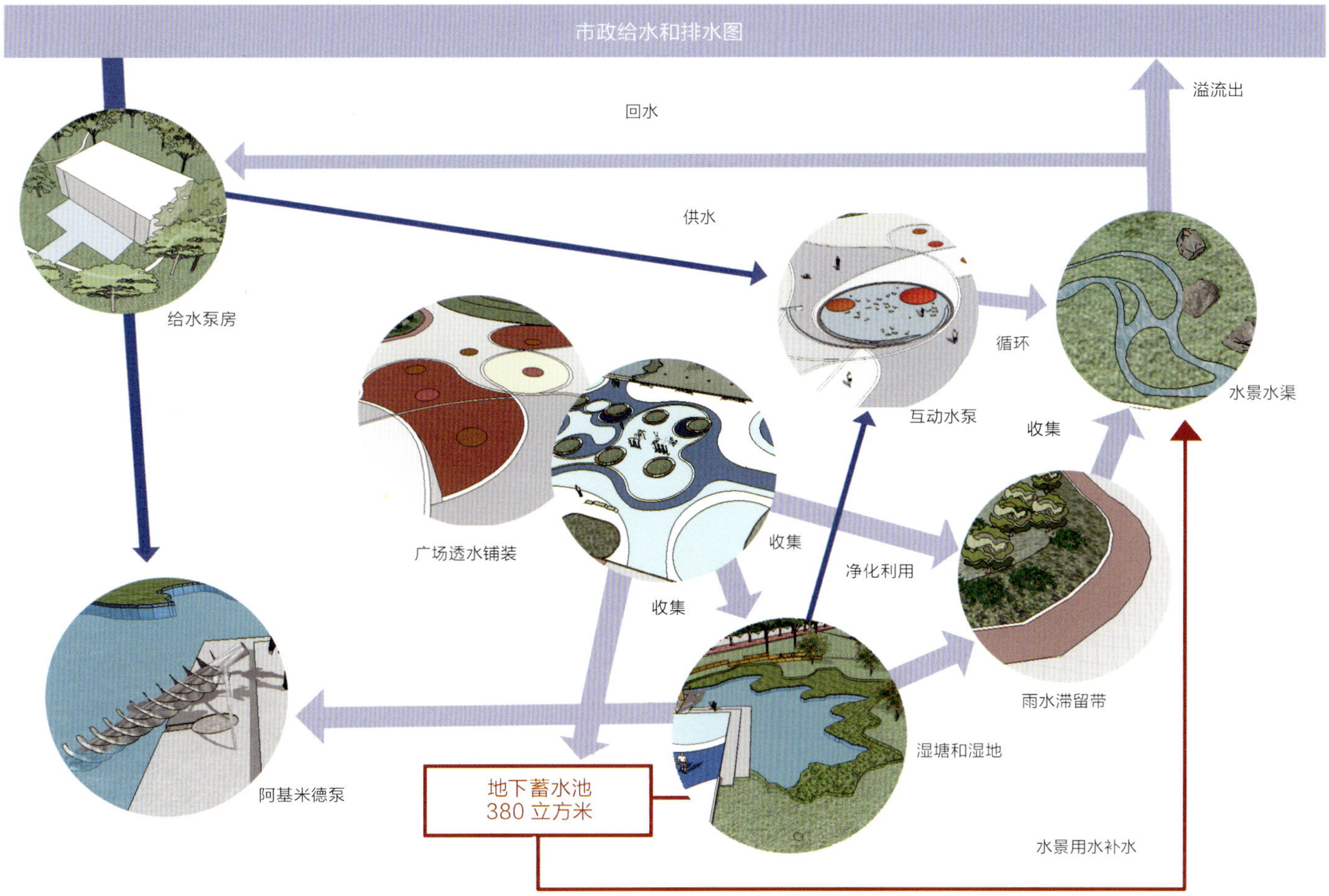

市政给水和排水图
回水
溢流出
供水
给水泵房
循环
互动水泵
水景水渠
收集
广场透水铺装
收集
净化利用
收集
雨水滞留带
湿塘和湿地
阿基米德泵
地下蓄水池
380 立方米
水景用水补水

旅游和度假

云南，大理

The Dali Lifestyle

大理的小院子

成都澳博景观设计有限公司 / 景观设计

设计团队：

何美霖、罗小波、付涛涛、王剑锋、张瑜玲

业主：

实力融创文旅集团

摄影：

雪尔空间摄影

古时文人墨客对庭院的惬意，有过浓墨重彩的书写。欧阳修感叹："庭院深深深几许，杨柳堆烟，帘幕无重数。"阮籍写下："嘉树下成蹊，东园桃与李。"谢灵运描绘："群木既罗户，众山亦当窗。"陶渊明写下："荣荣窗下兰，密密堂前柳。"而在大理，有这么一个小院子，不仅满足了古时文人对院子的畅想，更蕴藏着现代人的居住理想国，户户推窗便是水墨画。

设计背景：借山

项目坐落在大理洱海海西，背靠苍山，拥有得天独厚的自然资源。同时，内部地势高差尤为明显，东西两侧高差达30.5米，集中处高差达6米。

设计理念

碧蓝如洗的洱海上空云卷云舒，苍山之巅时隐时现，时间仿佛静止在这里，有一种独属于大理的风花雪月，岁月静好。

在规划形态上，设计团队充分考虑借山、借海、借景，借势而造。利用洱海资源和地势高差，通过"台地式布局"，在山海之间，筑一个让人在精神上可以获得饱满力量的空间。

设计手法：留白

这风花雪月，大概是人们向往大理山居生活的理由。

如何保留大理的纯粹呢？

在大理，已经有足够多的美景、优秀的人文历史。设计团队要做的就是，在继承大理桃源般的原始村落精神的基础上，通过留白的艺术手法，用内敛、

空灵、质朴的中式生活美学，将大理特色的生活方式创新并再现于小院子内，赋予人们更多想象空间。独特质感的当地石材及大理元素的运用，描摹出一幅大理山居生活的桃花源蓝本，青瓦白墙恰似从写意素雅的山水画中迁移出来，极富诗情画意。

如果人们细心留意，能在院子里的细微处发现"禅意"，廊架、山石、红枫、自然跌水……在大理的小院子中，居者不仅能得到物质上的享受，更能感悟精神上的共通。

设计目的：慢生活

在快节奏里寻得片刻安宁，暂时逃离逼仄的生存空间和生活压力，过一种桃源式的慢生活，或许是绝大多数都市人向往的生活。清晨，推开窗户，感受阳光、微风的洗礼。远方的飞鸟，闻香落进院里，叽叽喳喳啄食；下午，邀两三好友，在院子里，煮一壶茶，懒懒地沐浴阳光，品茶笑谈，聊聊新闻八卦各自近况，抑或畅谈人生理想。此时此地的生活正是向往的生活。

在大理的小院子中，院落不仅是空间的延展，更是一个完整而独立的精神世界。天地浓缩于眼前，有春天的花、夏天的树、秋天的黄昏、冬日的暖阳。

远离城市喧嚣，人和建筑、人和景观、人和人，都在院子里相互滋养，与万物彼此温存。想慢下来，过向往的生活，就在大理的小院子。

景观面积：

3353平方米

业主：

实力融创文旅集团

业主景观管理团队：

周伟、何娇、徐承刚

景观方案团队：

张可心、王斯琪、殷瑛、钱学、袁嘉皓、冯柱铭、闫如玉

施工图团队：

万颖、邹红彬

植物设计团队：

黄丹

建筑设计：

上海日清建筑设计公司

摄影：

栾祺

项目品宣：

几十几品牌管理

云南，大理

Dali's Little Yard Middle District Life Experience Center

大理的小院子生活体验中心

漫格景观MANG / 景观设计

你理想的生活是什么样？作家冯唐曾畅想：要有个大点儿的院子，有树，最好是果树或者花树；要有景，尽管你天天看，景色每天都不一样，想想昨晚的梦，和自己聊一会儿，日子容易丰盛起来。院子、山水、田园……

这些被都市森林挤压的诗意基因，在今时今日节奏快速的世界中尤显珍贵。特别是在后疫情时代，从卧室到客厅是"国内游"，有露台或院子，已经是"全世界"。

大理的小院子生活体验中心在当下的时代背景中，重塑了一副静谧自然的理想生活范本，给了旅居另一种可能。

多元重叠与当代旅居的深度融合

就地理环境而言，项目位于苍山侧，清碧溪旁，正处大理—香格里拉黄金风景线上，区位条件得天独厚。周边林木繁茂，水文环境优良，自然生态资源丰富多样，苍山洱海的地缘优势定义了这里缓慢、静谧、纯粹的场所感知。

从产品视角看，大理的小院子系列从2015年的1.0版本到如今的10.0版本，居住产品在进行持续的迭代升级。此次项目，如何在原来的景观营造基础上，进行设计层面的创新？

仁者乐山、智者乐水的山水美学

目标客群以外地投资客为主，他们更加注重景观品质、生活格调以及民族文化原生态体验。因此设计旨在营造有品位的自然栖居地，同时保证观景视线的通达开阔以及绿量充沛，具有人文风范、艺术质感的居住体验。

源于此，景观团队依托天然静谧的环境生态，将设计技法隐于无形。从场

大理的小院子生活体验中心

大理的小院子生活体验中心
I AM DALI

1. 泊车区域
2. 示范区入口
3. 叠水景观
4. 风动景墙
5. 四方平台
6. 轴线通道
7. 观海台
8. 新老样板间连接通道
9. 望山
10. 样板区入口
11. 下沉庭院

地生态条件及周边环境中提取"一山、一海、一溪、一院"，对应"苍山、洱海、清碧溪、小院子"，在整体空间中植入对应的设计语言。

孔子有云："仁者乐山，智者乐水。"山水代表着天地万物的根本品性，更是中华文化传承的载体。在方案创意过程中，景观团队经由大量翔实的项目调研，以及周边区域的实地勘验评测和现居院中的大量业主访问等方式，从客群相关性、居住环境特性、业主生活习性等不同维度进行思考和衡量，找到切实又恰当的答案——先锋性、当代性、文化性的样板空间，营造自然、人文、艺术的旅居度假体验感。

山海边，交织生活的柔软和理性

文震亨在《长物志·水石》中写道："石令人古，水令人远，园林水石，最不可无。"在项目中，建筑、叠山、理水、花木这些不可或缺的景观元素共同构筑起连续不断的空间情绪和可感可知的场所温度。

步入——碧溪石上涌

场地入口处，客观存在较为起伏的山地地势，四周皆有较大的高差环境。如何以景观的语汇进行艺术化、合理化设计，使地形高差成为场地独特的亮点，同时使新的样板区与原有样板区分隔开来？设计团队反复论证入口方案的各种可能性，尝试找到最佳的呈现方式。最终回归场地属性与文旅度假的"视角"，依循独特"在地性"设计逻辑，选择使用本地毛石、黛瓦、青竹。在入口处设置有序的线性景墙，气韵叠水创造出灵活的空间特性，原生态步移景异的游园观景体验由此而生。

观海——明月海上升

风从海面轻拂而过，至草木，至房屋。院落延续着区域的材料统一性，同样以毛石进行围合建造，并充分考虑观景和玩耍的安全性。将户外平台与草坪区以平行相接的方式相连，使二者形成一个等高界面，在视觉效果和活动空间上极大地拓展了连通性和延伸性。

同时，在户外草坪区通过植物的有机组合营造度假氛围感。院内遮阳棚也根据视线分析做了合理的高度设计，使居住者不管在室内、室外，都能享有最大程度的观景视野而不被任何物体遮挡。阶梯与花植融于一层，力求创造一种移步入画、脚下生花的岁月静好之感，沿着小路慢慢前行，总能回到久违的家。

望山——清风山间来

远眺苍山，清风徐来，聆听大自然的心动。屋后小径向远方延伸，视线仿若轻易就到达苍山脚下。在后场空间，设计团队创造了一个没有界限的环境，房屋、陆地、空气相互融合，所有的生物在其间穿梭而行，自在无拘。沿途设计的风动装置，当风穿过林间，带着叶片飘扬飞舞时发出的"叮叮当当"，听到了吗？是苍山捎来的消息，风都因此变得更加具象化了。这不仅是设计团队为自然教育的悉心用意，也是风与山林共同创造的景观记忆点，屋外由此变成了可玩、可游、可赏的互动场景。唤醒情感记忆，调动五感，体味自然，为山间生活提供了活跃的背景音。

院落——禅境心中来

生活里的四季庭院，雨落花谢，变化唯心。山海千阳与生活美学交融，延续品牌文化的同时，也与更高品质客群和当下生活方式对话，塑造时代审美。空间中所有造型、材质、光线都在设计的经营下回归空间温度，依照居者内心，让院居体验变得更加寂静，可以享受纯粹的质朴体验。人们这样描述在院中的日子：日出而作，日落而息；晨钟炊烟，暮鼓晚霞；有灿烂星河悬挂夜空，也有春花烂漫、夏山如碧、秋林尽染、冬日可爱的四季好风景。

广东，江门

Xitang Resort Complex

云上西棠田园综合体

澳大利亚IAPA 设计 / 景观设计

项目面积：

157,100平方米

设计团队：

叶嘉威、张星、魏世兵、陈永伦、张靖姗、刘恒一、何贻培、黄慧婷、刘彦姝、文安琪、周其锋、阳志贤、陈家辉

摄影：

澳大利亚IAPA设计

项目位于江门市蓬江区大雁山脚下一个僻静的村子旁，占地面积约15公顷，场地中有一座植被丰茂的小山，周边更有大量桑基鱼塘等充满岭南风情的人文景观资源。工作内容包括整体规划、全区整体景观、湿地接待中心、西棠农场建筑设计、以及西棠书屋的景观和室内设计等。设计团队希望提供一种与都市住区不一样的环境，力图为未来居住于此的人们展现一种归园田居的生活状态，倡导一种返璞归真的生活方式。

设计理念

新时期的乡村建设，有着与过往不同的美学品质要求，它应能关注人们内心的真实需求，适应新时期人们的审美品位。它是乡村的、本土的、自然的和创新的，不再需要过多的复古主义和异国风情。从城市到乡村，本质上设计团队要打造一个连接不同人群的新型社区。重新构建"原住民、新住民、游客"三者融合的新型社区关系，塑造回归质朴的生活方式，并通过一系列节点的营建，创造具有场所精神的新社区。"隐形的融入、转译的重生"，是云上西棠田园综合体项目的主要理念。

生态的延续——关注场地原貌

在设计开展之初，设计团队就确立了利用场地中丰富的水体及原生植被资源，大面积采取轻度维护的原则和理念，以降低生态系统的负担。从山林、河塘、湿地、路径等4个方面着笔，体现对原生态的延续。

1.场地有两个非常显著的植被要素，小南头山和一个带状的植被区，两个

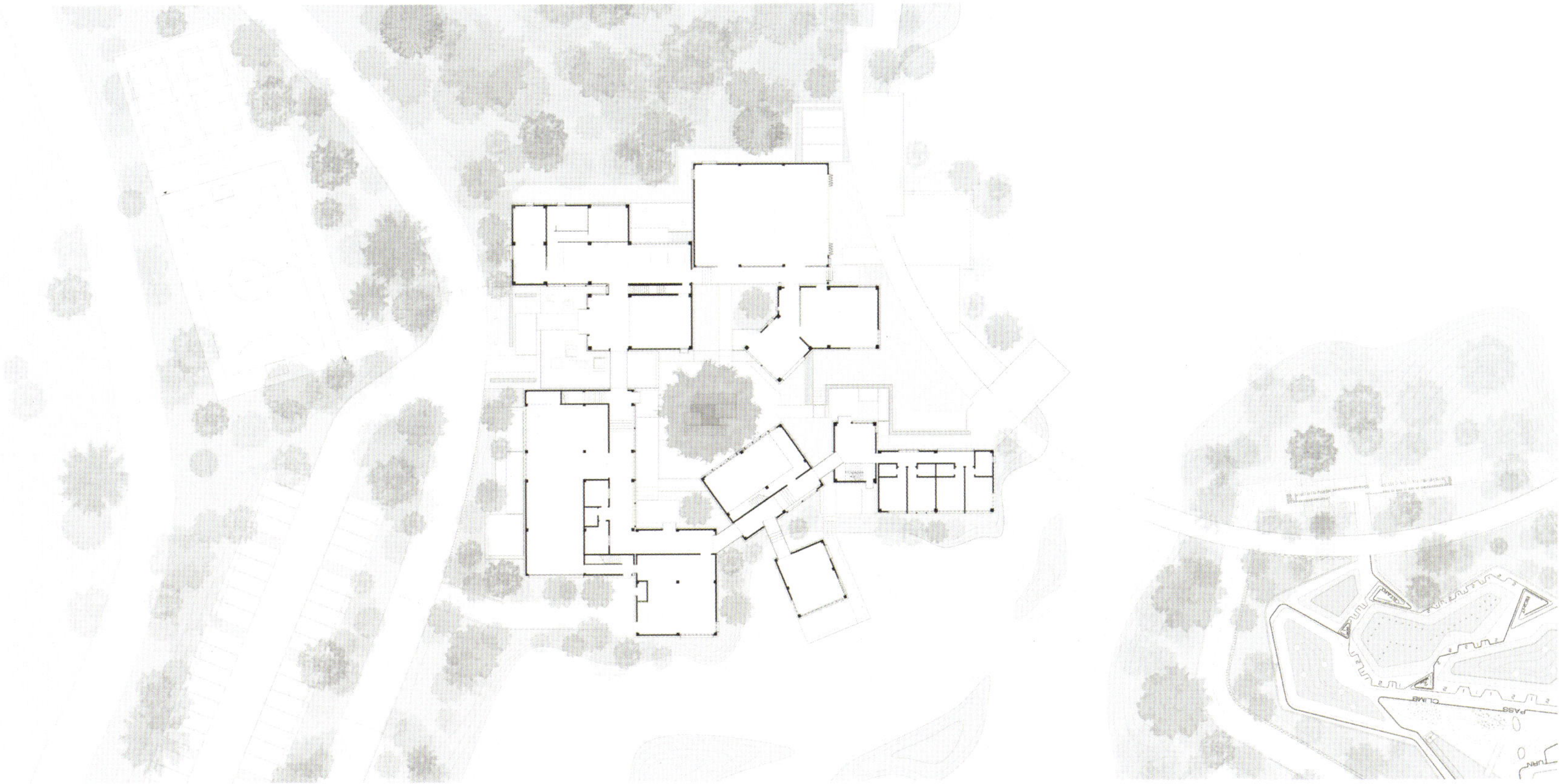

总平面图

区都加以保留，被道路、建筑、水体环绕的小山丘和原生植被及地形，均直接显现。两个建筑组团的选址都围绕两个小山丘，依山而建，山底植被在主要的道路界面均清晰可见。

2.场地里最大的池塘被完整保留，场地外围的桑基鱼塘也最大限度的纳入视线之内。选定中间一些水塘集中的区域设计出的中心水体，成为承载整个景观的核心，再通过一个圆环，连接起不同的景观节点。

3.新设计的湿地浮岛，也完全尊重历史水系肌理，选址原有鱼塘的位置而设计。流经场地的原有河涌和截洪沟被保留美化，保证外围村庄的泄洪需要的同时，并维持原生态特色。

4.地的主要园路路径，均最大程度地遵循原场地的道路，降低新建道路体系对场地边界和场地内部生态系统的冲击。山坡的原生植被将尽可能保留，即使新增的地被，也是以大片种植野趣、低维护的大叶油草、狼尾草等为主，突显自然野趣的生态特色。

建筑的聚合——融入与重生

建筑的聚合策略，包含两个层面的意思。第一，环聚各大建筑节点。第二，乡村聚落的转译重生。设计结合传统岭南乡村聚落意向，利用有机形态的合与转折，组合形成了一个自然的聚落空间。

1.中心圆湖——环聚建筑，融入本底。集中打造体验活动，将相对人工的节点统一设置于湿地环上，形成层级分明的环状空间结构，各个节点也消融在自然环境之中，减少对自然基底的影响。以一个环形步道将各大建筑节点串联起来，简化空间组织和游览线路，突出整体感。同时，沿环形步道设置的一系列节点，重在体现视觉性和参与感，提升整个景区的品质。

2.湿地中心——乡村聚落，意象重生。湿地接待中心，设计为两面临水，一面靠山。建筑的平面布局，形成类似传统岭南乡村聚落的形态意向，中间是一个围合的院落。屋顶采用变化的折坡带给建筑群体更强的雕塑感。景观设计主要围绕中庭和周边界面展开，采用自然过渡的形式处理临水和临山两个侧立面，结合简约的铺装衬托建筑空间的硬朗和纯粹，同时完整保持了圆形栈道的交通衔接功能。

安徽，池州

The Lotus Town

九华山莲花小镇

广州山水比德设计股份有限公司 / 景观设计

项目面积：

18,000平方米（展示区）

设计团队：

孙虎、利征、梅卫平、黄衍生

摄影：

存在建筑摄影

不触动内心的旅行，终不深刻，
未曾体验的禅意，终不见诗意，
当代文旅小镇标杆之作——九华山莲花小镇，
作为深度禅意生活体验地
给你不一样的禅。

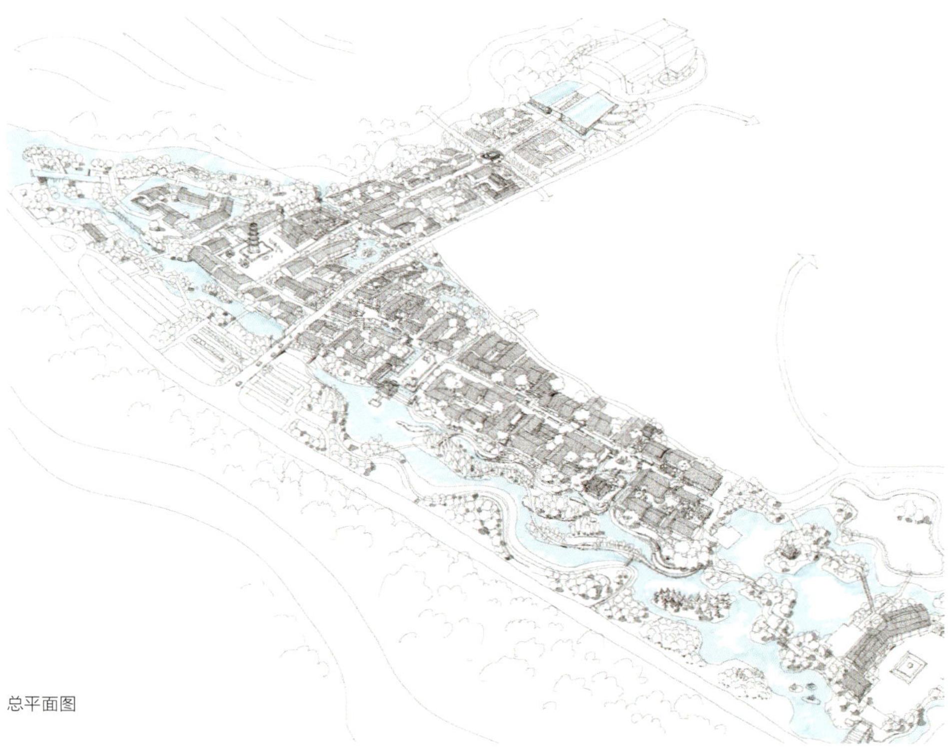

总平面图

不知道你有没有这样一种感受，当下的旅行，多为行色匆匆。未见日升月落，不晓禅钟几鸣，走马观花式的记忆片段，或不出数日便已模糊。设计团队希望，有一个地方，能够让人停留，细腻地感受生活，把节奏慢下来，探寻心中的禅境。

设计团队提出，以“故事”为引子，创造六大沉浸式体验，通过禅意景观讲述九华山禅文化，以一个个小小典故设计场景，让人们在不经意中寻到禅，在日常生活中悟出禅机。

项目位于安徽池州九华山风景区，规划总面积为40公顷，定位为世界级禅意旅居小镇，为大愿文化园旅游服务配套。旨在从旅游体验方面进行深化与升级，形成融合居住、商业、禅文化深度体验的一体化旅游小镇，达成互补经济效益，打造为地藏佛禅文化小镇IP。

项目于2017年11月正式启动设计，历时近2年，18,000平方米的展示区对外开放。所谓“慢工出细活”，历经多次优化调整，惋惜部分重点设计因客观因素被拆除，感谢甲方团队给予充分的创作空间，提出高品质、高规格的要求，设计团队全天候配合，最终呈现备受认可的落地成果。

九华山莲花小镇是展示九华山、弘扬禅文化的窗口。因此，作为呈现整个项目的气质的展示区，概念定位为“大珠小珠落玉盘，一花一树一菩提”，取“莲”之形与意，造型境、意境赋予项目灵魂。

项目一步一景，皆可溯源，层层递进扣人心弦。形成顿·禅、寻·禅、悟·禅、看见禅四大空间体验，营造多维立体体验空间，实现空间的创新。

顿·禅——见山入境

进入场地，九华山99峰的画面延绵震撼，一如诗人李白所言：“昔在九江上，遥望九华峰。天河挂绿水，秀出九芙蓉。”而作为佛教圣地象征的地藏菩萨露天铜像，在群山的映照下，迎着阳光闪耀着神圣的光芒。见山的此刻，游人便进入“顿·禅”之境。

万物皆有禅，世间一切皆为“化相”。莲花是禅文化的象征符号，设计师从莲瓣悟出全新的山门形式，创新的形体以莲瓣化作山门，通过叠层与围合形成，莲生丛绿，呈现山门的浓郁绿意。人行其中，进入禅意世界，开与合的空间演化，讲述当代禅生活“故事”。

莲花亭，从自然中生长出来，游人站在莲花亭前，观山水，听风雨，诵读经文，回顾尘世愿望，审视尘世的自我。

前场通过一个一个圆的关联，营造“大珠小珠落玉盘”的画面，区域内种植祈福树、水中菩提、镜面水景、莲瓣叠水等一系列圆形场景，呈现极致纯粹的禅意体验。

寻·禅——步步生莲

结合灯光，水上圆形汀步形成步步生莲场景，下沉水中曲径与圆汀步通往圆形水中禅庭、水下禅庭（水月洞天），再由水上浮桥连接接待区，营造体验丰富的寻禅之路。

空间的连接，带来探寻自然秘境的趣味，水月洞天，6米直径寓意六道轮回，24级阶梯代表二十四节气，行进之中是对内在的探索，对物外世界的感

悟，自然之源，生生不息，构筑物与自然环境的天然合一。

悟·禅——花开见佛

一池净水，风鸣莲动，清雅之境让游客轻松静坐，享受空间赋予的禅意。

内庭院设计了讲经的禅亭茶室，水底莲瓣纹理萦绕，禅意浮岛漂于水面，镜水莲池，花开见佛。清风飘，碧水盈，世界动而牵连心动，片刻沉浸后心生开朗，看见心境方悟禅意。

在活动体验上，设计团队策划一系列禅行、禅修、禅境的活动融入景观动线，打造“祈福—诵经—早课—撞钟—晚课—放灯”六大活动贯穿启动区功能布局，打造沉浸式地藏文化体验，让人成为场所的灵魂，提升整个场所的魅力。

看见禅——沉浸式深度参与

夜游经济，是旅游体验的一种重要路径，而丰富多彩的夜游体验，才是夜游经济得以蓬勃发展的关键，灯光，更是夜游体验的主打产品。

通过采用高科技照明手段，对景观或建筑做艺术化、互动式灯光处理，在展示区形成一个让游客参与其中，具有独特灯光体验的时空环境。灯光创新带来的行进式沉浸，呈现“不一样的禅”的夜游景观。

在诗意禅境工作是一种什么体验?

设计团队介绍，每一天进入场地，地藏菩萨都在看着，每一位设计师在工作中都心怀虔诚，走进场地会向菩萨方向膜拜，这是场地所具有的精神，也是设计师对场地的领悟，对场地的尊重。设计团队希望进入莲花小镇的游客能够享受这里的好山好水，静心领悟一份宁静的心禅。

创新体验，看见更好的九华山

九华山作为区域文化母体，莲花小镇是对九华山的融合与提升，达成丰富与强化的效应，为九华山带来更具深度的旅游居住体验，达成彼此成就的效果。设计团队认为，现在，是九华山成就了莲花小镇，但是在未来，希望莲花小镇可以成就更好的九华山。

设计团队：
李卉、杨灿、宋照宾、廖春霆、李健、
李婉婷、谭斐玥、戴甘霖
建筑设计：
上海大椽建筑设计事务所
业主：
华侨城集团公司
摄影：
存在建筑摄影
获奖：
2018地产设计大奖优秀；
2019第十四届金盘奖最佳特色小镇

四川，成都

Sino-French Agricultural Science & Technology Park

中法农业科技园

重庆纬图景观设计有限公司 / 景观设计

中法农业科技园位于四川省天府新区眉山片区，规划占地面积18平方千米，计划总投资300亿元，由华侨城集团公司和法国欧贝欧集团共同开发，是中法两国在国际合作领域的典范标杆。

项目依托法国先进的农业科技，引入国际优势的品牌资源，旨在打造一个集生态农业种植及深精加工、中法文化交流、国际健康产业合作于一体的现代产业平台，并浓缩南法生活理念，还原南法艺术场景，弘扬中华长寿文化的都市近郊型“微度假目的地”。

团队为项目200,000平方米示范园区进行了从文旅策划到景观规划设计的全线规划设计。以特色农业生产展示、有机食品与康养医疗合作、文化艺术与生活方式交流三大核心功能为重点，通过设计来体现本项目的生态美学、生命美学、生活美学三大美学态度。

借鉴“六次产业”的发展思路，提倡夯实一产，开发二产，导入三产，实现三次产业深度融合，产生巨大的乘数效应，把更多的农业收益留在农村，帮助其进行相关农副产品和伴手礼开发，并导入旅游消费，实现产业升级，人口回流，城乡互动持续发展。

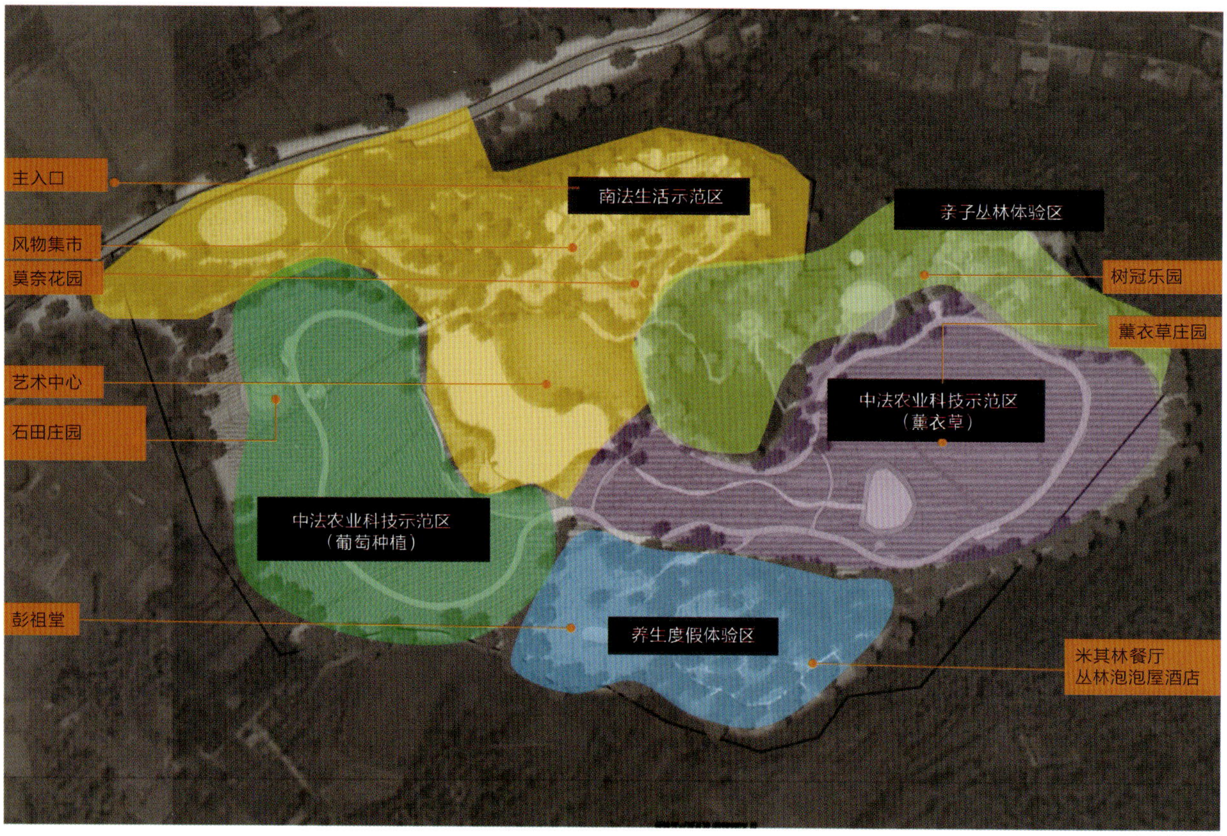

平面图

项目以薰衣草和葡萄的规模化种植作为高科技农业的示范强化第一产业，结合农副产品精深加工形成精油加工、葡萄酒酿制以及展示体验等第二产业的渗透，并在此基础上建构农副及衍生产品销售、南法风情场所体验、养生文化休闲度假等第三产业的格局，最终实现以“农业科技+文旅健康”主题的产业升级，带动当地人口的回归。

规划形成了南法生活示范区、中法农业科技示范区（葡萄种植）、中法农业科技示范区（薰衣草）、亲子丛林体验区、养生度假体验区五大板块，并构成了三大产业示范项目（一产之农业科技、二产之农副产品加工及三产之度假消费）来对中法农业科技园的未来愿景进行全方位的展示。

中法农业科技示范区，针对项目场地气候土壤等特征，选取了薰衣草和葡萄等规模化种植作为农业产业示范的典型。遵循生态永续设计以自然美学而非人类美学进行设计的原则，让一切设计为生态可持续发展服务。将生态永续农业的理念真正运用到了展示区的实际生产中。南法生活示范区规划了一个鲜花小镇，以法国埃吉桑小镇为原型，展现地道南法艺术生活的场景。

无影教堂

设计团队从人的视觉到心理体验的角度出发，在薰衣草田中设置了一座小教堂。这座无影教堂从清晨到黄昏在光线流转中会呈现出虚实变换迥然不同的效果，时而真实如同触手可及，时而虚幻到转瞬即逝。

莫奈花园

以坐落在巴黎西面70千米的吉维尼小镇上的莫奈花园为原型，分为水

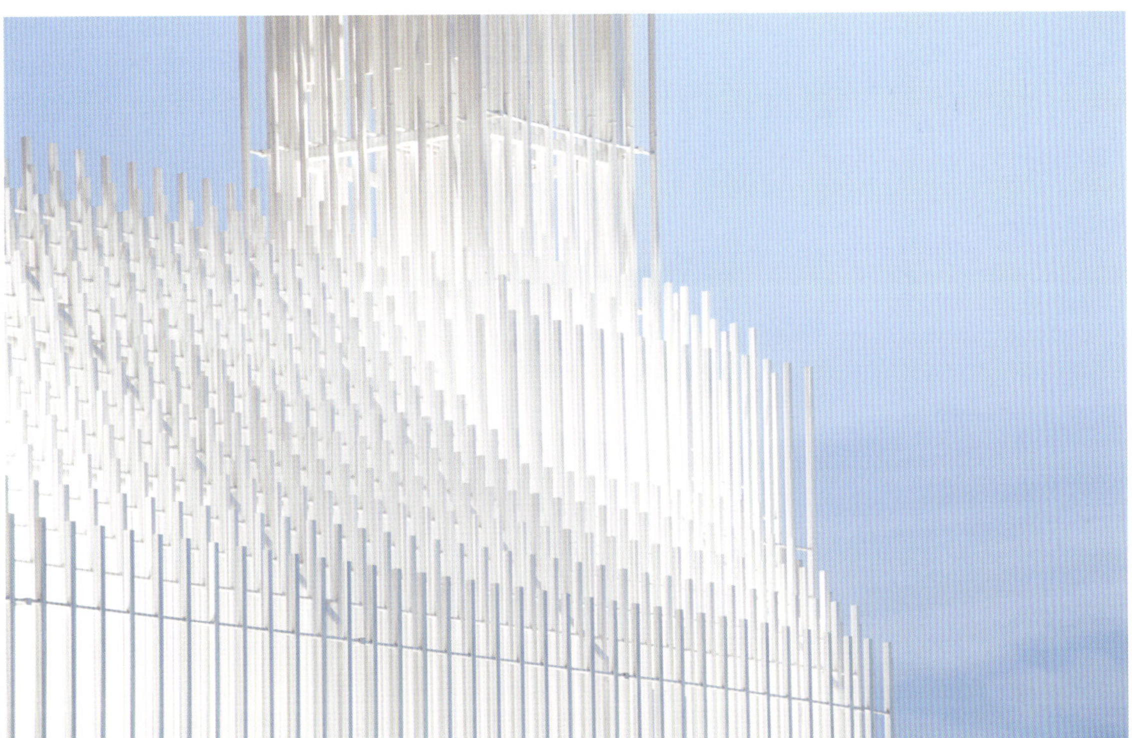

园和花园两部分。遵循当年莫奈造园的思路，设计团队根据花木自身的形态来设计花园，植物高低错落，赤橙黄绿青蓝紫白色彩丰富，呈现出自然的视觉动感。花卉和水结合在一起，使天光花影构成最理想的印象。水园里种满睡莲，也同样有莫奈钟爱的日本桥。在这里每走一步，都如同行走在莫奈那些浪漫的作品中。

鲜花小镇

法国著名的兄弟堡餐厅将为游客提供有地道的南法美食，而薰衣草博物馆、种子作坊、艺术书店、印象派博物馆、艺术手工作坊、风物生活馆、梵高咖啡馆等一系列的法国特色生活馆都将在这座小镇里一一亮相。

中法农业科技园以生态农业作为基础，以农促产，以产兴镇的产业模式的落地必将为新型农业文旅项目引领一次“了不起的开始”。

项目面积：

50,000 平方米

业主：

凡策控股

获奖：

第12届金盘奖年度最佳旅游度假区

重庆，武隆

Guiyuan Resort in Fairy Maiden Mountain

武隆仙女山·归原小镇

重庆纬图景观设计有限公司 / 景观设计

归原小镇位于重庆武隆仙女山，这里距离世界自然遗产天生三桥、后坪天坑，以及仙女山国家森林公园不过20分钟的路程。项目总用地约666,667平方米，是典型的喀斯特地貌。地形丰富多变，视野开阔。然而受地质影响，当地村庄没落，房舍破败，田地荒芜。怎样让贫瘠的土地重新焕发生机？怎样让衰败的村庄重现活力？让人与场地有更多的交流对话和互动？

思考——突破：

凭借地形的丰富，叠加了一些人的行为以构成更多的空间可能性

老宅与天坑之间只有一小段缓坡，远望峡谷，天高云淡。老宅修复为餐厅，用毛石还原院落，并在缓坡上架起一片木质平台，将人的活动延伸到崖边。设计团队尝试增加人与原有空间，与原生景致对话的机会，却不去定义

野奢度假酒店
天坑奇观
度假社区
民宿聚落
亲子农场
探索森林
文创聚落

这个空间必须是什么。这里可以是观景台，可以是以天为顶的餐厅，垒石长椅既是闲坐交谈区，也是孩子们躲猫猫的屏障。

因地制宜，原生地形的丰富，给了设计团队在此地发生特殊行为更多的可能性

场地原有一个很深的小天坑。一面是峭壁，另一面是一片绵延的松林坡，这是一个天然的攀岩场地。设计团队希望尽可能少干预，多尊重，只是将人的行为引入，于是有了穿越松林的临崖小径，深入坑底的蜿蜒坡道，而坑和崖，依然是它千万年来原本的样子。设计团队相信有时候不作为才是更大的作为。

因地制宜除了因循地形，还有地貌、土壤

百余年来，山民们一直过着勤种薄收的生活。播种什么才是这块土地可以接纳，才可以与这片山林相得益彰？设计团队最后选到了波斯菊、玉米、蓝莓，貌似很奇怪的组合。波斯菊喜光，耐贫瘠土壤，忌肥，忌炎热，忌积水。

这里土壤所有的劣势，在波斯菊面前都变成了优势。设计团队选择继续种植这座山里唯一生长良好的农作物——玉米。因为山间的云雾加上小高原的日照，这些个头儿小的玉米却特别的甜糯。保留下来的一层层毛石梯田里，一茬茬茁壮的玉米，承载着设计团队对土地对人的敬意。南高丛蓝莓，低温要求时间150~300小时，丰产。场地1100米海拔的小高原的气候，刚好满足蓝莓对低温的要求，而它的土壤适应性也给了土地一次新生的机会。

旧人新景，匠人匠心

设计是用温热的心和适度的力去点燃一块土地，一段时空，一群人。竹是此地农家最常用的生活材料,竹篓、竹筐、竹篱，甚至以竹篾为筋的土坯房，农人们熟悉竹的每一种状态。设计团队利用竹材本身的特质，去推演现代材料难以完成的形态，并邀请农人用他们熟稔的工艺，去完成景观中的竹亭、竹廊。在互动的过程中，彼此都体验到了不同于以往的乐趣与成就感。

追风台

江苏，南京

Shuiman City of Gucheng Lake

固城湖水漫城

南京市园林规划设计院有限责任公司 / 景观设计

项目面积：

193公顷

设计团队：

李浩年、李平、承钧、郑辛、姜丛梅、张丹、苏雅茜、李舒杨、殷韵、徐旋、崔恩斌、高俊彦、叶亚昆

获奖：

2018年江苏省城乡建设系统优秀勘察设计一等奖

概况

根据高淳固城湖国际度假区总体发展定位，基于高淳永胜圩田水网湿地及蟹田等农林资源，详细设计分为五大景观片区，北部的湿地生物博览园、芦苇文化体验园、垂钓园、水质生态园四园及西部南部的荷花园，面积总计193公顷，打造为省内具有一定影响力的以湿地观光和体验为特色的休闲旅游目的地。

设计思路

1.五大地块通过环大堤滨水景观带进行串联，通过水上交通和游船码头的设置将五大空间进行沟通，水体、景观、植被、互为嵌入与渗透。

2.园区设置上遵循一园一特色，一片一主题，湿地生物博览园打造湿地生物世界，是度假区的重点建设区域，芦苇荡文化体验园以芦苇造景为主，水质生态园是芦苇景观的延伸，发挥植物净化功能，空间上延续与连贯。

3.园区内部以不同岛屿和水系划分功能和景观空间，营造丰富的湿地景观环境，重点强调“滩”和“岛”的营造。

4.提升湿地生物的观赏体验，增加参与体验项目，变静态的观赏为动态的互动，侧重水上游览，基于船行体验。

5.保护原生植被资源（水杉林），丰富湿地植被种类，充分展现不同片区特色植物景观，分为陆生群落、主题林类、混交林类、疏林草花类、水生群落、道路系统植物特色群落。

项目区位图

基地位于高淳主城区南部、永胜圩固城湖旅游度假区内，北至堤坝路，东至东大堤，西至固城湖大桥南连接线及环路慢道，南至永圣湖北岸。

区位图

地块区位图

五大地块空间关系

水上交通及游线组织

分园特色

一、湿地生物博览园

以湿地生物展示为特色，遵循动物“五项自由”原则与丰容建设，建筑体量消隐于自然中，分为食草、猛兽、灵长类展园、鳄鱼馆、火烈鸟园、孔雀园、鹦鹉馆、鹤园。其中鹦鹉馆与鹤园为江苏省最大展园。鹦鹉馆总面积2700平方米，由跌水、栈道平台、热带植物形成立体观览效果。鹤园总面积约2公顷，由罩网分成3个大小不等的区域，内部河道可进行船行游览，模拟自然湖岛浅滩环境，通过水深控制不同水禽活动范围。

1.飞鸟坪、服务中心
2. 食草动物园
3. 鳄鱼池
4. 灵长猛兽园
5. 爱心投喂
6. 鸳鸯池
7. 亲水平台
8. 水杉岛
9. 鹅趣坪
10. 涉水台
11. 景亭
12. 天鹅岛
13. 天鹅渡
14. 鹤岛
15. 蝴蝶馆
16. 芳草地
17. 观鸟塔
18. 浮筒栈道
19. 后勤管理

湿地生物博览园平面图

二、芦苇文化体验园、垂钓园

以芦苇景观为特色，通过群岛划分水面，开合有序，营造不同的芦苇体验方式，由土堤围合成东西不同水面标高湖面，结合芦苇等湿地植物发挥水体净化功能。垂钓园相对独立，渔家小院与垂钓池围合为互动体验场地。

1. 芦花堤
2. 芦苇迷宫
3. 芦苇茶室
4. 花坡小憩
5. 茅舍人家
6. 芦苇文化体验馆
7. 芦苇垛
8. 芦苇渡
9. 阅武台

芦苇文化体验园平面图

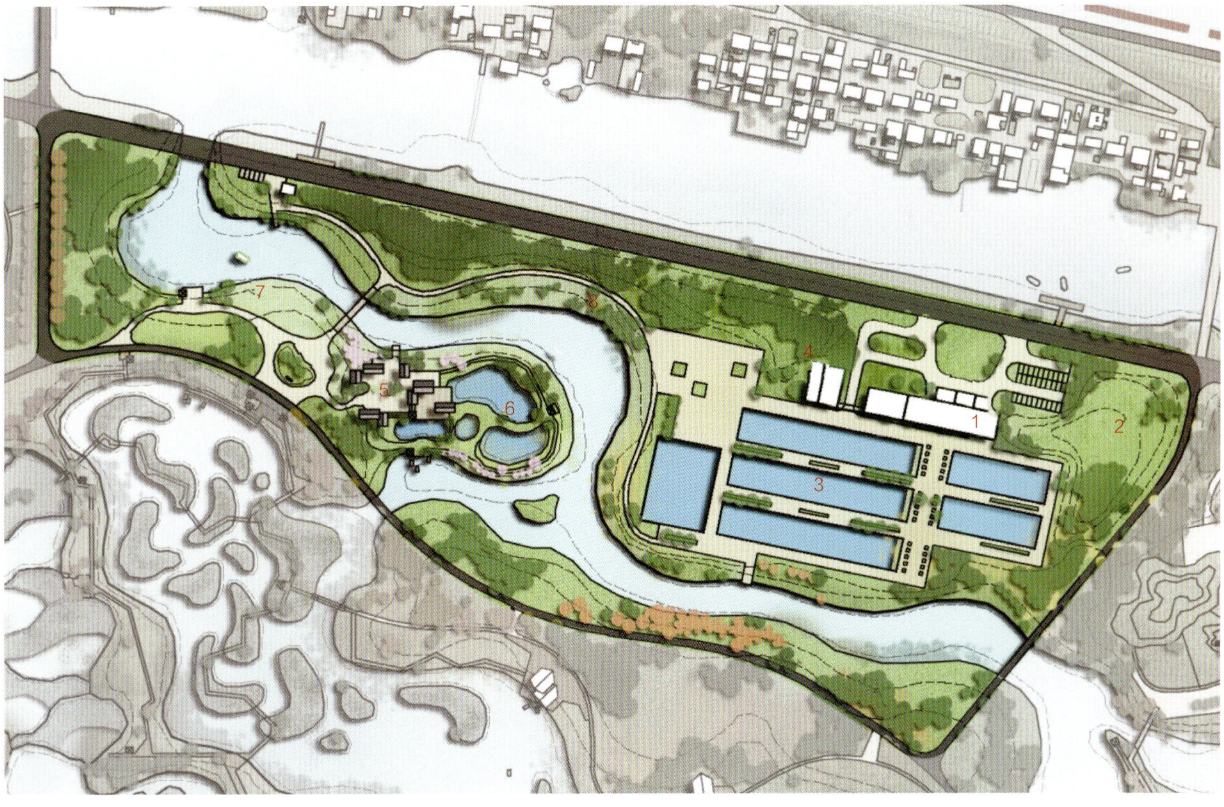

1. 垂钓中心
2. 中心草坪
3. 垂钓竞技池
4. 垂钓俱乐部
5. 渔家小院
6. 罩鱼捕鱼区
7. 烧烤区
8. 自由垂钓区

垂钓园平面图

三、水质生态园

以跌落的水台形成水质净化系统，建立复合型的湿地净化系统，丰富步道系统，增设观景平台，注重亲水性及水质净化技术的展示。

1. 码头
2. 生态停车场
3. 游客服务中心
4. 方洲花堤
5. 方洲春早
6. 水上汀步
7. 滨水步道
8. 月虹桥
9. 水质净化区
10. 提升泵

水质生态园平面图

四、荷花园

立足于荷花品种、荷花文化的展示，以荷花主题为特色，形成“爱莲八景”：莲德清馆、淡鲤荷池、荷意竹境、月苑风荷、聆荷美乐、莲花深处、咏荷碑廊、荷湖明镜8个特色景点。

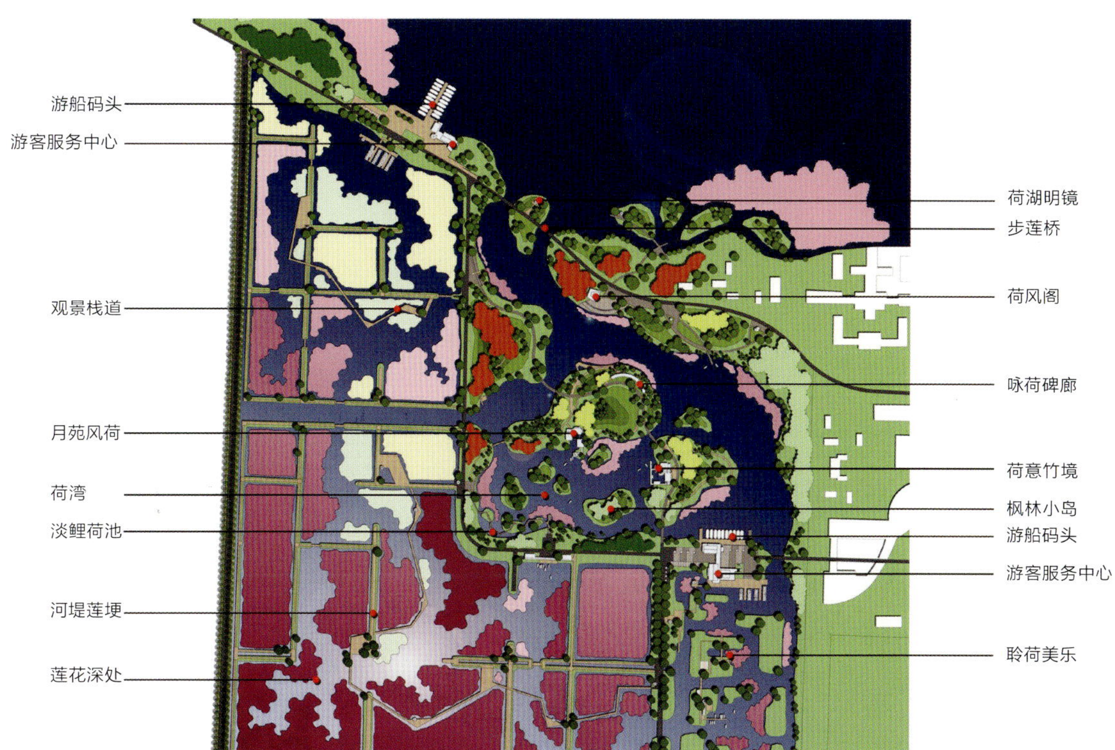

荷花园平面图

总平面图

提水泵
100 平方米左右，内置 2 ~ 3 台水泵

水生态技术特色

区域内部水系与永胜湖水系贯通，水流从西向东沿环大堤滨水景观带，再通过永胜湖，由东向西形成环线。

1.水体自净：建立自然水景系统（NAS），模拟天然水体生态系统，建立微生物、水生植物、水生动物生态关系。

2.湿地净化：以表流湿地为主体，潜流湿地为补充，生态沟渠、生态氧化塘为辅助，形成多层次复合湿地净化系统。

3.水体动力：大湖的水进入表流湿地芦苇文化体验园进行初步净化，经过提水泵的抽取进入到水质生态园进行深度净化，水质生态园出水进入水生态保持区生态河道内。

生态材料特色

园内主路采用透水混凝土，小路铺装采用砾石、木桩等透水材料，驳岸以自然驳岸为主，采用水下杉木桩，考虑滨水材料的耐久性，栈道选择高耐竹材代替防腐木，小品采用石笼、钢木等耐久性较强材料。

贵州，贵阳

The North Part of the Moon Lake

月亮湖公园北一区

中国城市规划设计研究院 / 景观设计

项目面积：

35万平方米

摄影：

MindStudio迈德景观

月亮湖公园总规划面积为468公顷，位于贵安新区，处在铁路干线和交通干线的必经之路上，是贵安新区公园体系中的核心。此次设计的部分位于公园北部区域，编号“北一区”，地块共计35万平方米，定位为生态林地湿地涵养区。沪昆高铁线路与市政道路形成场地分隔界面，35千伏高压电线穿越场地，噪声及安全问题成为项目的限制条件。现状场地多为丘陵，地面覆盖多为杂草少有乔木，同时因工程地表破坏严重，生态脆弱。植被设计以生态保育与修复为主，以最小干预为原则，构建城市边缘的生态缓冲区。

设计理念

场地西面为高铁沿线，考虑场地特殊属性，植物选择上主要以速生、防护、降噪、隔音为主。选择品种以法国梧桐、栾树、枫杨、水杉、香樟、女贞、广玉兰为主。速生乔木为构建厚实的保护带提供可持续的支撑。针叶林与阔叶林混植，打造自然生态林区，营造适宜的栖息地与采食生活区。植物品种选择核果、球果、浆果、梨果类植物片植，以水杉、香樟、杨梅、女贞、红叶李、樱花、乌桕植物为主。遵从生态系统规律，给野生生物营造栖息地。大面积为丘陵地形，尊重基地的现有地形和高差等因素，通过不同主题植物和特色植物的种植和搭配，形成景观季相分明的混交密林、疏林草地及灌丛植被景观。在场地中央相对低洼的区域，设计生态洼地，最大限度滞留雨洪水，让地下土壤能够尽可能吸收水分，涵养生态环境。植物选择上多采用沼生、水生、湿生植物，如芦苇、茅草、香蒲、蒲苇、菖蒲、千屈菜、铜钱草，给野生生物提供良好栖息地。

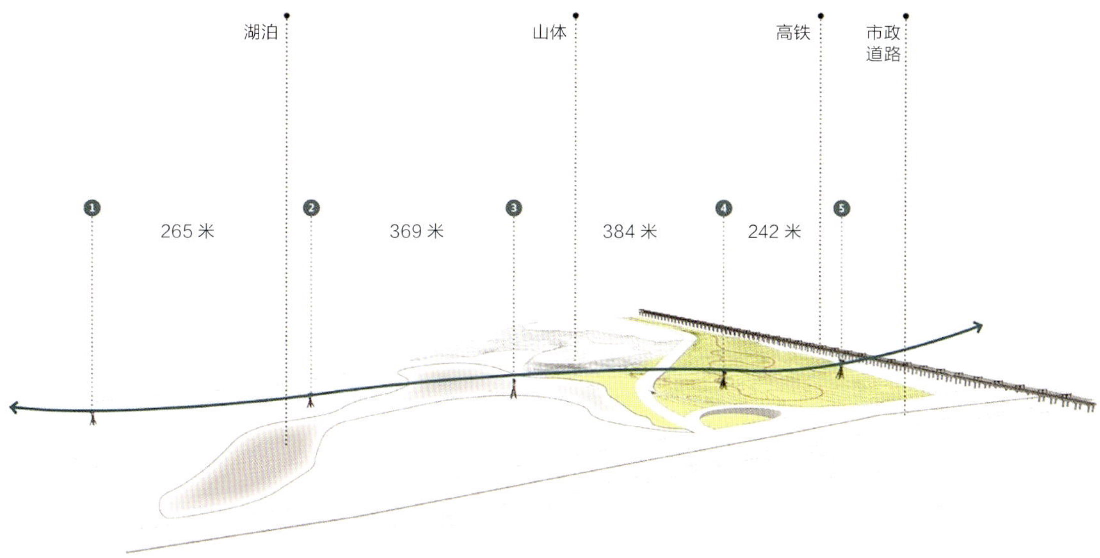

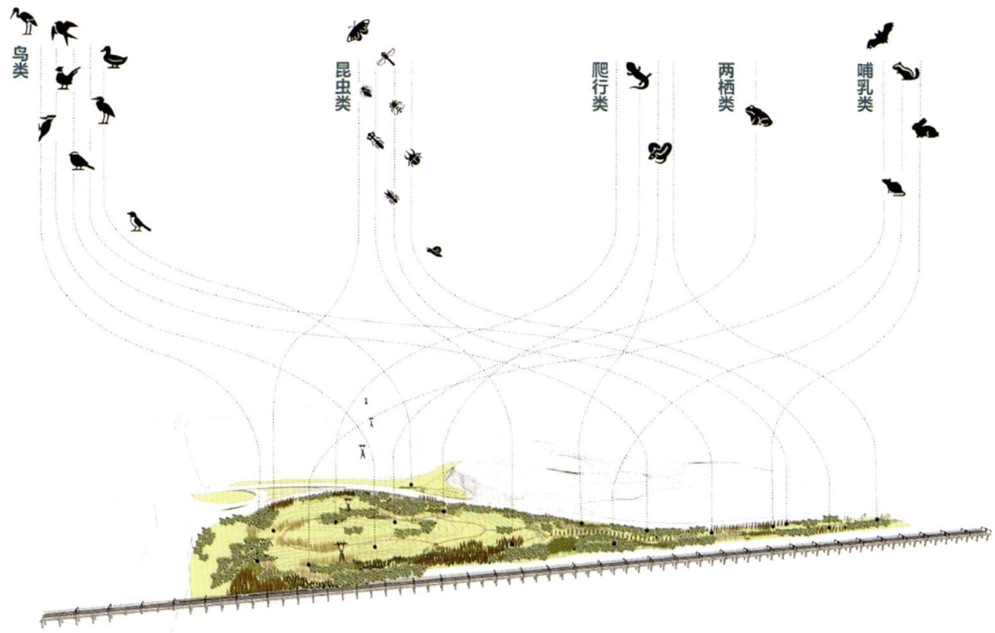

生态栖息地分析图

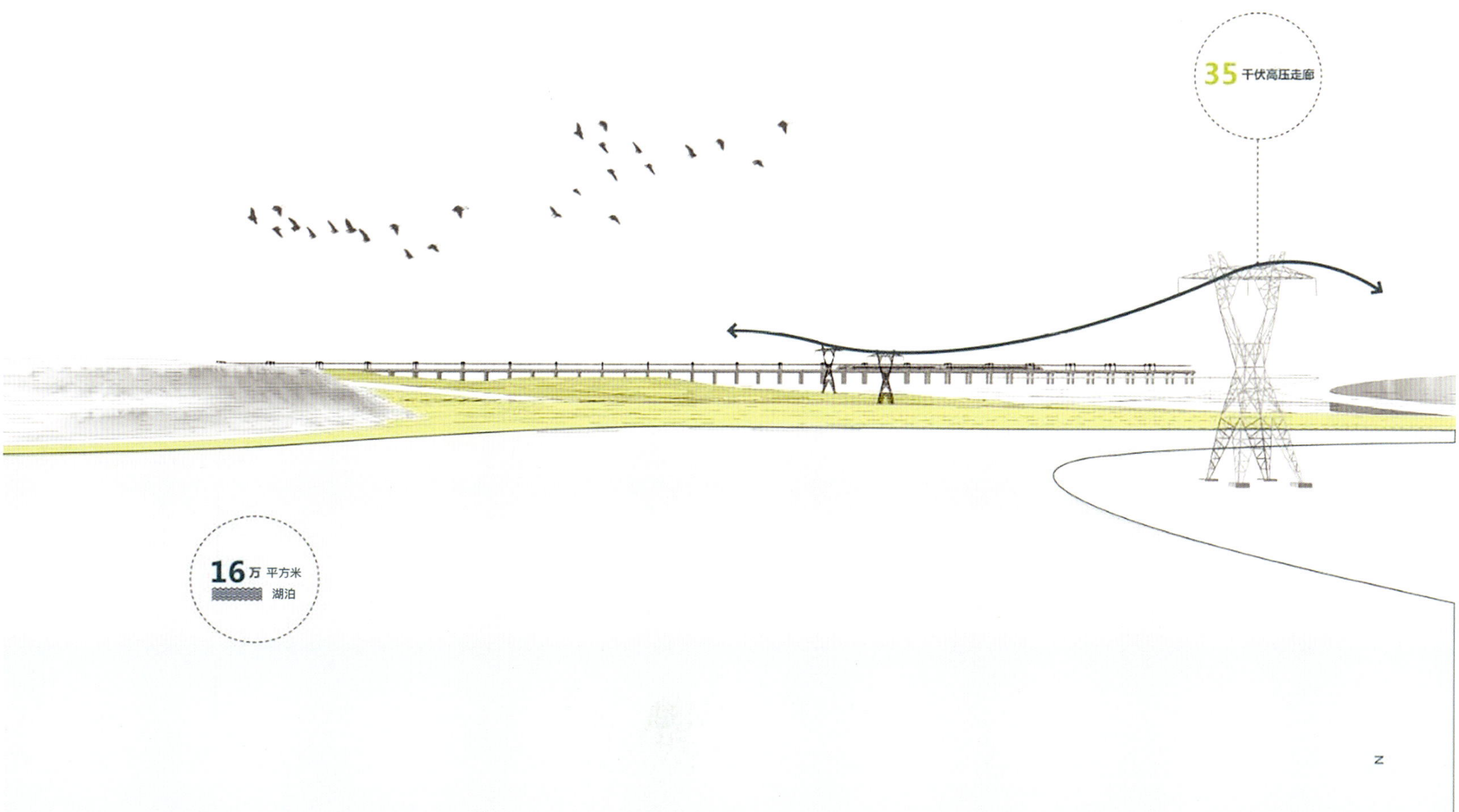
35 千伏高压走廊
16万 平方米
湖泊

四川，成都

Chengdu Tianfu City Landscape

成都天府万科城

Sasaki / 景观设计

项目面积：

总面积 173 公顷，示范区 13.5 公顷

在地合作单位：

重庆尚源、蓝海设计

建筑设计：

RSAA庄子玉工作室

摄影：

河狸景观摄影

沈周《富春山居图》（明本）

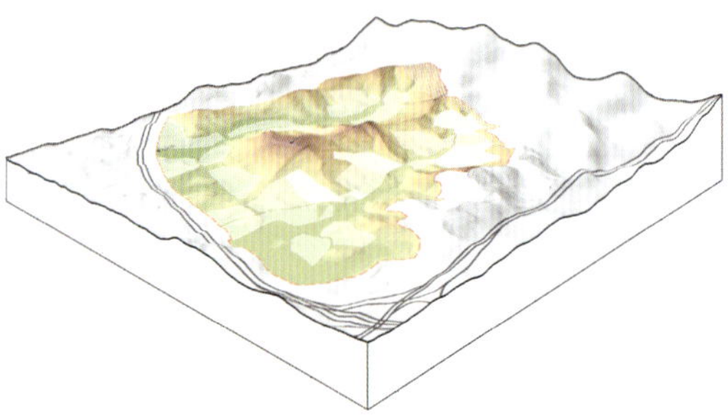

地形作为便利设施

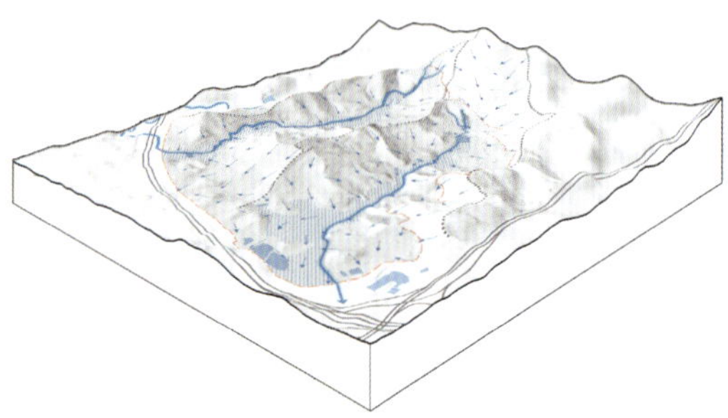

雨水作为资源

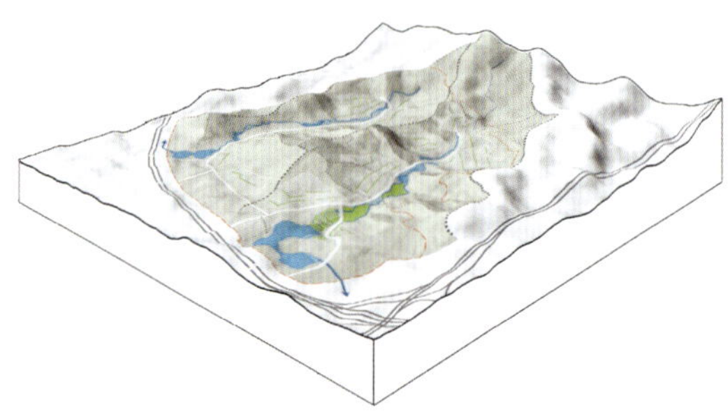

流域规划作为基础

被高山和川中丘陵围合的成都平原自古便是平坦通达的天府之国。然而随着成都的生长，“山”作为城市景观第一次从(远)景转换为(身临其)境。天府万科城正是成都天府大道中轴线南端与龙泉山的交点。区别于通常的成都印象，这里地貌丰富，山峦连绵起伏，湖泊和溪流散落于山涧。然而多年的农耕和对山林的疏于护理，这里的景观和生态亟待修整恢复。

Sasaki负责整个项目的景观和框架结构，以“基于自然，重释自然，融于山水”为原则，顺应自然规律，营造和恢复有生态功能和展示意义的浸入式景观和可居可游的山地社区。Sasaki董事张韬强调“我们珍惜与经验丰富的甲方及优秀的本地设计单位合作，利用开发的机会修复和梳理更有生态韧性的景观，让城市开发与生态恢复不再对立”。

Sasaki为项目制定了四个愿景和原则

(1)建立一个自然地貌公园以探索和展示成都新的山地景观与乡土特色。(2)通过改善现状水渠，恢复水生态功能，打造山谷里蜿蜒的蓝绿脉络。(3)保护与恢复本土物种，重塑生态多样性和野生动植物家园。(4)强调人与自然的趣味互动，提供丰富的户外活动和沉浸式生态体验。

设计利用 GIS 对复杂地形进行详尽的分析以指导道路、慢行系统、水系、景观分区和户外活动等的合理空间界定。方案依据山脊线和两个汇水流域将项目分为南谷与北谷，互通互联，又各具特色。谷底的溪流和湿地自高而低绵延穿梭过社区地块，在山谷口汇成南北两个自然景观湖。沿水系的地块根据地表径流量的估算为河道留出一定的生态缓冲带，保护水质和避免开发后水土流失。可达性最好的南谷片区地势平缓并率先开发，强调针对区域用户的亲子活动和儿童游乐；地形和植被变化丰富的北谷片区则是开展户外运动和山地运动的最佳场地；毗邻龙泉山的内山片区自然幽闭，是深度与自然互动的好去处。

功能完整的步道系统串联整合了丰富多样的山地户外活动，从入门到专业级别的山地自行车道，从林间散步、林冠栈道，到登山、营地、动物乐园等，满足不同客群和时段的需求。面对天府大道的陡峭山坡先前被砍伐破坏严重，是

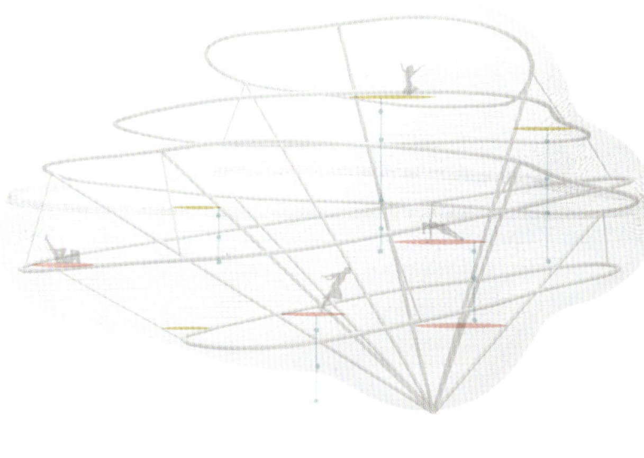

沿城市界面展示景观恢复和环境教育的良机。层叠转折的步道登高而上，直达大坡顶的地标景观构筑物，由此开始山脊户外艺术和景观轴线，向森林腹地延伸，最终停留在静谧的林中树屋和冥想空间。长视线的通透与短场景节奏的控制贯穿于项目设计的所有层面，并与建筑的框景，借景和散点叙事相辅相成。竹林、茶室、镂空的砖墙，框定了进入项目后观湖的第一个场景。它豁然开朗，视线沿湖面聚焦对岸的拱桥，继而消散于其身后层叠不穷的龙泉山峦。

“Stone Wall”——山水景墙

为了确保项目在临天府大道的可见性和对过境车流的噪声消减，景观设计里利用当地盛产的红砂岩建造起伏的景墙，掩映于竹林间，连绵起伏，呼应远景里的山峦和近景里的建筑山墙。当地盛产的红砂岩，广泛用于当地传统民居建筑和农舍器具，并散落在项目基地内的拆迁瓦砾堆里。这种简朴而有特色的材料成为启动区山水景墙的灵感来源，通过对岩石有序的排列和模数化尺寸组合打造如起伏山丘一般的特色景墙，同时有效消减城市干道上机动车的噪声。

项目启动区将山、水和田的当地元素诠释为独具特色的乐丘、悦水和怡田景观，并通过步移景异的滨水步道串联，分别形成了丘上的儿童游戏区，由湖体、湿地和水景

组成的湖景区，以及由各类乡土草本植物拼贴出的花草甸。丘乐园、水乐园和田乐园3个主题游戏场点睛其间，成为儿童探索体验自然，热爱户外的起点。

"The Cloud"——丘顶浮云

儿童嬉戏的制高点丘乐园顶浮现浮云一朵，以钢结构，钢索和网绳编织构造。它是孩子探索和从"云端"观察世界的窗口，也是从湖对岸远观山水景观的一个亮点，浮于丘顶，倒映于湖。

"The Ripple"——涟漪水池

雨滴敲打水面，形成层层涟漪。儿童的踏水奔跑亦产生动感的涟漪，水乐园的设计概念由此而来。通过薄石板的多层堆叠，水乐园中央形成一个放大的涟漪状戏水池。

"The Maze"——草浪迷宫

"风吹草低见牛羊"，草浪随风起伏，草海里的动物雕塑和顽童若隐若现，探索其中。散置的木板和豆石路 穿梭于草海之中，让孩童好奇万物，热爱探索的天性得以释放。湖光山色，树影婆娑，居所错落隐没于南北山谷，消融于背景无尽的墨绿之中。山谷入口灰瓦流水曲径通幽，红墙绿竹，初来乍到会错觉误入闹市外桃源。曲径尽端湖面豁然开朗，倒影湖对岸一朵漂浮于山丘乐园之上的白色"浮云"，与如镜的湖水动静结合。在这里人们拥抱自然，尽享生活的乐趣。

四川，成都

Chengdu Yuanba Courtyard

成都院坝

成都澳博景观设计有限公司 / 景观设计

项目面积：

约98,000 平方米

设计团队：

何美霖、罗小波、杨志旺、蒲军、蒋壁嵌、唐青、张彦梅

业主：

成都嘉骏房地产开发有限公司

解构生活，剪影闲暇

总平面图

城市的发展进程中，文化日新月异，不变的始终是人们对院子生活的追忆，对乡野田间的向往。在“世界文博小镇”名片的牵引下，众多艺术人文元素入场安仁，参与古镇生态街区重塑。最具民国魅力的安仁古镇，时下正成为新一代文化艺术的聚集地。作为中国历史文化名镇、国家文化产业示范基地，自然而然形成一幅最成都最市井的生活民俗画卷。成都院坝项目带着市井民俗文化精髓和院子的美好记忆，诠释着全新文化人居时代的到来。

一轴一线四院

设计团队从2015年开始介入景观设计，以“田野调查”为始——白天穿行于民国风情的街巷里，傍晚游访在小镇游客与当地居民之间，夜色晨间探寻在历史远旧的岁月公馆私院中，通过对安仁多维度的感官体验，体察古镇的恬静悠远之美。

景观设计依从传统民俗格调，根据现有的区位布局、周边资源、社区市民的集散交流现况，结合“城镇宜居社区”的主调，40年产权商业用房性

质，重在体现安仁私属公馆和分享街区的独一特色。

通过“分享与私属”进程之间的空间转换过程，确定了成都院坝项目里所需空间要素，以一条安仁长街构建出分享机制，又连接着私属领地，成为街坊老味的时代缩影，邻里大家闲适伴游的祥和之景。

以火花（材料运用）、融合（色调运用）作为基调，对不同空间进行梳理：由动而静，由分享到私属，空间关系的区割和划分决定了院坝围墙的不同开放度。由此形成了“一轴一线四院”的空间美学：一轴，仁者安仁之“仁”道；一线，水韵林间；四院，闲适院落。

现代叙事，写意山水

时下的安仁古镇自然而然散发着“古”而不同的特质，其起源虽可追溯到几千年前，但如今时而推出的艺术节、展览、文博、商业、文旅业态，时刻刷新着人们对“古镇”的刻板印象。景观设计结合现代叙事，通过自然、历史、人文的资源梳理，社区居住者与游客的行为、体验，各要素间的合理组织，讲好当代安仁故事，契合“文旅融合”的布局思路，传达安仁院坝的全新人居形式。

以“写意”的手法，描绘山水涟漪间一步一景、曲径通幽的游园体验。片片白墙与墨色地面在简单的对照与冲突中尤显分明，游弋的蓝天白云在镜面倒影中空灵生动，水境清透、山影起伏，树木植株与景观小品更极具美学造型感，在夜晚温柔的灯光氛围中刻画青山小院的写意山水之境。

仁者安仁，风雅祥和

《论语》有言“仁者安仁”，安仁之名由此而来。一张四方桌，四把竹编椅，一杯盖碗茶、一把长嘴壶、几个人围坐一起……曾经和现在，都是安仁休闲、社交的独特方式。走在暮色四合的街区，脚下是上百年的方砖青瓦，抬头是渐盈渐亏的微白月色。俨然“青山小隐枕潺湲，一叶垂纶几溯沿”。这里的公馆文化从始至终，这里的生活简单满足，这里的人们祥和喜乐。

近年来，安仁也逐步构建出一个古今融合、中西合璧、可持续性发展的文化生态系统，风雅祥和的小镇焕然新颜。成都院坝所表达的院子生活方式在此上演，也为区域性文化保护、传承，经济发展，以及国际级文博小镇的创新升级，画上浓墨重彩的一笔。

—— 居住区和别墅

项目面积：

80,000平方米

设计团队：

钱红、骆言、廖湖海、刘克东

景观团队：

胡剑锋、万山、张祥沙、王嘉雯、宾雪、周孝露、宋瑶

方案设计团队：

冯乐、蒋庆璞、张敦、杨林燕、李兵（深化设计团队）

景观施工单位：

重庆晟景成园林工程有限公司

业主：

香港置地（重庆公司）

摄影：

河狸景观摄影/香港置地

中国，重庆

The First Peninsula

壹号半岛

重庆犁墨景观规划设计咨询有限公司／景观设计

壹号半岛恰好位于黄桷水库与绿地的环绕之中。周边住宅及商业配套齐全，是蓄存已久的未开发用地。

仲夏密林

地块周边绿地系统成熟，黄桷公园、黄桷水库及湖滨公园将其环绕。我们设想，将景观自然造物的手法贯穿始终，利用前场770平方米公园绿地，蔓延城市绿地系统，将自然而生的场景归还生活，创造市民的活动参与。山水与自然、城市与风景、人文与景观，在此处浑然天成、相融而生。

葛饰北斋（1760—1849年），日本江户时代深受中国文人诗意特质影响的知名画家。在他的画幅中，出现的山川大海、市井生活，都具有强烈的人文之趣。入户水景公园，灵感来自北斋作品对于自然与生活场景的描绘，我们将山川河谷的曲线、大地的褶皱放入场地。水景蔓延场地，绿岛从水流滩涂的缝隙骤然而起，利用堆坡造型，及水杉密林的栽植，整个空间纯净、诗意，胜似入户的前花园。水景公园是园区与旁边交通道路的软隔离，将建筑隐逸在水杉打造的密林中，周边居民的活动也被层层绿量，减少了喧嚣嘈杂。

公园基地，及与周边市政道路存在较大高差，利用高差关系，营造大自然延绵起伏的地形，并将水景、密林、景墙与道路整体规划，形成界面咬合及必要引导。空间的纯粹感受与大自然的绿色气息，是生活于此的第一份厚礼。

艺术纯粹的前花园，是回家动线中自然的过渡。场景感营造及美学的认知，也将从这里开始。游览过前花园，到达主入口，深棕色的格栅将入口掩映，形成虚实对比空间。树影在景墙上的投射，与园区内的蓝花楹呼应并渗透，格栅曲线纹理的交叉，不锈钢花池的线型，预示着回家品质的沉淀与空间的对比转换。

幕夏之梦

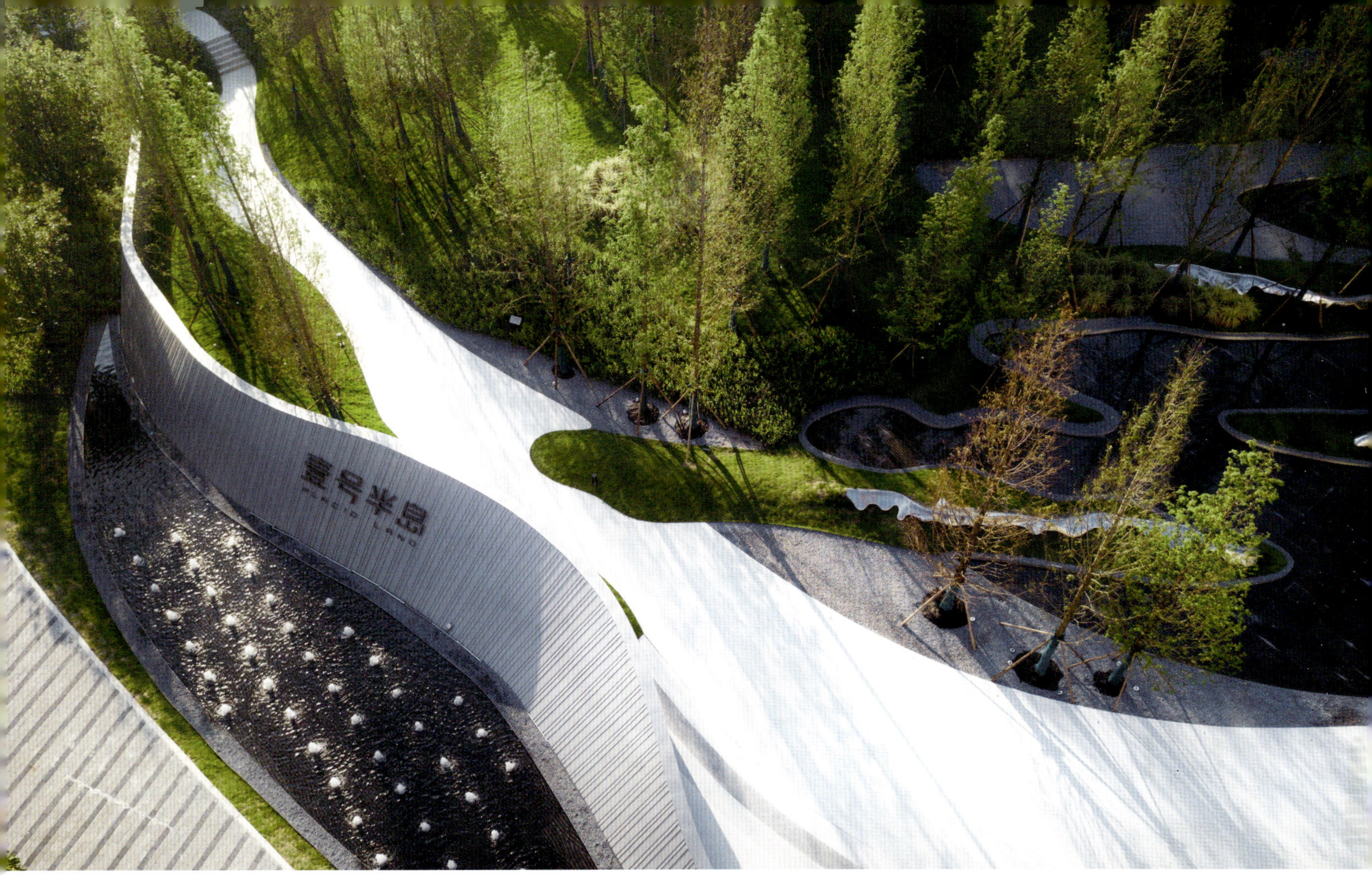
壹号半岛

壹号半岛

太过美好的生活场景，如梦境般不真实。在中轴线空间中，用统一的曲线语言延伸梦境长度，重叠、往复的设计手法，与现实映射。在回家路上，不全然是立于现实的收获。纯白色弧线廊架延伸80余米，两侧白色曲面景墙，间隔的孤植乔木，将空间界面拉入到更加纯粹的超现实感受中。

用超薄铝板完成的白色廊架，涂料涂刷的侧墙墙面，将曲线极致演绎。行走路面的线型，完整贴合廊架的倒影。犹如梦境的发生，用白色“飘缎”走进梦的深邃，路面完全倒影预示着现实向梦境深处的焕化。侧墙的不断重复延伸，在纯净而有仪式感的空间中，演绎超然于现实体验又挣脱不了的梦来。

在梦境的映射后，实墙层叠构成的“星光隧道”，隧道中用不锈钢镜面，对话内心与自我，将梦境推到至深之处，将要挣脱。

季候南风

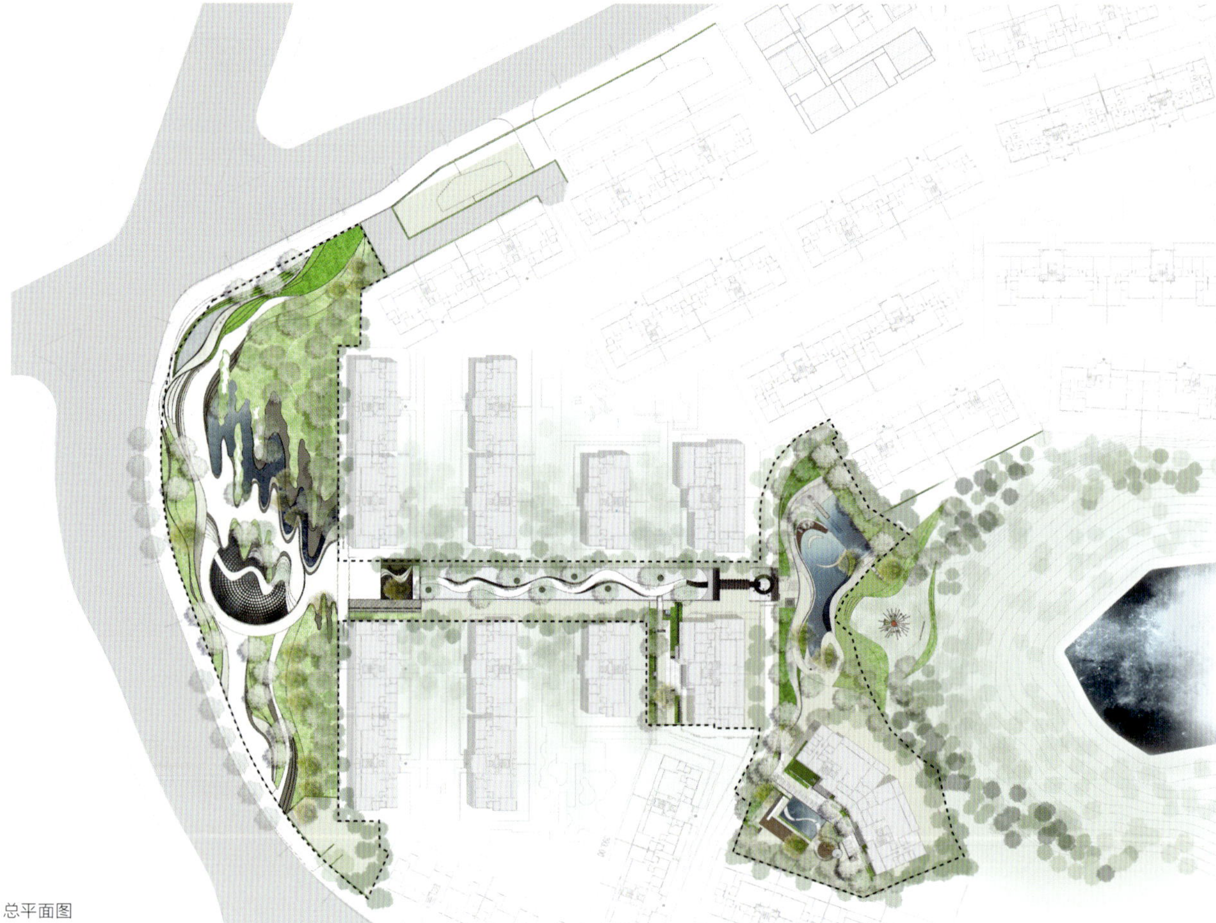

总平面图

回归上岛居所，贴合用地红线边界，设计了500平方米的无边际泳池，利用30米高差的现状条件，将视线焦点落在黄桷湖及对岸的湖岸线，将酒店般的轻奢配置放入住区。泳池区域分为成人泳池及戏水池，弧形廊架连接，立面使用穿孔铝板。廊架与植物的共生，使这个区域充满自然的风情感。设置躺椅休闲平台，便拥有延伸绿地及湖滨公园的视线眺望。

两栋实景样板房，用更加沉稳的设计手法呈现，潺潺水流指引回家之路，小景墙石材与玻璃的虚实结合，3米×5米的入户门挑檐，更彰显品质与现代的气质。

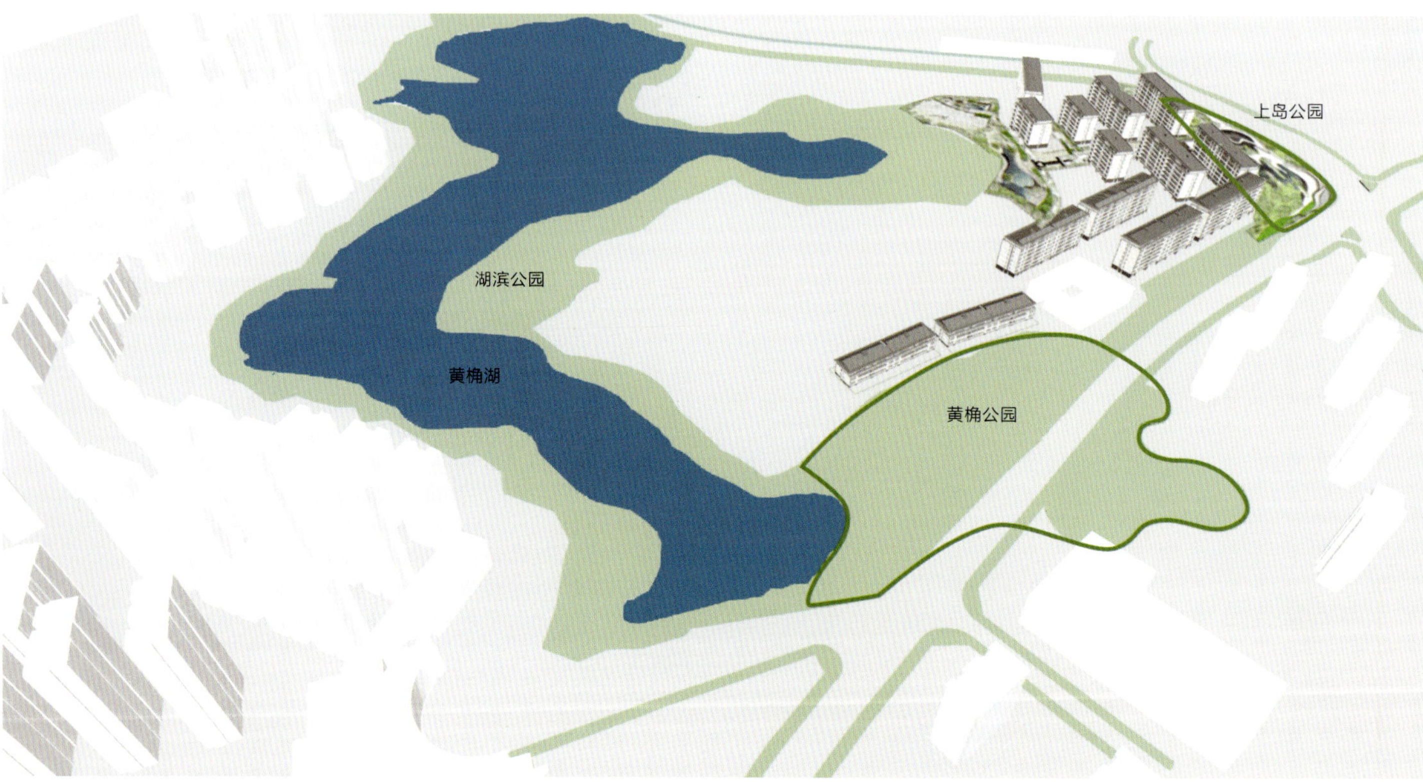

位置图

廊架分析图

项目面积：
70,000平方米
设计团队：
孙虎、利征、邹炯
摄影：
广州山水比德设计股份有限公司

广东，东莞

Songhu Nebula Diamonds
松湖碧桂园·天钻

广州山水比德设计股份有限公司 / 景观设计

宇宙的故事，来自一个存在或不存在的奇点，一次偶然的触发，空间和时间无限延伸……

人，生活在有限的城市空间，每个社区如同一个生活单元，或单一的，或拥有无限变化。碧桂园天钻大区景观，以万物理论，建构社区力场。从浩瀚时空中提取银河、星云、星际晶钻，衍生7个体验空间斑块。平台供人以停留、休憩、冥想，线型空间作为场所的指引，演绎行赏的度，空间收放的序。带来的不仅是技术的革新，还有非传统的创作方式和思维方式。

松湖碧桂园天钻，成为一种感知的存在，我们可以感知空间、时间、生命。自由蜿蜒曲线，演绎未来感，探索宇宙的奥秘带来空间的思考，曲线相连形成独立的功能节点，相交之处成为空间交互的奇点，引发人与空间的互动。心中的山水，是此时的空间力场，将人类仰望星空的无限遐想，建构于生活社区，创造丰富的体验。

星际穿越般的剧场感

在主入口的空间营造上，设计团队带来了星际穿越般的剧场感，银河的璀璨星辉成为场地的指引，线条的动感演绎开阔与流畅之感，如流星般地划过夜空落入星月水景。现代而诗意的设计风格，是今夜的明月、星河、水轻、山悠，如同泰戈尔美丽的诗句住进心中。

写意流云，星云之庭

“太空舱”缓缓降临星海之庭，会所空间以大片镜面水景为中心，新加坡酒店式开放性洽谈空间。休闲吧台以太空舱为原型，叙述空间的氛围，体现现代科技感，完美诠释奢享城市与自然闲适生活。传统的“一池三山”造景概念，演化为写意的流云肌理空间，现代东方的建筑美学与匠心神韵，塑造出此时的自由交互场所。

穿过品质洽谈区，来到璀璨绿洲，简约条状石阶模拟星航轨迹，大地艺

总平面图

1. 商业、住宅楼
2. 住宅楼
3. 商业楼
4. 入口广场
5. 篮球场
6. 网球场
7. 入口大门
8. 全民健身区
9. 亲子公园
10. 水景
11. 草坪
12. 老人康体区
13. 烧烤区

术跃然眼前，整个场地焕发着新的生命力，成为社区活动的森林剧场。在璀璨绿洲中央布置以大乔木，创设生态背景的综合性平台，为社区活动提供充足的场地。

多维空间，星云之梦

多维度设计，呈现空间隐与现，人行期间如穿梭在流动的景观，以星云变幻形态为原型，空中栈道叠加了景观层次。或散步、或轻跑、或休憩，达成最佳的空间利用的同时，实现人与空间、人与自然互动，以大众共享的方式，对话自然，建立积极与良性的邻里关系。在水边，人是安静的，动人的风轻抚，拨动心弦，设计团队通过舒适度、体验感与参与性，创造一个现代化的社区开放空间，提升整个社区的凝聚力。

星际乐园，色彩童话

日月星辰与万物轨迹元素，与整体的星云景观空间结合，如同星云之中孕育成长的星体，营造社区中气氛欢悦的亲子空间。一座“在家门口的迪士尼乐园”，从体能、色彩到空间感受上，为孩子们带来不同的潜能启发。漫游宇宙无限的变化后，设计团队回到赖以生存的地球，关注人与自然生命共同体，关注人与人、人与空间的日常，以艺术与科技之名连接生活。在高度信息化的当下，创造美好生活的日常，东莞碧桂园天钻项目，设计团队营造现代艺术社区单元，由此继续畅想未来山水社区。

关于项目的小故事

在接到东莞碧桂园天钻项目时，业主提出的需求为原方案改造，需要尽快进入施工。但是设计团队在分析原设计后认为，对该设计的改造提升，与公司以创新为导向的服务宗旨不一致，同时，以此方案作为指导最终落地，浪费了项目自身良好的条件。

设计团队面临着两个选择，一是短时间内以我们对项目的解读，重新提供一版全新的方案，二是拒绝此项目。3天后，没错，是3天后，设计团队为甲方提供了3个方案！业主对短时间内的成果质量和执行力表示认可，并一致选定了重新设计的方案！再10天，设计团队进行了新方案的概念汇报！4个月后，提交最终版施工图蓝图！再5个月后，项目一期建成！最终效果亮相，获得业内人士一致好评！

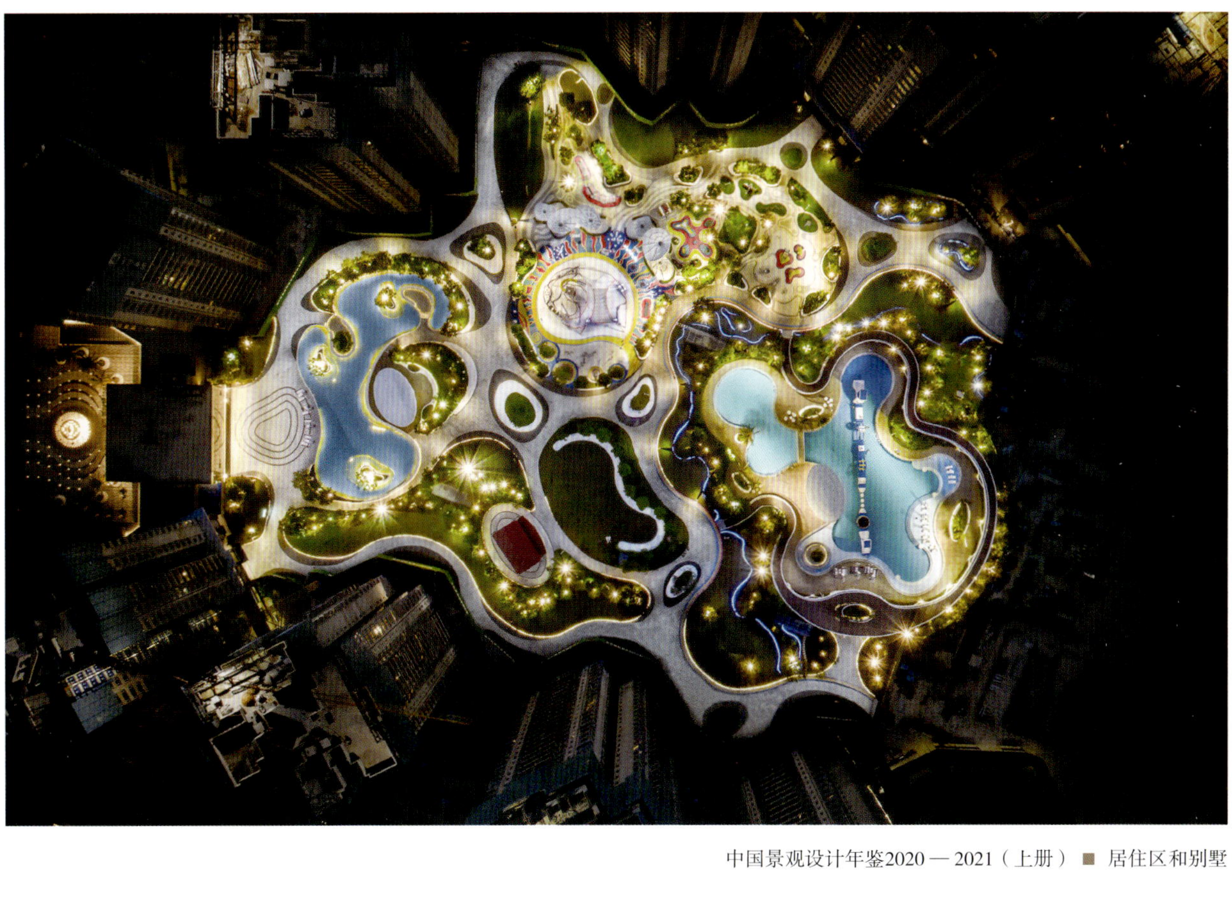

河北，高碑店

Longfor Gaobeidian•Railway City

龙湖高碑店·列车新城

广州山水比德设计股份有限公司 / 景观设计

项目面积：

75,000平方米

设计团队：

孙虎、利征、刘宋敏、江鹏

摄影：

广州山水比德设计股份有限公司

中央公园垂直轴线景观空间图

大区平面图

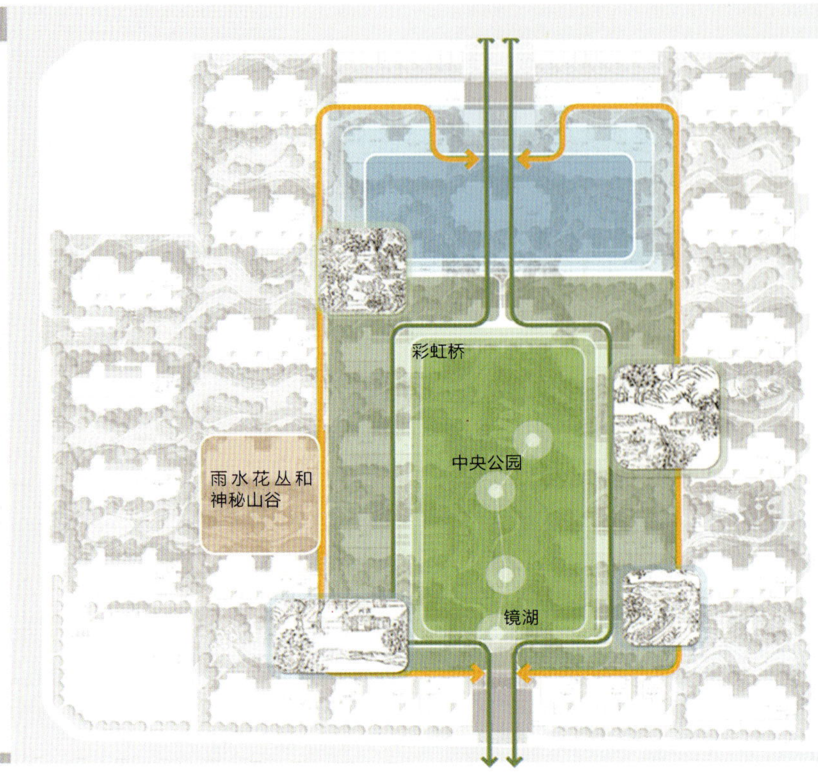

场地范围和场地规格及背景检查

项目位于河北省高碑店市社区一期，已建成厂房7.5万平方米。该项目已在国家重点研究开发计划中被列入我国更为严峻的选择和更为严重的后果，在创建被动城市河北省高碑店超低功耗社区项目中积极借鉴世界领先的TOD模式，依托连接北京的高铁等地理优势，逐步发展成为未来充满活力的城市。

与客户和其他设计师合作以及其他重要问题

在园区原有的建设规划中，建设是一种较为紧凑的临场布局，在建设生态社区的基础上，提出了景观设计团队战略偏心两栋楼，创建共享中央公园的最终协议是甲方在原有规划中拿出两栋楼，离开占地面积1万平方米的中央公园，正是甲方与乙方共同打造的新突破，将社区景观生态系统向可视化互动教育、改造传统技术设计为全民参与式互动设计，构建了三维景观生态文化群落模型。

设计方案

社区基于生态景观城市的理念，在创建生态景观社区模式的基础上，通

打造雨水汇集
打造雨水汇集
打造雨水汇集
打造雨水汇集
打造雨水汇集
访客接待、行人交谈
观赏交谈、眺望看台
阳光草坪、有氧瑜伽
草上风筝、宠物乐园
植物认知、休闲洽谈、
读书喝茶
戏水设施
地表径流
生态湖
雨水收集
地表径流
雨水过滤
入口展示（迎君堂）
碧水苑——水
逐溪岛——山、谷
石林
中心公园

建筑汇水
建筑汇水
蒸发
蒸发
蒸发
地表径流
车库顶板汇水
车库顶板汇水
绿地下渗
初级净化
渗透式过滤
绿地下渗
初级净化
渗透式过滤
地表径流
下渗
下渗
下渗
科普 洽谈 读书
休闲停留
科普教育 净化展示

过现代东方园林技术营造生态景观人居环境。社区本着低影响的发展理念，采用5个街区设计和应用生态雨水系统，将海绵系统融入社区，实现了园内雨水循环系统和生态展示一体化，设计了生态教育的可读性，加强居民参与。以场地空间为基础，通过地形建设打造中央生态公园，形成多景观体验空间生态景观湖瀑布观景平台樱桃谷红枫林共享廊道生态草坪。

在视觉景观体验的基础上，生态景观湖还具有雨水调节和储存功能，大大增加了场地负氧离子含量，为公园微环境创造了更加有利的条件。樱花谷设置生态植草沟。通过雨水的初步收集和过滤，设计人员可以降低公园内硬路面造成的排水压力。设计师运用现代语言的表达来塑造峡谷的三维肌理。在中央公园的中心，有一个中央草坪区，也是整个公园的一个大的凹形绿地。在雨季，它起到调节和净化雨水的作用，通常是我们大公园里活跃的阳光草坪。同时，在雨季，游客还可以通过虹桥（中国古代的一种木拱桥，又称飞桥）参与整个公园的活动。

通过对公园内照明情况的分析，设计师选择了最适合的区域来搭建禅亭走廊，作为邻里互动的活动和休息空间。本休闲馆廊道采用钛锌板特别设计，造型精致简约，廊道架设置负离子发生器，降低PM2.5，提高微环境空间质量。公园通过地形建设，构成沉谷生态，生态理念，不仅对雨水的循环利用进行生态示范，生态教育功能属性在内部模块中设置生态净水观测井，设置在生态系统谷平台中间的展示墙上，并与音频播放器和二维码连接，扫码家长如何与生态系统工作互动孩子们学习，真正感受到生态系统的应用和生态意识。

材料和安装计划

园区还实施了大面积生态材料清洁能源利用地上铺面，采用透水性露骨材料等有机材料和更科学的铺面方式，以及生态覆盖塑料石材储存模块坑和应用生态技术、生态材料等使雨水迅速，具有节能降耗等优点。

设计的目的

设计团队扩大传统价值观如花园的美学和功能成各种复合值，并将其集成到属性，如生态科学和技术教育，以提高社区居民的参与，使人们交流和学习。

广东，惠州

Derun Tianyue

德润天悦

深圳市万漪环境艺术设计有限公司 / 景观设计

设计面积：
32,300平方米
用地面积：
45,000平方米
业主：
德润地产

德润天悦项目作为惠州潼湖生态智慧区内打造的城市新贵豪宅作品，是未来最具潜力城市核心稀贵领地。整体建筑采用Art-Deco新古典建筑风格，匠造新贵豪宅社区。

项目定位

万漪景观团队担纲园区景观设计，打造经典东南亚式风情园林，运用多水景、多廊榭的园林规划，引植名贵树种、立体景观植栽，精致园林归家礼序流线设计。园林内贴心配置慢跑步道，儿童游乐场等康体设施，打造架空层交流空间，敬献简约优雅的生态景致。

结合项目的整体建筑布局形式，从音乐旋律中吸取设计灵感，提出了“悦之韵”的景观空间构想。音乐里面有变化的频率，开始—高潮—结尾。在项目的景观设计中，设计师们将韵头—韵腹—韵尾作为景观空间布局的序列，依据跳动音符的转折关系来设计园区的游览路线，用转折变化的方式串联起各个景观空间，谱写出一首悦耳的归家序曲。

充分利用场地标高条件，结合不同的功能需求设计不同层级的景观，丰富竖向节奏。主要人行道路路径长度为10~20米，路径的转折较为丰富，可以让人放慢脚步，延长住户驻留的时间，并引导进入其他空间。

通过转折的人行道路延长园区路径，将特色水景和休闲廊架联系起来，达到层层递进的空间关系，开放和围合的设计手法使景观空间具有连贯性，从而达到统一。

园区主要活动空间集中在住宅区中部，如何让生活融合在自然中才是住宅的本质。利用水最大化拓展视觉张力，四周亭廊花草围绕，水、树、影相映成趣，打造出一个丰富而生动的回游式秩序空间。

设计承袭了古典园林设计手法，以小见大、移步换景的尺度概念，运用框景、漏景、借景、点景之手法妆点丰富的植被层次，廊的雅致、水的灵动体现得淋漓尽致，为住户营造舒适的自然居住空间，尽享宅间绿化。

沿小径走走停停，每一处皆是风景。不过须臾，你便不自觉择一雅致之处休憩，两两交谈，只觉岁月静好。

设计团队摒弃传统的思维定式，提取东方经典元素，结合当代审美将其重组、糅合，创新演绎景观空间里的景墙、地灯、廊架，达到视觉元素的融合共生。置身其中，任凭光影游走，缓缓感受时光的魅力。

总平面图

1. 主入口（消防车出入口）
2. 地下车库出入口（消防车出入口）
3. Logo 墙
4. 商业街步行街
5. 迎宾水景
6. 东南亚风情廊架
7. 阳光草坪
8. 格栅景墙
9. 休闲廊架
10. 儿童游乐区
11. 水上桥
12. T 形风雨廊架
13. 微地形景观
14. 溢水水景
15. 特色铺装
16. 镜面水景
17. 休闲小广场
18. 架空层过渡空间
19. 庭前绿化
20. 幼儿园入口
21. 幼儿园活动场地

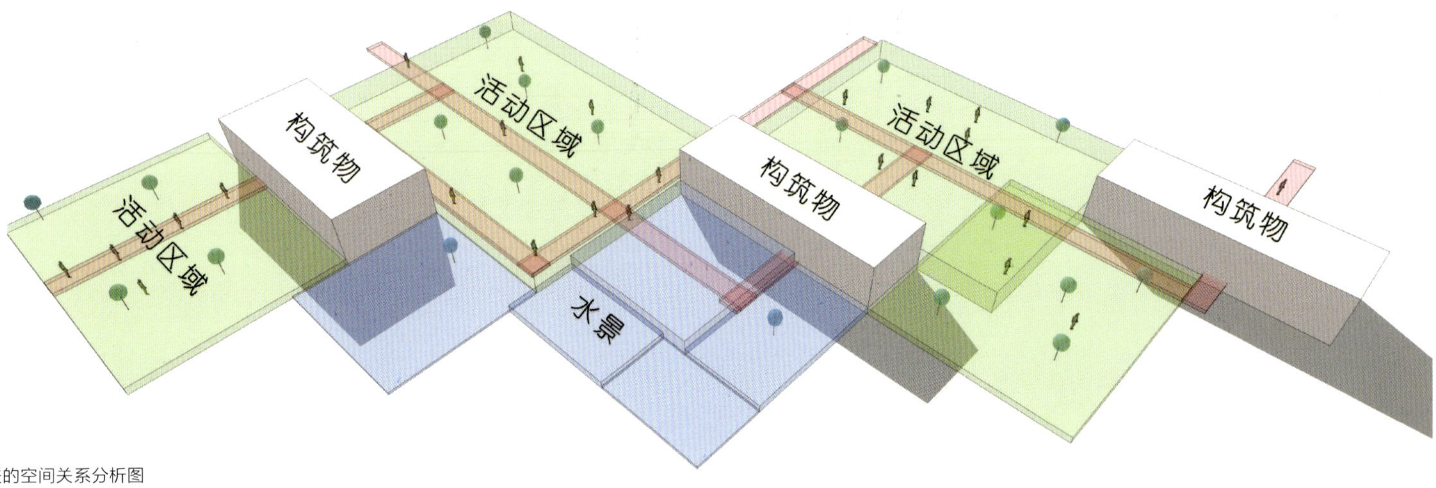

层层递进的空间关系分析图

视觉节奏分析图

竖向节奏分析图

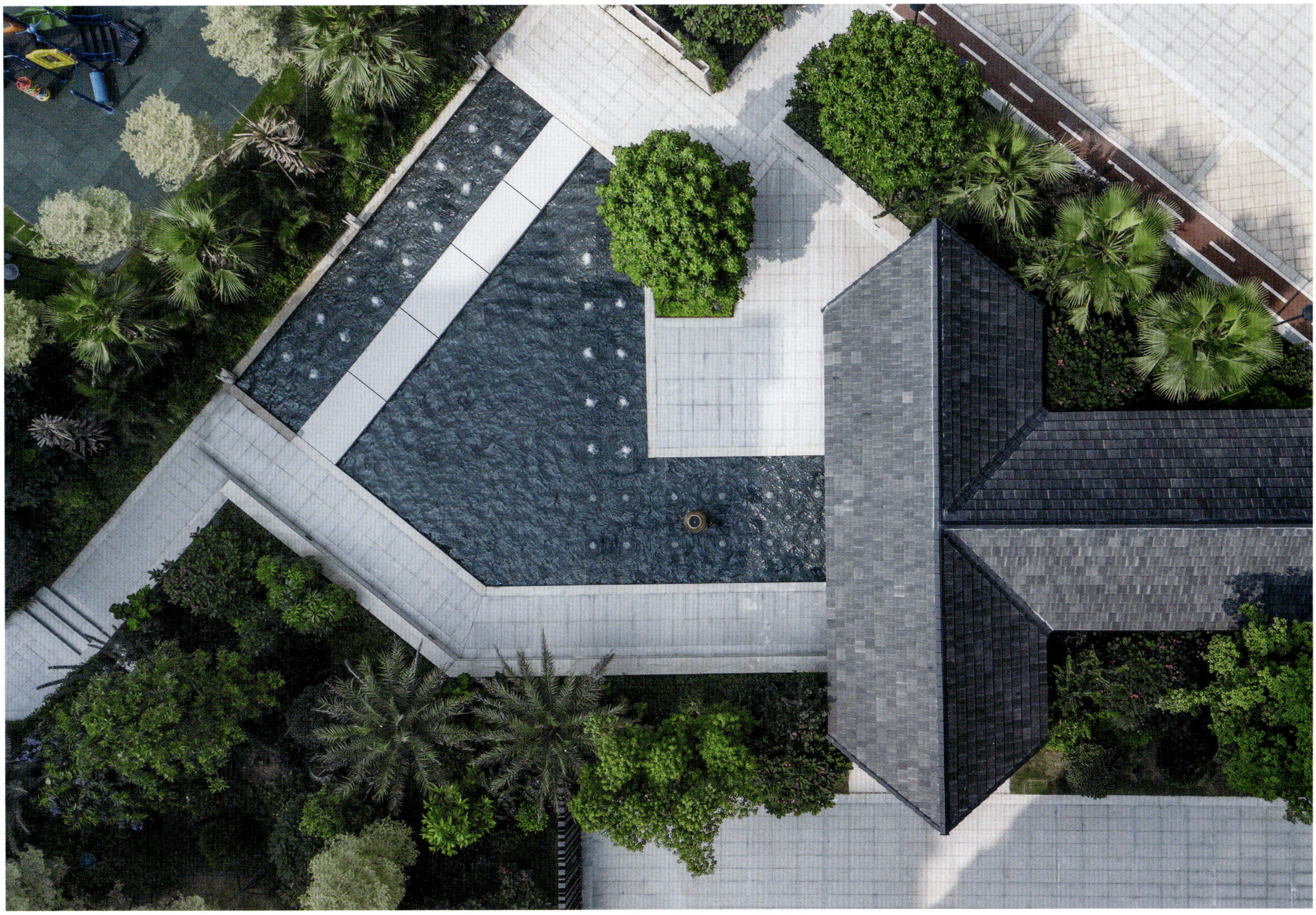

中国，重庆

Longfor New River and City Qinghui Shore

重庆新江与城清晖岸

重庆纬图景观设计有限公司 / 景观设计

项目面积：

62,700平方米

设计团队：

李卉、郭妮、唐志杨、范玮、杨平、张梁、董瑜

业主：

重庆龙湖

获奖：

2017地产设计大奖金奖

项目的场地非常的不规整，且高差大、消防限制多。面对这样硬朗的线条，这样铿锵的空间，设计团队于是顺应场地用直线的转折交叠来连接空间，让景观空间的肌理可以和建筑布局形成的空间肌理更加有机的共生，顺势而为，势可如破竹。

修炼

项目是由2栋高层和19栋洋房组成，高层业主358户，洋房业主678户。2栋高层坐落在项目西北侧，与西南侧的洋房围合形成了西侧的中庭。高层的人口密度决定了这个中庭的使用强度与全区其他场地截然不同。设计团队把集中儿童活动区放在了这个中庭的最西面，并利用由东向西的场地高差将活动噪声向西侧的空旷边界排放，而减少了噪声对南北两侧住户的影响。儿童区的东侧则用大草坪对空间进行缓冲并联结到核心区的水岸公园，同时草坪的未定义也可更好地接纳大量业主的自由活动。东侧洋房之间的中庭特别将人的活动在场地中分散开，减少对两侧住户的影响，并形成丰富的人行动线、观景、互动、休闲的空间节奏。8%的缓坡入水，顺应水线的铺贴，错落有致的停留点都认真考虑到人景互动的发生条件以及减少对两侧住户的干扰。每一寸细节的推敲，只为让关爱和美好不断延续。精准的水线设计，阳光下，如童话般美丽。

人在什么样的空间停留最久？何种尺度是行走的最佳距离？何种水景形态与方式最吸引住户？什么样的转折角度行走最舒适？我们推演出每一个场地的容量，看护半径，甚至“观赏”与“被观赏”的角度和距离，以达成各场地的功能性、娱乐性、观赏性，以及场地联通的便捷性几者的高度统一。人景相悦相融，景观才有了灵魂，才有了绵延不绝的生命力。

助缘

复杂的高差与严格的消防限制既是挑战，亦可是助缘。

建筑的大退台形成大量纵向挡墙，把横向交通切割得支离破碎，且形成各种变坡与扭坡，中庭空间的完整性成为难解的大问题。各种挡墙导致大量入户需要通过上下台阶来解决，成为客户体验一大障碍。设计团队接纳场地纵横交错的高差，用面与面的碰撞联结来承接并转换空间的势能，而非专注于挡墙的掩盖与被阻断空间的修复。

格拉斯水岸公园

宽35米、长90米的中庭空间，两层地库从中间经过，形成高差较大的台地关系，给东侧住户回家带来不便；消防通道的纵横交错，将场地划分成几大块，打破了整体感。设计团队把高差挡墙的势能转换成面与面、空间与空间的不断交叠融合及串联，便有了临空绽放的流水阳台，飞流直下的欢腾瀑布，曲折回转的滨湖水岸。因势利导，借势而为。

T 台步道

这是一处高差大、坡段扭曲复杂的场地，加之消防通道及扑救面占据了大部分室外空间，进入高层组团的流线十分纠结。设计团队用折线去接纳高差，接纳消防，让线与线自然形成的面与面直接碰撞，构成新的几何线条，这里便有了这些如T台般时尚的步道。高差与扑救面的干扰被处理得润物无声。

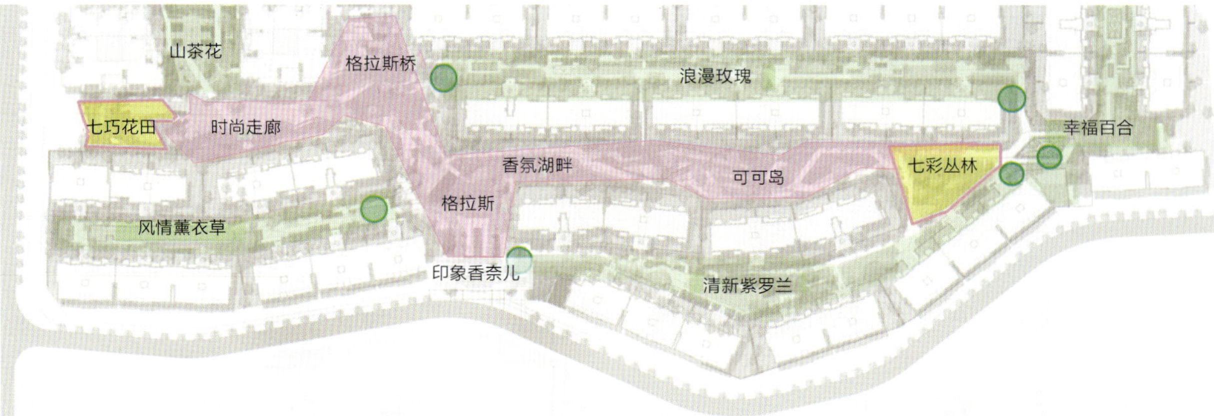

植物配置图

总平面图

七巧花田

这是西侧高层区的集中儿童场地，高差被巧妙地利用成了各种不同的游乐场地，消防扑救面也顺势延展了活动的半径。孩子们在这里奔跑、跳跃、攀爬，尽情探索，在这户外的七彩时光里收获成长，收获智慧，收获喜悦。

七彩丛林

这是一处消防回车场，设计团队不希望它只是一个空洞的大圆坝，而是时刻与生活有关，于是我们用七巧板式的彩色铺装来重新描绘了地面，还有特别精心设计的植物组景装点场地的边界。尽管这里没有任何儿童设施，孩子们依然一来就知道这是他的场地，会立马在彩色地面上奔走嬉戏。

江苏，南京

Gemdale Fenghua International

南京金地风华国际

水石设计 / 景观设计

项目面积：
70,300 平方米
设计团队：
技术研发部—设计十室
摄影：
琢墨建筑摄影
业主：
金地集团

这是东方文化中居住的最高理想，这是人们心之向往的桃花源。大隐于市，田园回归区域与环境。

南京金地风华国际位于南京市江北新区，距离河西一江之隔，紧邻青奥体育中心及青奥体公园，北侧为已建康健路，东侧为城市主干道横江大道，西侧为浦滨路，交通便利性较高。南京其地有高山，有深水，有平原，此3种天工钟毓一处，山川之灵秀，气象之宏伟，绿地视线开阔。项目提取山水的形态意向，亲水而近山，仿佛是山与水的和鸣。依据自然之势，营造高差，用绵延曲线营造山势；以“水”为媒介设计一条峡谷溪流，形成水势。用南京“四十八景”营造一片东方美学自然原生意境的场所，在烟火气里寻贵雅之境。

从桃花源到金陵四十八景—空间与景观

景观总体布局高效宜居，层序分明，从“良田美池桑竹之属”的东方桃花源出发，追求浮云归晚翠、怡然英缤纷，远离夹道起高楼到“别业居幽处，到来生隐心”的云水间，再到“三山半落青天外,二水中分白鹭洲”的十分春色百代盛景，是“从桃花源到金陵四十八景”的转变。设计以金陵山水为骨架，以文化为本源，从而引申出“凤凰三山”“天印樵歌”“秦淮渔唱”“台想昭明”“清溪九曲”等节点，打造有节奏有韵律的空间体系，营造“不出城郭而获山水之怡，身居闹市而享灵泉之致”的理想生活方式。

桥门——凤凰三山

“凤凰三山”引自李白“三山半落青山外”这一诗句，由“三山”演化为三重景墙，意为探寻当年盛景，为风华遐想万千。

怡庭——天印樵歌

以“玉珏”这一迄今所见最古老的装饰玉器为元素，提取形态转化为入

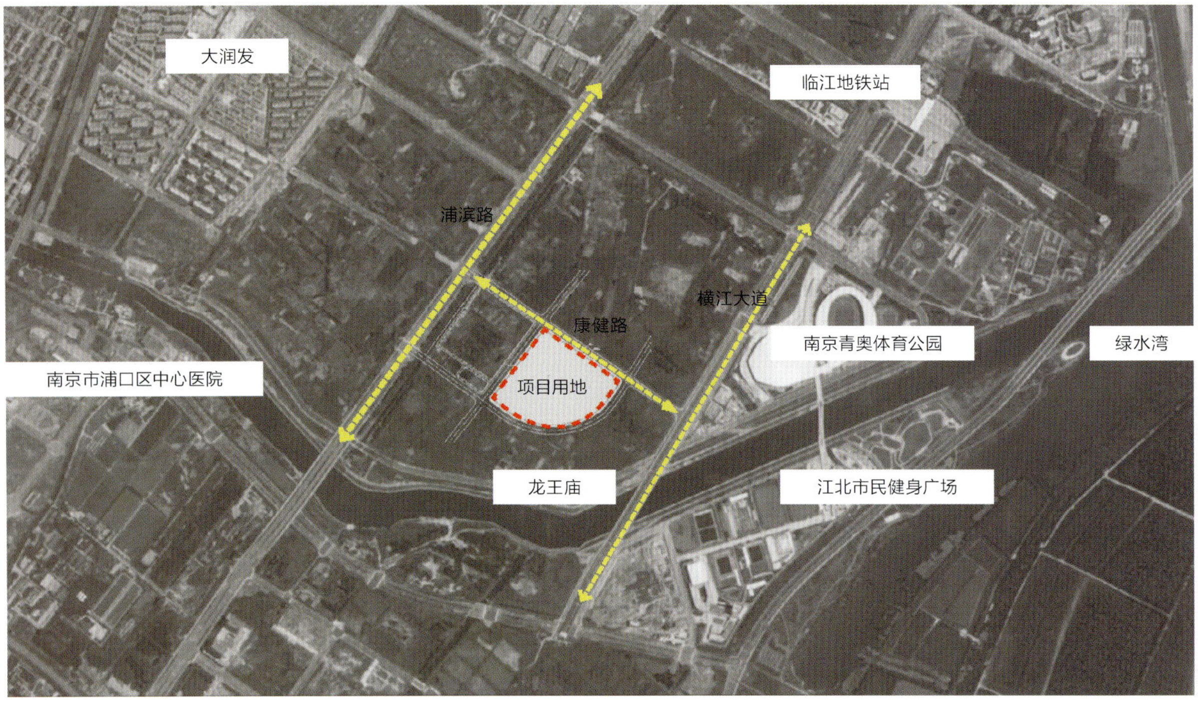

基地位置图

口对景景观，显现出具名门贵胄、清雅端方的君子气质。

溪廊——秦淮渔唱

在探索场地营造景观中，从文化中寻觅形态、布局、材质、颜色为元素，通过东方美学的衍生叠加将各元素重组并运用于设计中。“秦淮渔唱”以纯净水面上一副展开的青绿山水图为主题，表现文人士大夫之于仙境中，追求的是隐逸、诗意和自然的世界。

山庭——台想昭明

景墙以弧形为主，层叠而起层次分明。3个水台置于景墙之上，考虑水台与弧墙结合关系，利用高差营造山形逶迤形，营造如行云流水般的韵律空间，三叠水帘悬挂而下，又展现出水山一色的大气辽阔。

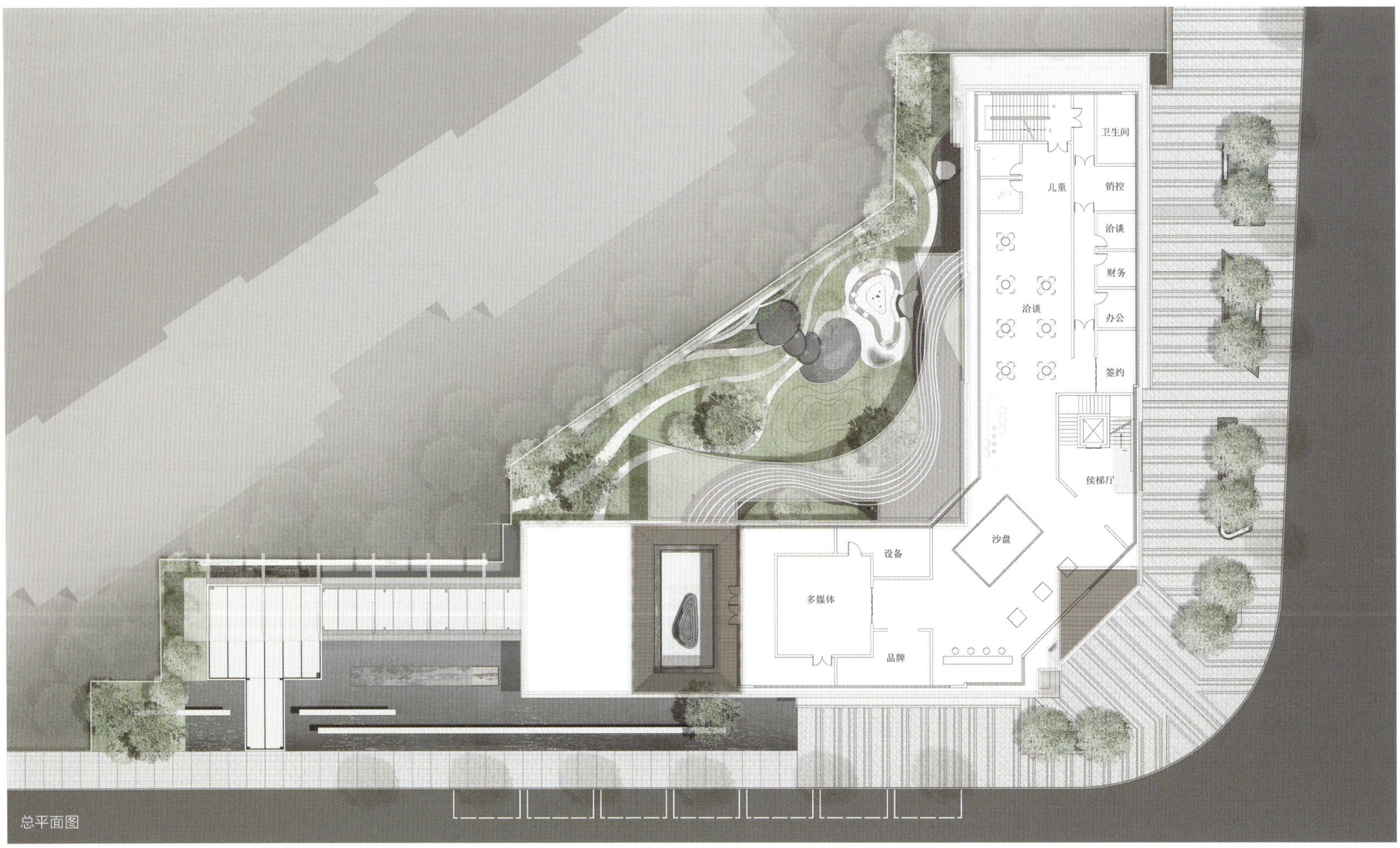

总平面图

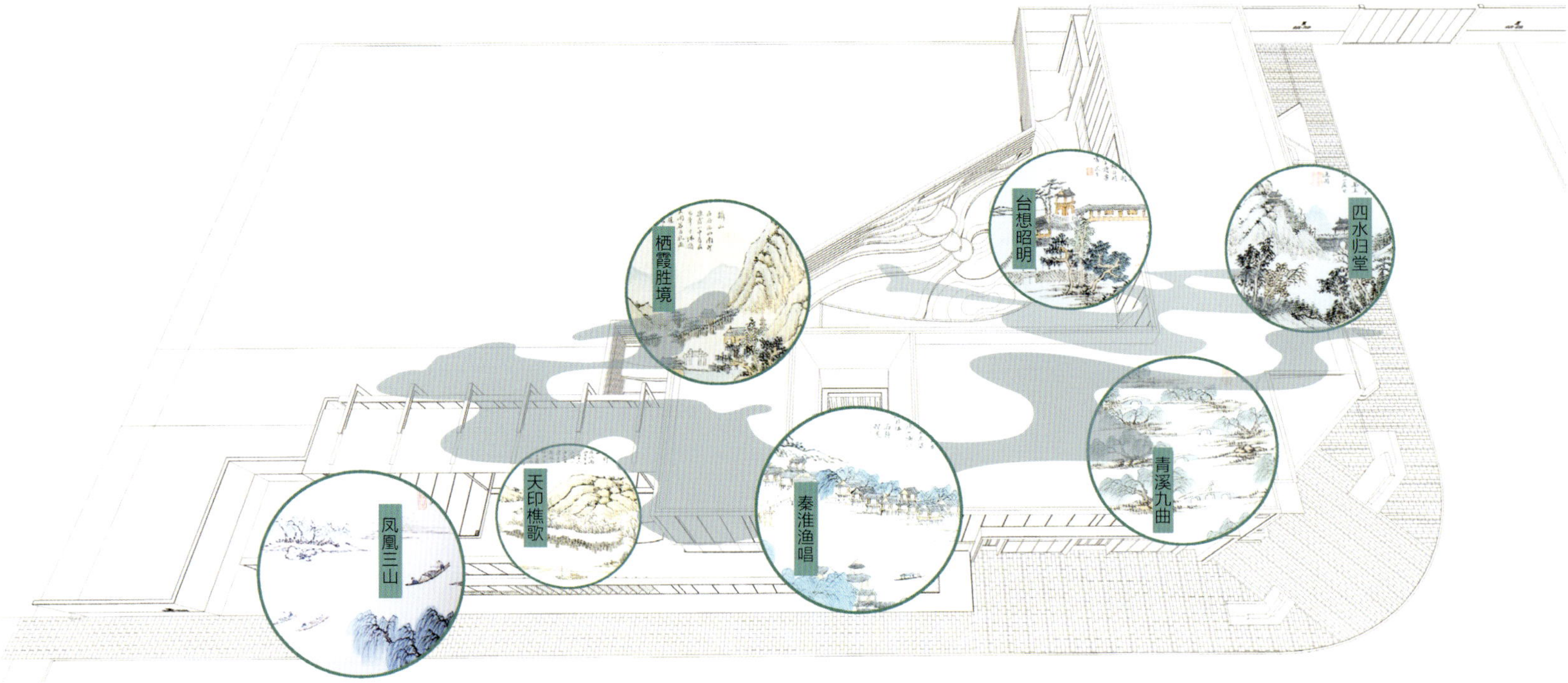

节点景观图

金陵四十八景
——【明】朱之蕃

阡陌——清溪九曲

清溪之水山上来，烟波浩渺，曲折连绵数十里，与台想昭明、栖霞胜景呈对景之势，以砂为水，以景喻禅，借枯山水形式进行演绎，情景交融，引人入胜。

池泉——四水归堂

四水归堂里天井端方平正，屋顶内侧坡的雨水从四面流入，水滴从石台落下汇聚成一汪清池，寓意水聚天心，传承天人合一。

中国，重庆

Jiuquhe Mansion

重庆金科九曲河

广州山水比德设计股份公司 / 景观设计

项目面积：

10,670平方米

设计团队：

孙虎、利征、梁寸草

摄影：

广州山水比德设计股份公司

随着中国在世界上愈加强大，东方文化逐渐风靡全球，沉淀千年的古韵，以全新的年轻姿态重新回归。它像是巨大的民族宝藏，掘其一角都足以惊艳整个时代。设计团队探索传统结合现代的可能性，同时寻回现代东方人的民族自信，让东方美学融入年轻一代的生活方式。重庆金科九曲河，便是将东方美学场景融入景观设计，并赋予其现代魅力的杰出之作。

重庆金科九曲河，位于山城重庆渝北区，西临嘉陵江，南靠九曲河湿地公园，自然条件优越，交通便利发达，得天独厚的自然条件，不需再对场地做过多改变。以自然诗意栖居和东方文化传承为起点，尊重场所精神，将其打造成一处极具东方美学的生活场景。令人身处闹市，却居于山水。示范区景观于2017年中问世，设计取“九曲河”之形与貌，将东方美学的人生九境融合于景观和建筑之间。

平墅区设计需在遵从人生九境的设计主旨下，比大区做出更有意境、更具创新的景观，以及如何突破过大的消防扑救面边界，获得更多的景观空间，是整个设计的难点；如何在最短时间内，设计出最佳景观方案，更是整个设计的难点。

设计说明

整个场地规整，但消防扑救面过大，占用过多景观面积。如何突破消防扑救面边界，获得更多的景观空间，是整个设计思考的重点。相比于设计本身而言，最大的挑战来自对作品的定义。作为空间的设计者，或者情节的策划人，空间与空间，或情节与情节之间，设计团队需要给予“体验感”充分的关注，不是将功能与空间单一对应，而是利用场地文化将“奢”与“雅”的气质表达出来。不论是飘逸雕塑与整打大理石的呼应，或是一汪平静水面与跌水瀑布的撞击，又或是树影婆娑下纯白的座椅，都力图给人不同的舒适的体验感。综合考虑下，设计从山水着手，由生活延伸，决定以现代的手法演绎东方九境，重现东方美学生活场景，打造新山水园林。

设计思路

行到水穷处，坐看云起时。云，一种常见的自然现象，是文人墨客笔下用来描写意境时不可缺少的存在。因其独特的形态，常给人缥缈虚幻之感，又因其色白，飘于半空，被寓于清高、纯洁。取“云”为元素，彰显品牌高端，以极简白色为基调，打造一个现代设计与传统美学相结合的都市新山水园林。以云之意蕴，享极致优奢。借着对山水城市文脉与建筑美感的深切思考，我们方呈现出平墅区景观最终面貌：流水行云。

云游

作为整个平墅区南侧的中心会客厅，利用叠水、亭廊、下沉平台，营造不同的空间感受，为游人提供更丰富的景观体验，并探索更多的场地可能性。

跌水

中心镜面水景采用蓝钻大理石，亭廊采用伊丽莎白大理石，地面选用黑金砂水洗面，在选材时，注重实用性与观赏性，选材细致，力求以匠心筑景。具有力量感的景墙与飘于水面上的亭廊，采用源自意大利的伊丽莎白大理石与白色烤漆，如云般纯洁，远远望去，白色亭廊尤为亮眼，是当之无愧的全区景观焦点。高于地面而起的栈道，两边是玻璃栏杆，阳光透过乔木形成斑驳的光影，结合雾喷的使用，高低起伏间，给人以穿梭于云雾中的缥缈之感。异形花池的婉转曲异，结合地面铺装中深色线条的延展，一个新山水场景就此开启。具备引导功能的线条搭配纯粹白色调，奠定了整个空间的色彩基调。云的姿态是自在、逍遥，轻松灵动的线条转折，与周围植物巧妙地融合起来。白色和绿色的碰撞，给人以清新、自然之感。阳光下，光影、材料、水景的相互交融，带来更加细腻的感官体验。轻松灵动的线条转折与周围植物巧妙融合，以白色碰撞常青树的绿色、变叶木的彩色，形成清新、自然之感，并配合以镜面水景，更显景观的丰富层次。水的姿态是流动，像生命，生生不息。在平地，水是缓慢、平和。在峡谷，水是急速、荡漾。不同的环境赋予水不同的内涵，取水为元素，拟水之

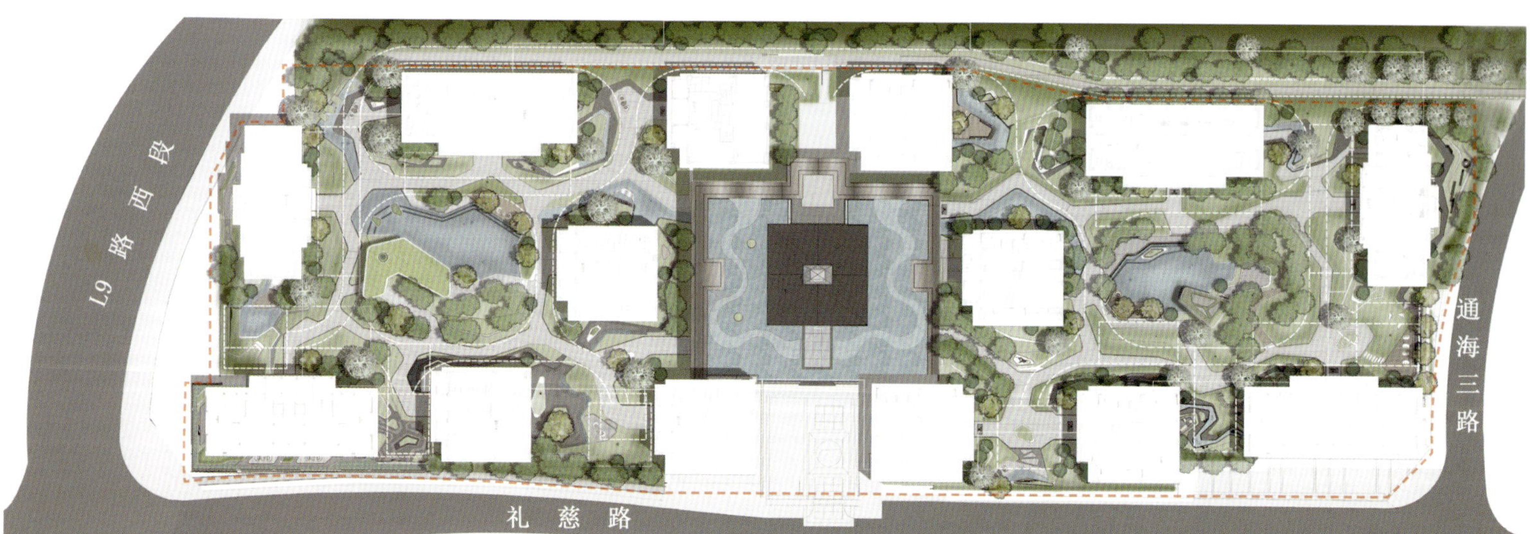

总平面图

形态，筑凡尘雅境。沐水，作为中心景观，开放的亭廊让人视野开阔，周围景色尽收眼底。结合水景所做的下沉平台，仿若泛舟于湖。不同空间的打造，使社区成员既可观，也可享受沐浴水间之感。

景墙门洞

换个角度，从另一侧走近中心水景。由伊丽莎白大理石打造的连续景墙，辅以木色格栅，让中心水景的灯光隐约穿透，通过门洞遥看中心水景，水声随着脚步的移动越来越清晰，让人有上前一探究竟的好奇，更添景观纵深感。

廊道

中心一侧高于地面而起的栈道，两边是玻璃栏杆，地面为木质铺装，当阳光透过乔木洒下斑驳的光影，藏于林中的雾喷令空气中氤氲起细小

水珠，宛如仙境。身处其中，于蜿蜒曲折间，仿佛穿梭于云雾中般缥缈不定。在宅间花园景观的设计上，延续中心区云的优美线条，并辅以其功能性。

“云境”“云影”为地块东面的宅间花园景观，我们用具备引导功能的线条，搭配纯白色调景墙与湛蓝的水景，奠定了整个空间的色彩基调。以异形花池的婉转曲异，地面铺装的深色线条延展，开启生活中的新山水场景。“云梵”“云赏”为地块西面的住宅花园景观，设计团队将轻松灵动的线条转折与周围植物巧妙融合，以白色碰撞常青树的绿色、变叶木的彩色，形成清新、自然之感，并配合以镜面水景，更显景观的丰富层次。

在植物空间营造和植物配置方面，每一株植物在施工图和SU模型上进行了精准落位，并在现场落地过程中严格执行样板带路制度。确保每一个空间的植物配置效果舒适宜人，呈现人与自然和谐对话场景。当情感渐入佳境，让人着实分不清是依然身处人间，还是早已跃身东方的云上。缘起重庆九曲，归于人生九境。重庆金科九曲河，让人们对东方美学与现代景观的结合又有了更深一层认识，于“流水行云”之中，重拾民族文化自信。

主　　编：许　浩
执行主编：赖文波
副 主 编：周旭山　王　铭
编委（排名不分先后）：
俞孔坚　张方法　林坚美　常蘋亚　李　飞　黄颖秋　谷婉煜
张文英　肖星军　黄文烨　苏春燕　郑益毅　何铭谦　梁恺峰
冯劲谊　梁丽玲　陈乐乐　栾　博　王　鑫　金越延　夏国艳
白小斌　凡　新　刘　拓　邵文威　刘　通　郁　聪　黄嘉瑶
王塬锐　刘　喆　李　雯　王兆迪　赵金祥　粟　淋　张小康
陈　鹏　何宏权　张　杰　傅国华　蹇先平　宋正威　杨佳佳
楼　颖　毛　征　徐跃华　苏子珺　刘升阳　吴　宪　刘泽平
萧泽厚　敖卓毅　余陈华　洪庆辉　冯诗瑾　刘学发　林庭羽
贝　龙　李芳瑜　任霈涵　许宁吟　彭　涛　林逸峰　吴孛贝
王裕中　黄婉贞　徐瑞绅　李中伟　钟惠城　林　楠　梁宗杰
蓝　浩　李　瑛　陈道庆　桂　博　章世杰　刘洪扬　陈　曦
魏　昆　王开元　肖　琳　张　萍　邱干元　任雪雪　周钶涵
郑瑞标

图书在版编目（CIP）数据

中国景观设计年鉴．2020—2021：上、下册 / 许浩主编．—沈阳：辽宁科学技术出版社，2021.11
ISBN 978-7-5591-1854-7

Ⅰ．①中…　Ⅱ．①许…　Ⅲ．①景观设计－中国－2020—2021－年鉴　Ⅳ．① TU983-54

中国版本图书馆 CIP 数据核字 (2020) 第 201098 号

出版发行：辽宁科学技术出版社
（地址：沈阳市和平区十一纬路 25 号　邮编：110003）
印 刷 者：恒美印务（广州）有限公司
经 销 者：各地新华书店
幅面尺寸：240mm × 305mm
印　　张：71
插　　页：8
字　　数：800 千字
出版时间：2021 年 11 月第 1 版
印刷时间：2021 年 11 月第 1 次印刷
责任编辑：杜丙旭　张昊雪　宋丹丹
封面设计：郭芷夷
版式设计：何　萍　郭芷夷
责任校对：韩欣桐

书　　号：ISBN 978-7-5591-1854-7
定　　价：618.00 元（上、下册）
联系电话：024-23280070
邮购热线：024-23284502
http://www.lnkj.com.cn

中国景观设计年鉴

CHINESE LANDSCAPE DESIGN YEARBOOK

2020—2021

（下册）

许　浩　主编

辽宁科学技术出版社

· 沈阳 ·

CONTENTS
目录

商业和街道

办公、教育和文化

售楼处和示范区

—— 商业和街道

中国，上海

Skybridge HQ Landscape Renovation

天会商务广场改造

TOA诺风景观设计咨询有限公司 / 景观设计

设计团队：

大川善成、冯雪静、陈蓉、屈耸达、马骏

水景设计顾问：

CRAZY WATER

施工：

上海宝津建设工程有限公司

摄影：

足立真琴

承袭建筑线条的流动艺术之美；

景观设施的可移动性和灵活性；

最大程度的保留和最小程度的破坏；

强调商业空间的体验性及参与性；

绿化贯穿于空间需求及细节中……

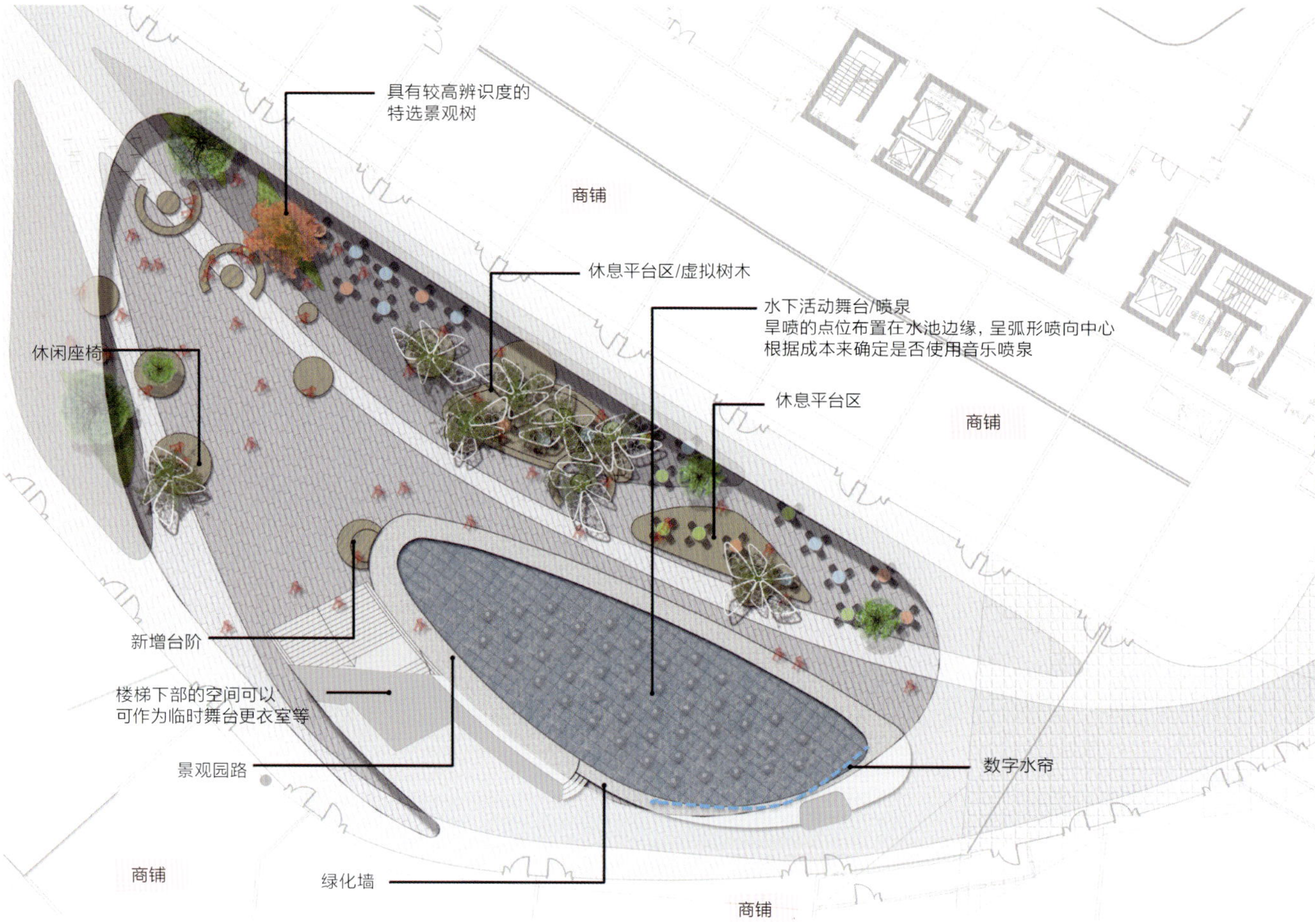
具有较高辨识度的
特选景观树
商铺
休息平台区/虚拟树木
水下活动舞台/喷泉
旱喷的点位布置在水池边缘，呈弧形喷向中心
根据成本来确定是否使用音乐喷泉
休闲座椅
休息平台区
商铺
新增台阶
楼梯下部的空间可以
可作为临时舞台更衣室等
景观园路
数字水帘
商铺
绿化墙
商铺

平面图

COMMA FITNESS
星巴克咖啡

可移动模块单元分析图

天会商务广场位于上海虹桥临空经济园区，原为凌空SOHO，其流线型的建筑是扎哈·哈迪德的代表作之一。对于此项目基地的景观改造，设计团队做了一番深刻研究。改造后的景观及绿化应该与原凌空SOHO超现代的建筑及铺装良好融为一体。在改造之前虽然地面绿化丰富，但下沉区域因绿化量少，让人有生硬感，缺乏舒适的室外休息空间供顾客停留。现场铺装为流线型不规则的设计，造价较高，且当时施工精度很优良。改造的宗旨是保留原有设计轮廓，尽量减少铺装的变更和增加。

灵活可变的空间

设计团队想创造一种可以随着时间和用途的变化而灵活改变的可移动性景观。新的景观连接室外环境、商业设施和客流。对于超现代流线型的建筑，用圆形能更好地协调整体空间。将可组合移动的景观设施，安装在现有场地上，减少改造量，同时也可以根据需要进行改动。

驻足停留的空间

原现场景观为狭长单一的空间，缺乏变化及休憩停留空间，可以通过增加各种大小的组合设施及可变景观模块，来创造各种可供人们休憩、停留、交流的商业景观空间。

立体跃动的空间

创造具有立体感和跃动感的令人愉快的景观。营造与商业环境相得益彰的景观氛围。开敞和聚集的两种休息方式与模块结合，使狭长的空间有了丰富的功能变化。水景、喷雾的充分利用为整个空间带来跃动的活力，且具备一定功能性。

更适合商业环境的绿化

在现场商铺前种植的晚樱高3~4米，分枝点低，枝叶较茂盛，不仅阻挡视

线，也遮挡店招。在改造时通过强调树木的主次关系，缓解现场乔木过于单调和密度大的问题。取消大部分中层，以保证视线的通透。将晚樱移栽至主动线两侧，有引导作用并成为季节性焦点绿化景观。脚边植栽改为干净简洁的绿化。季相变化分明，尺度宜人。植栽沿用建筑元素，使营造的空间和谐统一。

下沉广场被大面积的灰色建筑立面与灰色系地面铺装占据，且由于没有足够的覆土，无法种植较大乔木，因此整体给人的感觉较为生硬灰暗，没有生机。为了解决这一问题，虚拟树木的概念应运而生，配置攀缘类植物，能达到与自然乔木同样的视觉感受及生态效应，同时结合喷雾与灯光，能在夏天起到很好的降温效果，也能在夜晚营造较好的商业气氛。

多样水景的演绎

原有的水景利用率非常低，瀑布的落差加之风的影响，时常对周围商铺造成困扰。

在改造时考虑到此水景可以满足多种功能，不仅成为下沉广场的焦点，同时也给广场带来生机勃勃的气氛。虚拟树木喷雾系统的运用，使极小的微粒在空气中云集，形成了白色云雾状的奇特景观，颇似自然雾气的效果，犹如雾的森林。这些水雾可以快速吸取周围环境的热量，从而有效地控制夏日里硬质广场的温度，起降温作用。

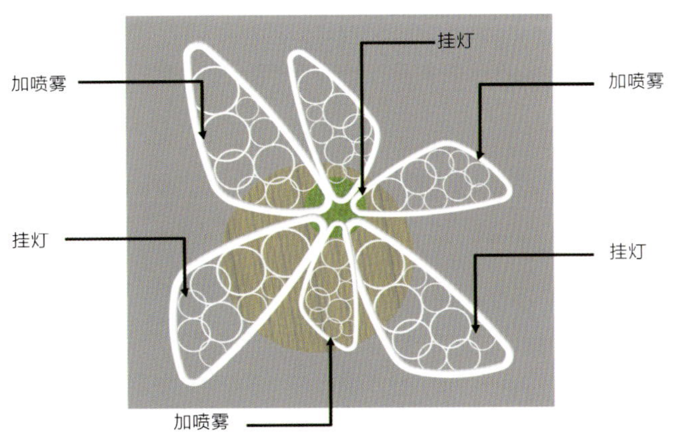

组合平面

挂灯

喷雾

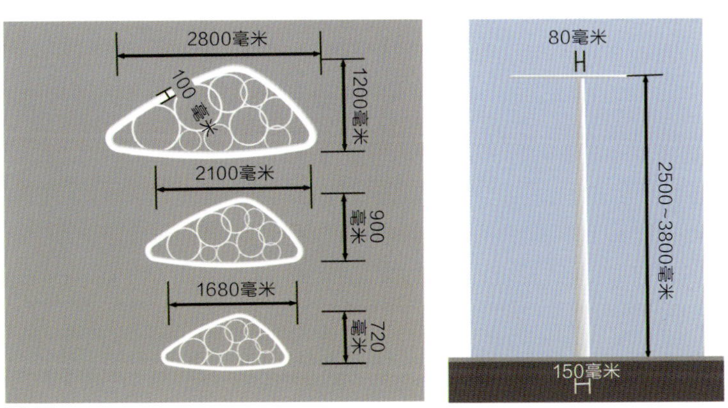

虚拟树木分析图

COMMA FITNESS

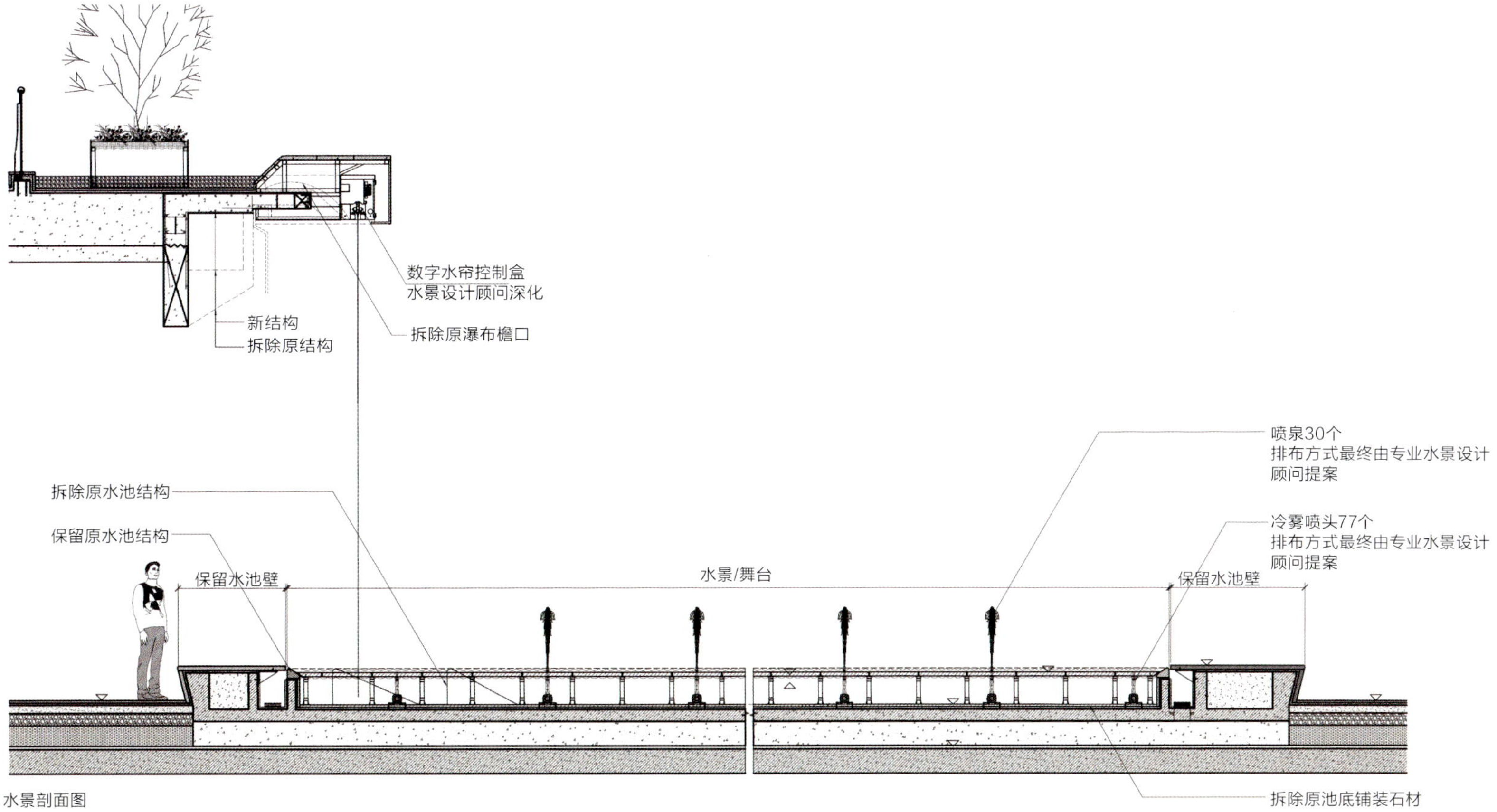
数字水帘控制盒
水景设计顾问深化
新结构
拆除原结构
拆除原瀑布檐口
喷泉30个
排布方式最终由专业水景设计
顾问提案
拆除原水池结构
保留原水池结构
冷雾喷头77个
排布方式最终由专业水景设计
顾问提案
保留水池壁
水景/舞台
保留水池壁
拆除原池底铺装石材

水景剖面图

项目总面积：
86,543 平方米
景观面积：
1930 平方米
景观设计主创：
Stephen Buckle（ASPECT Studios总监）
建筑设计：
Aedas
景观设计团队：
罗彦、许宁吟、Alex Cunanan de Dios、周沫、底帆
建筑设计主创：
温子先博士（Aedas全球设计董事）
照明设计：
BPI 照明设计
施工图设计：
黑白之间景观
施工：
成都建工一建
摄影：
鲁冰
建成时间：
2020年

四川，成都

The Urban Gallery at Hyperlane

Hyperlane超线公园展示区

——城市灵感空间

ASPECT Studios ／景观设计

引言

“我们在新冠疫情爆发之前完成设计，始终基于强烈的社会原则进行设计，鼓励联系和聚集，但是又为每个人创造了明确的环形分区，实际上也正完美回应了当下对社交安全距离的需求。”

——Stephen Buckle（ASPECT Studios总监）

项目位于成都市新都区核心位置，毗邻四川音乐学院新都校区，作为国内首个超线性空中立体商业公园，依托新都校区和周边社区的活力人群，构建一座长达2.4千米充满活力和趣味的立体线性青年文化、生活之“城”。其中，项目一期——城市灵感空间已对外开放。项目由曾操盘成都太古里项目的核心团队投资打造运营，整体规划设计营造追求高标准、高品质的项目定位。商业产品规模的60%由团队自持，团队坚持长线运营理念以实现长期的商业价值。

城市灵感空间

作为整个项目一期建成的展示区，景观设计以社交为导向，打造吸引人流聚集的口袋空间。以“社区和联系”这一简单理念为驱动，运用大胆和充满活力的设计映射出前卫、充满艺术及创意活力氛围的项目特质。

为了充分体现“社区”的理念，设计团队以充满趣味变化丰富的圆形作为点阵衍生出各种多功能空间以及植物与水景等特色景观元素。圆形要素的设计系统地实现了景观的灵活性以及各元素统一性之间的平衡，同时在空间有限的场地中打造出开合有致、空间多样的体验性场所：地面的静态镜面水景

如同迎宾地毯一般，营造到达广场的仪式感，掩映在植物中间的社交口袋为展示区的洽谈提供半私密空间，也为活动策划提供了基本的功能空间。城市灵感空间，兼备了临时活动和永久性展厅的功能。作为社交体验和社区连接的特色枢纽，可容纳一系列的年轻创意及音乐文化活动。设计始于2019年新冠疫情发生之前，但在疫情缓和后正式对外开放的展示区，碰巧响应了目前大形势下的保持适当距离的社交空间原则。

都市广场

作为展示区的整个前场空间，都市广场由花卉植物和多方位灵动的休闲坐阶组成，水景与树阵一起，构成了城市主干道与场地的过渡，同时为到达空间提供了视觉连接。水池、充满趣味的边界处理、灯光和纹理的对比以及植物空间，为前场空间和后面演艺空间之间提供了戏剧化的场地衔接。各个年龄段的人都可以在水边玩耍，或在树荫下的座位区休憩乘凉。树阵间定制化灯光的特色设计，给白天和黑夜带来有趣独特的气质。嵌入式的双层照明细节，保证了视觉控制的品质并强调了夜间镜面水景边界清晰的边线。灯光与浅浅的平坦镜面水景形成对比，更有趣的是，在圆形水景中心出现的循环回水口，带给人们惊喜，不时为日景和夜景增加更深远的意境。

演艺空间

演艺空间被设计为可以定制时尚走秀伸展台的弹性空间，与室内设计相辅相成，鼓励各种即兴表演、艺术展览、文创集会和露天剧场等户外活动。

“一个大胆充满活力的设计可以打破常规城市环境，唤醒当地艺术文化氛围和人们的创造力。”

——Stephen Buckle（ASPECT Studios总监）

24小时社交台地

位于场地东侧的雕塑感露台，为观众提供了在树荫下聚会交谈和观看演出的机会。露台边缘的灯光透过穿孔钢板映射在地面，营造了充满活力夜晚的独特氛围，为人群聚会提供24小时全时段安全的多维度聚集空间。包围整个场地东北边界的竖向条状幕帘创造了一面动态弯曲的背景，将整个展示区场地围合成一个整体，同时屏蔽了东面停车场对内部景观的不利视觉影响。最北面的空间由私密尺度的个体空间连接组成，掩映在植物和幕帘之间，可供室外工作、小型会议和私人休憩使用。

传递信息的树

设计团队试图寻找一种具有标志意义的树种来表达这个项目的特质，它必须是本土的，且与场地自然

环境有强烈关联的树种。最终设计团队找到了成都乃至整个四川特有的桢楠，它是一种由于栖息地遭到破坏而被记录在册的濒危物种，给了设计团队一个很好的契机去展示这一濒危物种在城市环境质量改善方面的重要作用。桢楠美丽的树冠形态令人惊叹，作为常绿大乔木落叶极少，是种植在水边的理想树种之一，最高可以长到30多米，浓密的树冠可以在高温的夏季为人们提供遮阳空间。

商业地产新逻辑

项目在中国地产行业引领了一种全新的商业发展思维——商业项目的成功与否不再以短期商业收益为评估标准,而是更加注重在商业实践中通过对社会和环境的体系、功能规划、体验的重视和打造，为城市社区和人群带来丰富的价值、深远的效益和积极的影响。项目以一种提升社区价值和生活体验的商业实践新玩法，在建成后成为一个全栖、多元、开放、前沿的城市灵感空间，也是未来成都新潮文化的策源地、时尚消费的目标地。

“在项目设计中，业主、建筑师和景观设计师保持了高度统一的想法、愿景和决心，正是这样的高效协作共同创造了这样一个以鼓励社交活动为向导的城市空间，同时也充分体现了我们作为城市环境设计者和开发者应承担的一定责任，共同创造更有意义和充满幸福感的生活场所，这正是ASPECT Studios一直坚持的设计理念。”

场地

场地毗邻的四川音乐学院一带原本规划为停车场的废弃围合空间，环境和社会效益为零。挡墙的存在使得学生生活区与校园在空间和功能上完全隔离开来，仅留有少量狭窄破旧的小巷可供进出。然而正是这些狭窄破旧的小巷，成为人流聚集的生活商业街，年轻人在墙上进行涂鸦艺术创作，这些都成为设计团队挖掘场地潜在艺术创造力和商业活力的线索。靠近学生生活区，周边年轻人群对潮流时尚、富有视觉艺术的社区生活方式有着强烈向往，为场地打造集文创产业、美食文化、全龄艺术教育及复合商业为一体的多维产业和社交聚集群提供了思路，进而营造多种生活化特色街区场景。

愿景

设计团队的愿景是构建一座活力与绿意兼具的多层线性社交商业公园，呼应川音文化艺术高地用户特质，将这条2.4千米的开放式慢行系统天空花园打通，成为四川音乐学院校园及周边社区与新都东站交通枢纽的连接——实现高线公园形态、城市空间、商业空间三者的有机融合，为景观都市主义实践带来新的契机。

人与自然

景观设计以创造一个同时回应人文与环境需求的平衡系统为出发点。长达2.4千米的开放式慢行系统天空花园，作为面向潮流青年群体的项目，为周围社区提供了一系列社交空间、演艺活动区、创意文化场地和互动艺术装置。设计的核心是将自然系统引入场地，植物主要以适宜昆虫、鸟类等野生动物栖息的当地植被为主，营造尽享自然趣味的城市生态长廊和宜人的特色多维度景观街区体验。项目响应了周边高校及多样化人群的使用需求，提供诸如休闲娱乐、社交、文化艺术等活动需求的聚集场地。

吉林，长春

Vanke Lanshan Community Pocket Park

万科蓝山社区中心

派澜设计 / 景观设计

项目面积：

2000平方米

设计团队：

张方法、林坚美、李飞、王堂有、左轩丞、陆永通、常骥亚、彭丽锦、黄粤坚

业主：

长春万科

摄影：

林绿、张方法

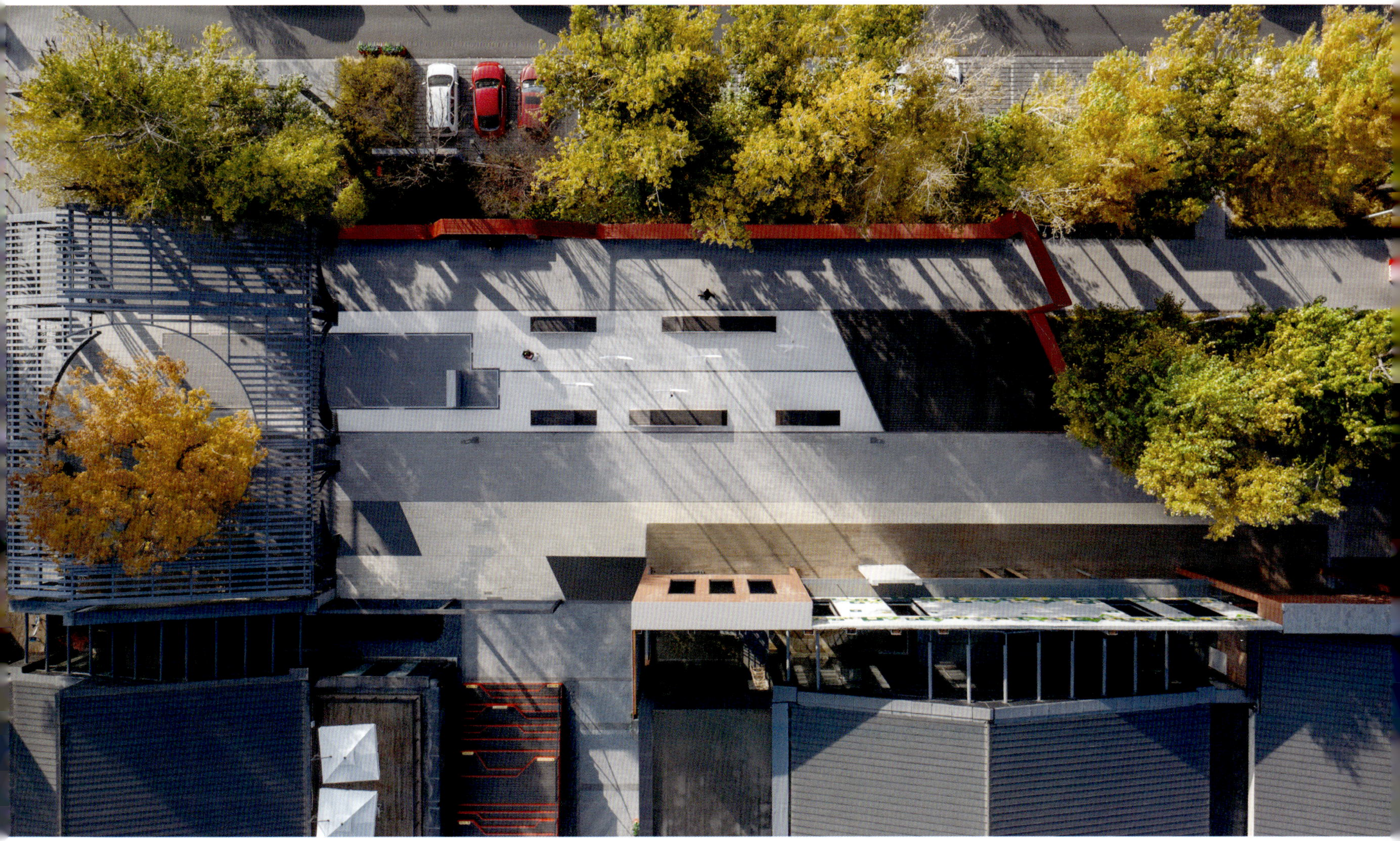

该项目是派澜设计第一个建成的旧厂房改造项目。设计地块位于吉林省长春市二道区，东新路与东盛大街交会处。前身为吉林柴油机厂，现为万科蓝山社区中心。长春有着深厚的近代城市底蕴，是著名的中国老工业基地。吉林柴油机厂曾经为国家的工业、经济发展做出了巨大贡献，设计团队希望可以通过改造将隐藏的工业遗产显露出来，让更多人了解这片场地的厚重历史。场地总面积约2000平方米，场地纵向长度约80米，横向长度约25米。项目分为3个空间：公园入口区、台阶休闲区、互动功能区，分别打造“蕴酿”“感触”“趣味”氛围。独特形式感的门庭，规划出进入空间的环境动线；互动装置的感官体验，休闲大阶梯的组合变化，增强了使用者的体验感。

时光廊架

设计团队将旧厂房的外轮廓平面转化成立面的线，加以设计运用到门庭上。廊架的运用将门庭与后面的旧墙相融合；两个空间串联在一起，连接古今，让人仿佛走进了时间的隧道；考虑到廊架原始场地上的6棵原生大树（场地中央1棵，前排廊架处有5棵），设计团队将廊架顶部开洞，前排切断，并将其镂空，为大树创造良好的生长环境。廊架让整个入口在茂密杨树的衬托下异常显眼（虽然最后并未漆成红色），相互映衬，相得益彰。

特色飘带坐凳

长春是中国最早的汽车工业基地和电影制作基地，有“东方底特律”和“东方好莱坞”之称。同时，长春绿化率居于亚洲大城市前列，是中国四大园林城市之一，有“北国春城”之美誉。在长凳上刻有“汽车城”“电影城”“森林城”，简单的3个称呼概括了长春的特色。

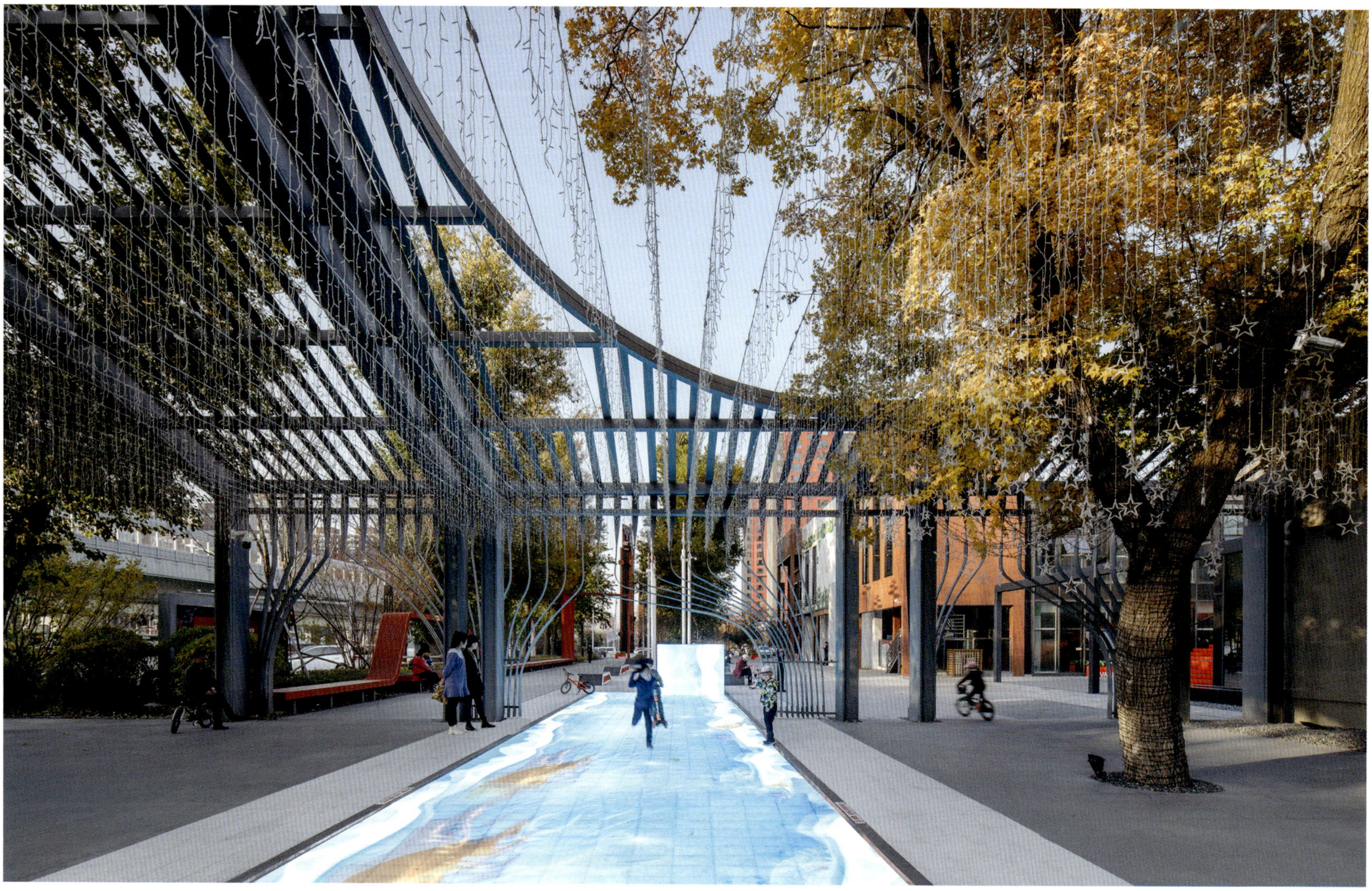

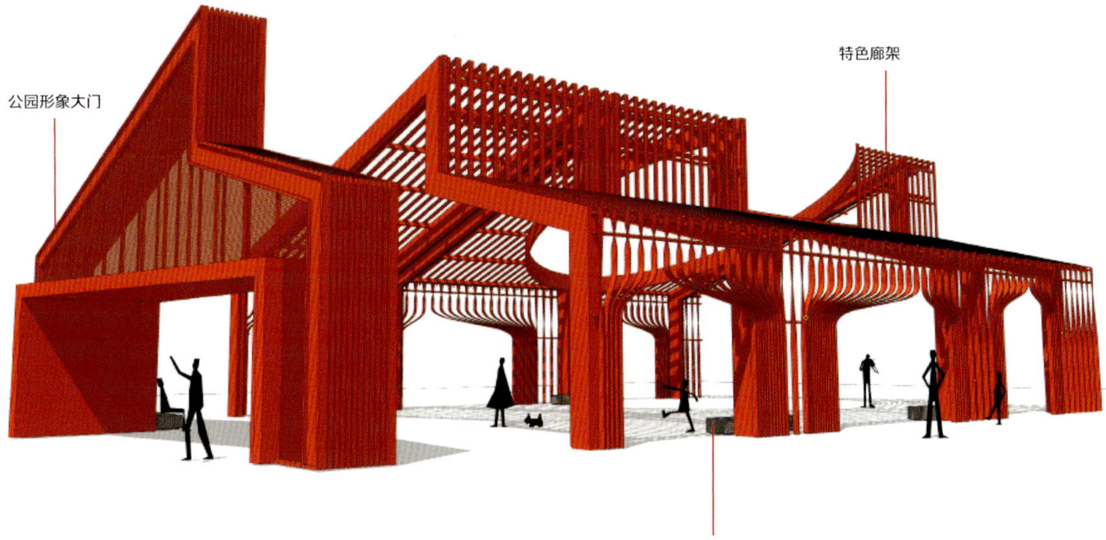

廊架分析图

vanke

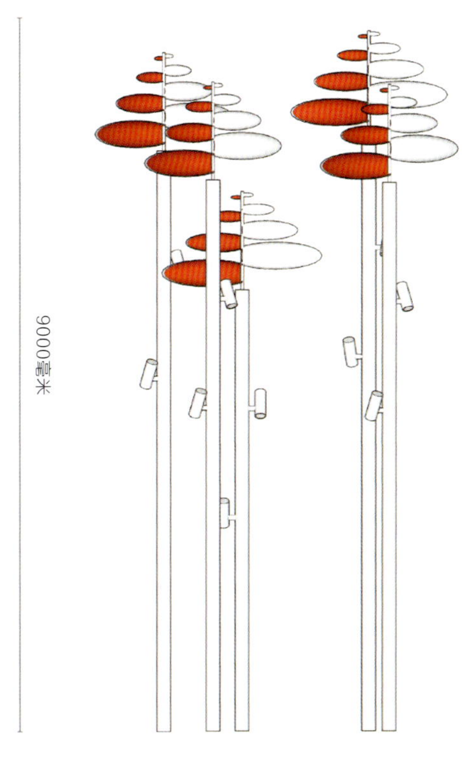

效果图

项目面积：

35,536平方米

屋顶花园：

5800平方米

业主：

重庆龙湖

获奖：

2018第13届金盘奖年度最佳商业楼盘奖

中国，重庆

Longhu U City

龙湖U城

——充满青春活力的艺术商业街

重庆纬图景观设计有限公司 / 景观设计

项目位于重庆大学城片区，东侧与四川美术学院相邻，西侧为重庆龙湖的洋房项目听蓝湾，附近还有重庆大学、重庆师范大学、重庆医科大学等高校。

由1栋业主自持商业楼和2栋销售商业楼构成商业主体，加上3栋LOFT商住楼及商业裙房形成一个流动的商业街区。在各楼栋间通过7条商业连廊进行连接，是一个集商业、娱乐、居住为一体的商业综合体。大学城是重庆主城区最年轻、最具活力的地块。四川美术学院的艺术氛围很自然地浸染了这块土地，打造一个充满艺术气息及青春活力的休闲生活聚集地成为设计团队首要的目标。团队期待通过设计呈现：有设计感的地面铺装、有艺术气息的地标、精彩的景观小品、流动的景观空间、丰富的场景……

旱喷广场

对于一个充满活力的场地，首要的是打通场地的流动性，让行走其间的人们感受到不经意的舒适与恰到好处的生活艺术气息。在东西南北行进方向的流动中形成整个天街的空间内核——旱喷广场，广场以同心圆扩散的铺装形式圆融地接纳了东南西北的线性穿梭，将场所的重心稳稳地定在泉心当中。雾喷的效果是孩子们特别喜欢的，即使在冬天，也可以伴着笑声冲进水雾，而不必担心被泉水湿透。广场周边是充满青春动感的景观坐凳，靠背的斜面成为孩子们喜欢去攀爬的场所。

东入口水景

东入口水景是设计中的难点，这里是消防车道与重庆龙湖自持商业楼入口形成的一个夹角区域，下面又紧挨着地库顶板。设计团队通过面与面不断的切削消减高差，并让空间转折流动起来，并让人在这种流动中不知不觉地走进商铺的界面。

池底精心设计的凹凸起伏让水流更加欢快跳跃。在耐候钢板的锈红色中镂空出的字母是青春的音符，在晴日里洁白无瑕，在夜晚的灯光下又如星空般耀眼。南广场紧靠四川美术学院，是为大型商业活动、公共展览等行为预留的空间。依然用折线的回转构成几块绿地，锁住场地的边界，并形成可休憩亦可玩耍的异形长椅。不定义中间大面积的留空，等待未来的各种可能性。

WILL'S

GENEROUS
HONESTY
GOODNESS
PASSION
CONFIDENCE
LOYAL
LEARNER
UNITY
LUMINOUS

咖啡&果汁
COFFEE&JUICE
面包&饼干
BREAD&COOKIES

屋顶花园

屋顶花园以“七彩”为主题。设计包含老年人、年轻人和儿童3类人群的活动区域，同时采用一条300米长的线性七彩跑道将整个屋顶花园的各个区域联系起来。

在一个不足6000平方米的屋顶上，设计团队沿着一条彩虹色的“High Line”，有机地组织起了错落有致的绿植斑块、形式丰富的活动空间，形成了一个色彩缤纷的屋顶花园。很开心在建成之后，它真的如团队所愿，成了孩子们的乐园，也成了生活工作在这里的成年人运动休闲的不二之选。

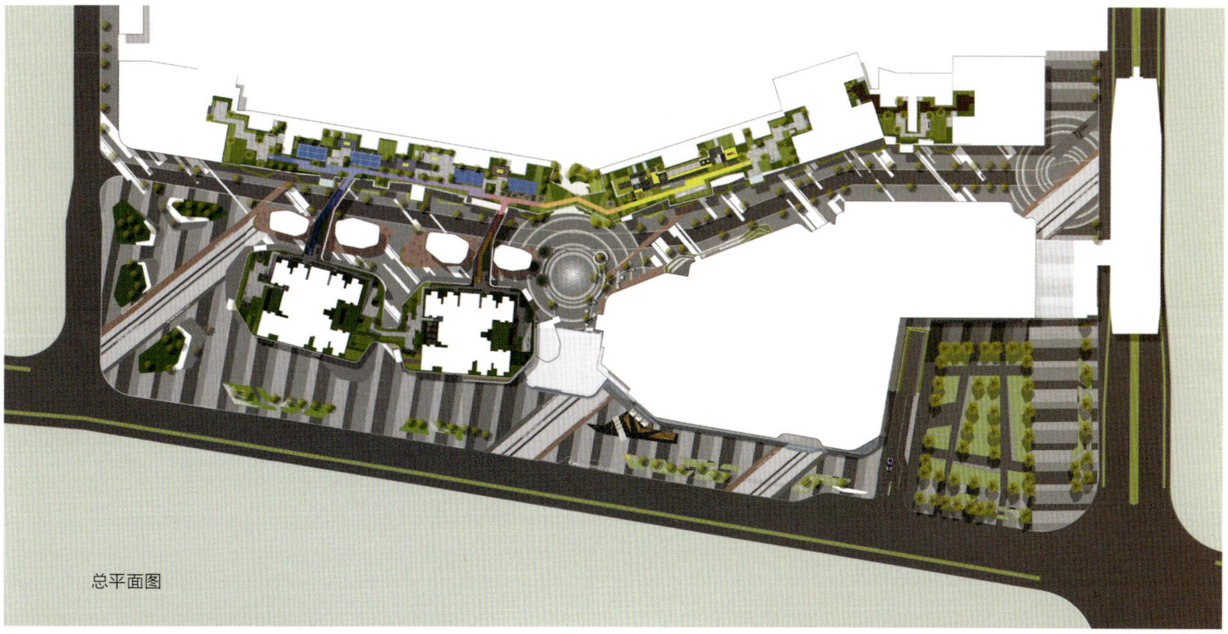

总平面图

U CITY
BROADCONNECTIONS
WONDERFUL

PASSENGERS

项目面积：
50,000平方米
设计团队：
金英、王进、牛洪涛、
崔美蓉
项目设计总监：
萧泽厚
建筑设计：
LINK建筑
北大街市政绿化带设计：
棕榈园林
方案设计：
闫先先、邱乾元、任雪雪、
盛赛峰 、周钶涵
扩初及施工图设计：
季相景观、蔡颖莹
业主：
华润置地
摄影：
邱乾元、萧泽厚

江苏，南通

The MixC in Nantong

南通华润万象城

荷于景观设计咨询（上海）有限公司 / 景观设计

六载沉积淀，万物始更新，当万象城与江海明珠之城南通相会，一场关于万象品质生活的全新解读自此打开。

项目地处南通北大街商圈核心，作为华润置地进驻南通的首个最大型的商业项目，自筹备以来便备受关注。这个项目是开发商与政府部门共同协作的成果，设计团队有幸参与项目的重要的一环—— 景观设计，经历了从概念方案至施工设计，从施工指导到落地的整个过程。

万象之道广场

作为主要广场，场地承载着人流引导和商业氛围营造的功能属性，包括树阵广场和下沉广场两个重要节点。白天，这里是令人兴奋的通行休憩空间；夜晚，这里变成了丰富多彩的商业街区。

商业外街

作为主要落客区和商业街外摆区，着重考虑商业氛围营造。通过特色灯带结合绿植座椅指引线性铺装，视觉感较强，吸引人流并营造氛围。

万象之森广场

作为主要商业办公人群的聚集点，也是整个项目最具特色的空间，为了最大展现它独有的空间属性，设计团队在综合考虑场地商业运营、交通等多方面因素后，于一个流动性强的场所中规划出具有停留功能的空间，环绕式阶梯木平台与发散状种植池的完美融合，使得场地在保证人流通行顺畅的同时，也提供了可供人们休憩娱乐的场所。当广场中心举办大型活动时，则是视角最佳的观赏看台。

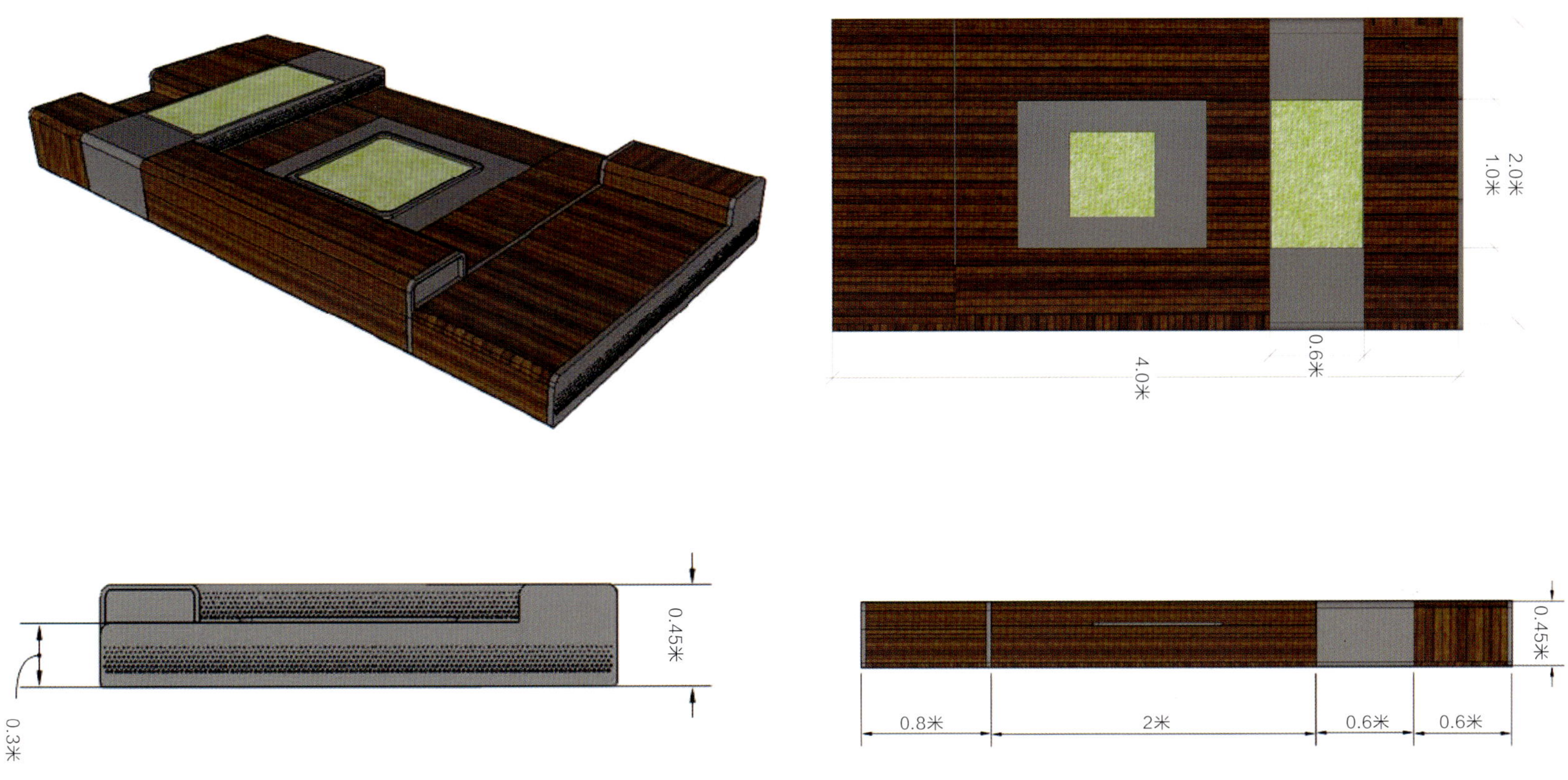

座椅细部图

万象生趣
潮我看
2018.10.1-10.7

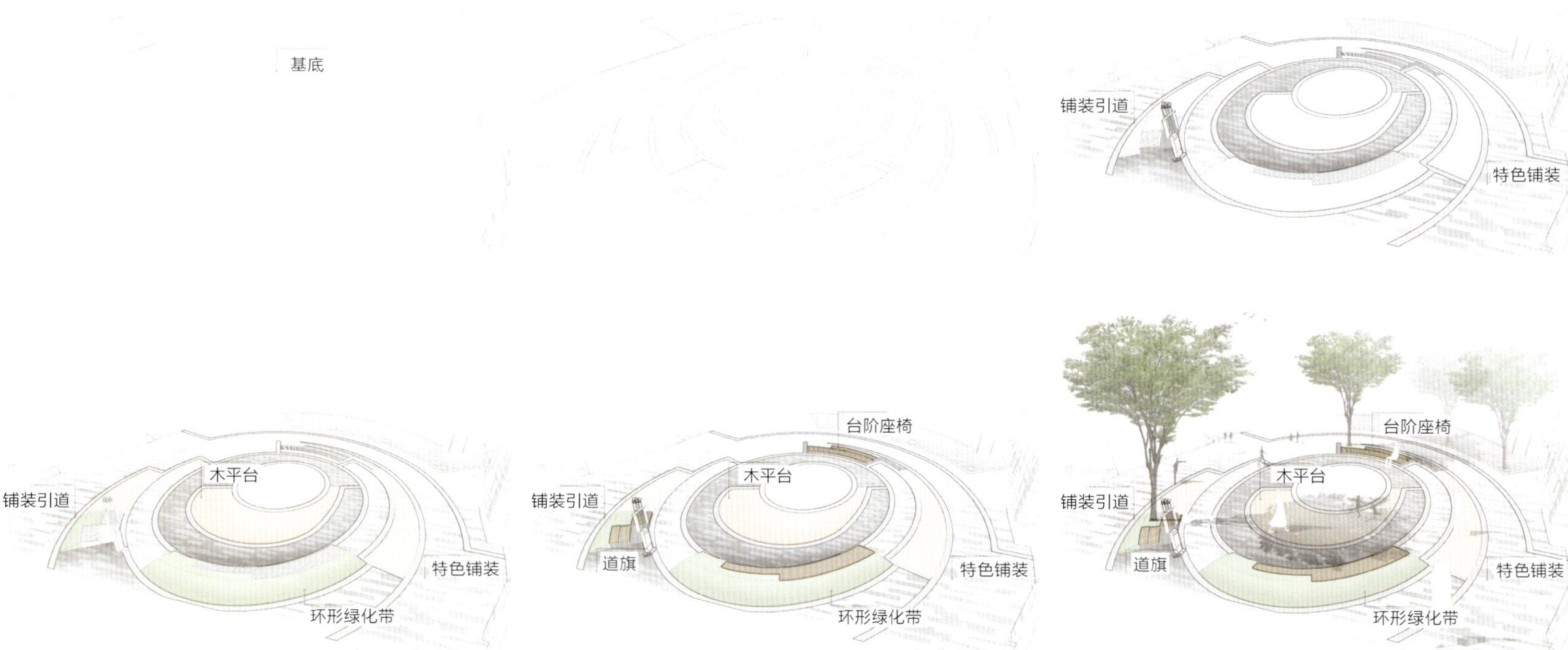
基底
铺装引道
特色铺装
木平台
铺装引道
特色铺装
环形绿化带
台阶座椅
木平台
铺装引道
道旗
特色铺装
环形绿化带
台阶座椅
木平台
铺装引道
道旗
特色铺装
环形绿化带

万象之森广场分析图

北大街市政绿化带

公共绿化的部分由棕榈园林承建，超长绿化展示面、植被的覆盖和连接它们的路径增强了入口的开放感，并为参与商业活动的人们提供了动态体验。

地面突出物的推敲

在概念设计阶段，长16米、宽7米的人防出口是设计处理难点，如何尽可能削弱地面突出物对建筑和景观的影响，是设计团队需要解决的课题之一。经过10多轮形式各异的提案后，最终的形式被确定下来，经过成本和建成效果的考量，团队选取了穿孔钢板和仿真绿化作为主要元素，通过线性的直线和折线对平面进行分割，打破构筑物的尴尬处境，巧妙化解了场地的不利因素。

转盘区对景的推敲

考虑到入口对景与北大街市政绿化带的相互关系，团队同样做出了很多个设计方向的尝试。

细部设计

项目的景观设计是具有互动性和体验感的，它鼓励参观者接触到它的设计材料。地面铺装材料呼应铺装形式，选用黑、白、灰等几种形式的花岗岩，结合少量木铺装。铺装形式采用具有引导性的铺装形式，指引人流方向，呼应整体商业氛围，同时也打造一定的休闲空间。

MeLAND
儿童成长乐园

Purcotton

江苏，苏州

Suzhou Wujiang China Resources the Mixc

苏州吴江华润万象汇

商业景观空间已经不只是营造单纯的购物氛围，
而将成为具有参与性、互动性、提升幸福感的城市公园。

metrostudio 迈丘设计 / 景观设计

项目面积：
39,964平方米
展示区面积：
5808平方米
灯光顾问：
HAD汉都设计
摄影：
林绿

ENTRANCE
ACTIVE AREA
THE MIXC PARK
TURN A CORNER
RUNWAY
RUNWAY

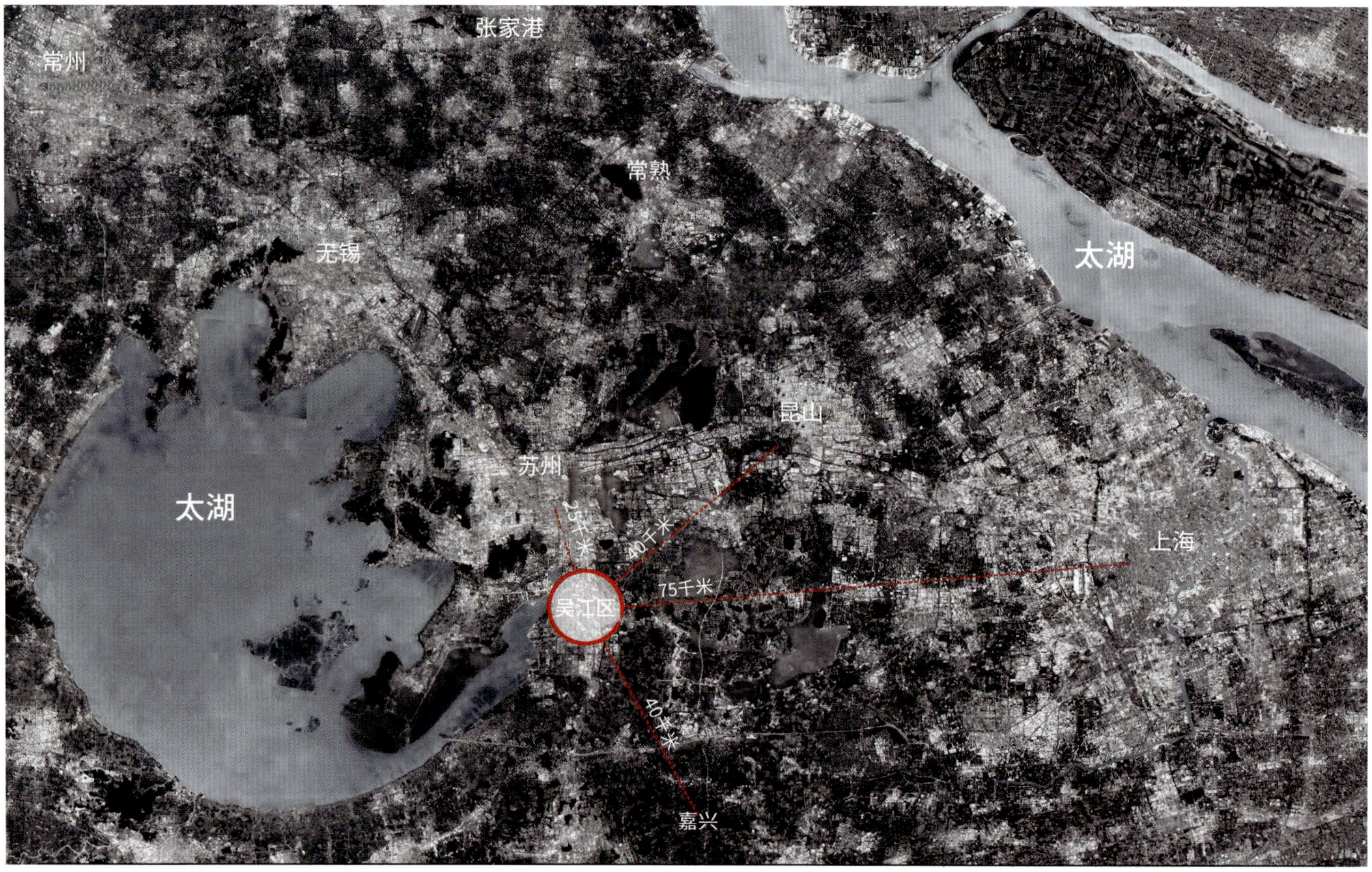

地理位置图

场地位于江苏苏州吴江区太湖新城CBD核心，临近主干道，连接地铁出入口。项目为华润置地在苏州的第一座购物中心，也是其在全国落成的第40座购物中心项目。设计意图打造相互契合的主题性景观空间，集标示性、主题性、展示性、趣味性、联动性于一体的商业景观空间。

项目伊始，从商业购物场所出发，预留了大面积的地上多功能的停车场空间。随着对场地周围环境和需求的深入思考，设计团队则希望赋予场地更多的公共空间属性，让它和人产生关系，以更人性化的设计，让更多的人能够进入其中，成为一个高参与度和体验感的主题城市商业公园。

项目从建筑的线条出发，提取“万象交汇”的概念，以海岛为设计灵感，以海水之蓝为基调，采用现代、简洁、流畅的线条打开空间，营造别开生面的、充满活力的、趣味的儿童城市公园。大面积的蓝色，成为这个空间的焦点，让人联想到大海、天空，犹如沉浸在无尽静谧的海水中，舒服、放松。儿童主题公园整个面积约1200平方米，以互动装置增强场景的生动性，自带“网红”属性，成为整个场所的记忆点。

在场地内，利用高差营造趣味微地形空间，高高低低，起起伏伏，丰富空间变化。鼓励孩子们在此探索学习，发挥他们无限的想象力。设置互动攀爬草坡、趣味跷跷板、滑梯、互动装置等有益身心的儿童活动设施，让孩子们探索、攀爬等天性完全释放。在广场上，环岛跑道、蓝色与灰色的塑胶地垫拼贴组合，营造活力、趣味的创意空间，也鼓励父母和他们一起互动，共同

总平面图

度过一段美好的家庭时光。

主入口广场，是面向城市的主要界面，也是重要的人群集散场所，结合精神堡垒、艺术构筑、特色跌水，打造标示性主入口空间，铺装结合“万象交汇”的设计概念，利用线性铺装引导人流，汇聚于商场主入口。铺装线条跟随视野以竖向排列，深浅色平行排列，具有时空连续性的韵律美感。

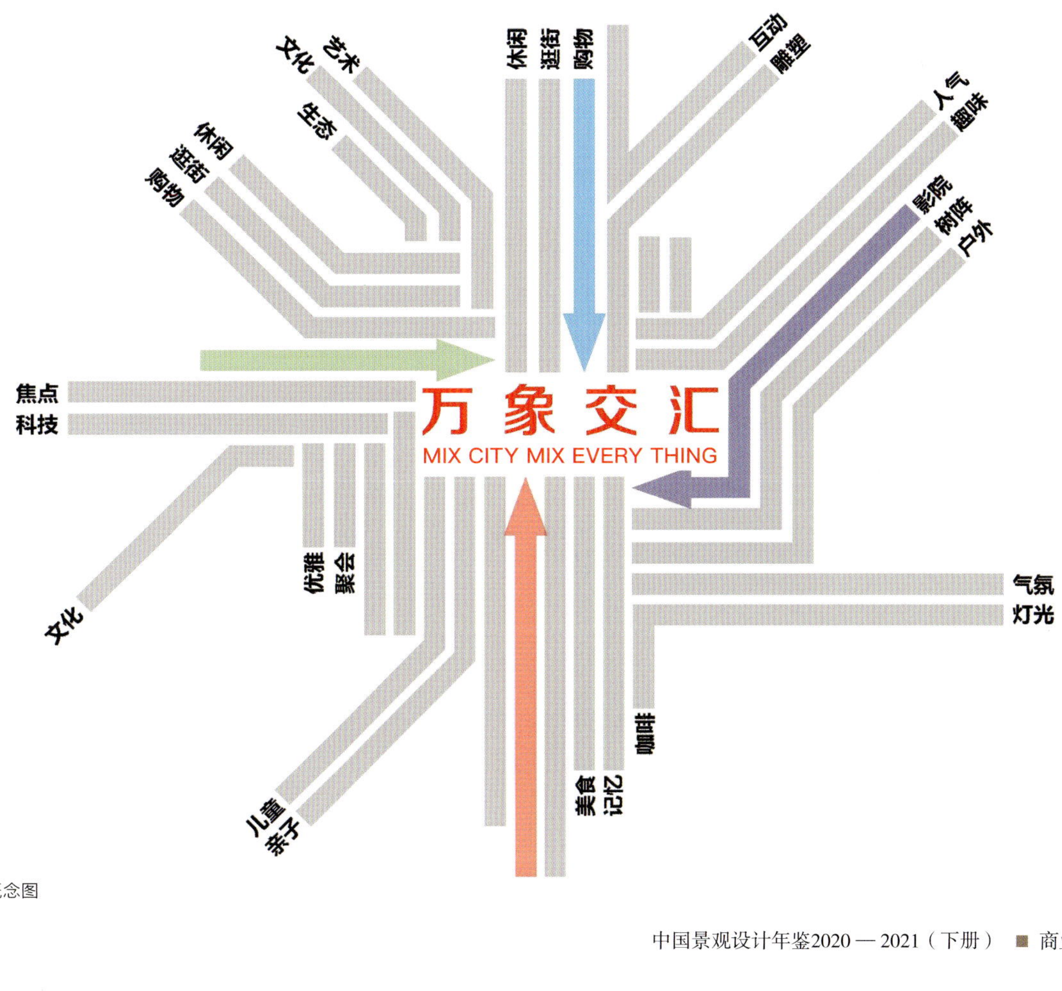

设计概念图

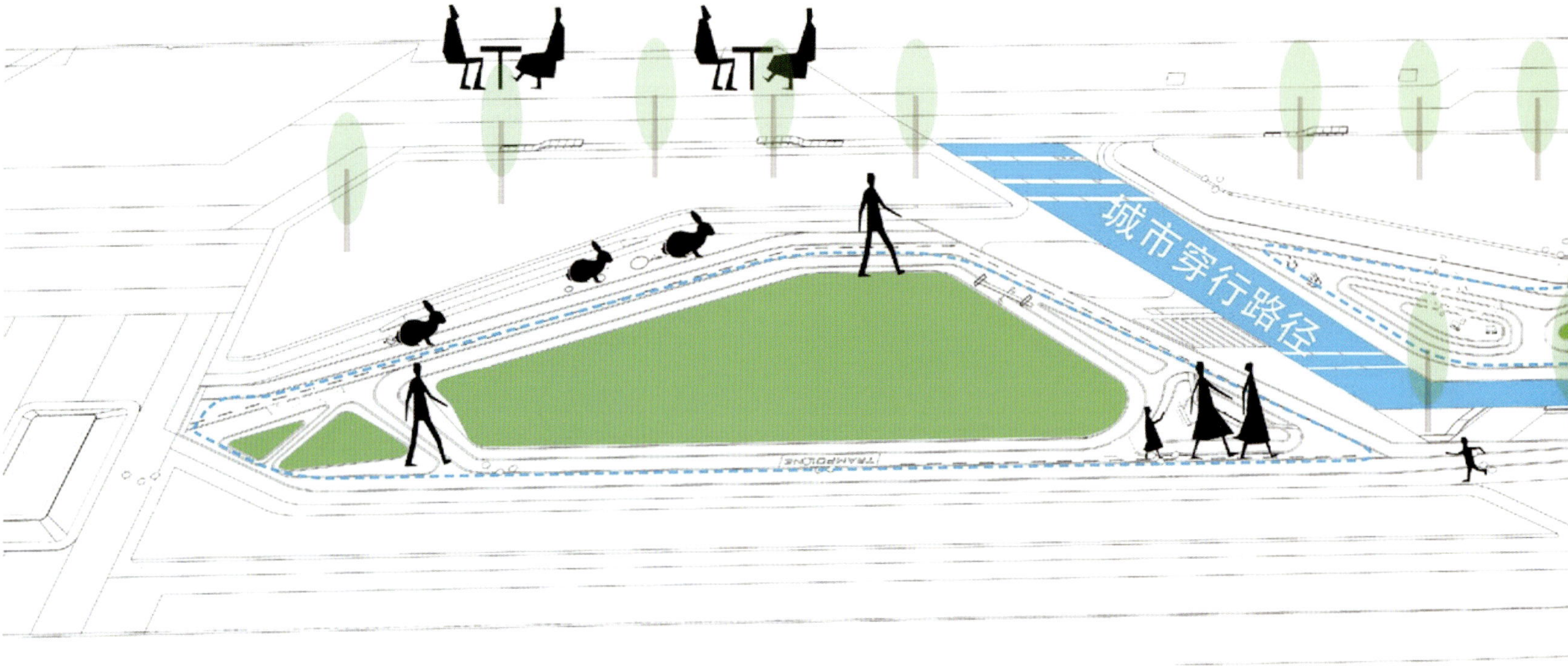

场地分析图

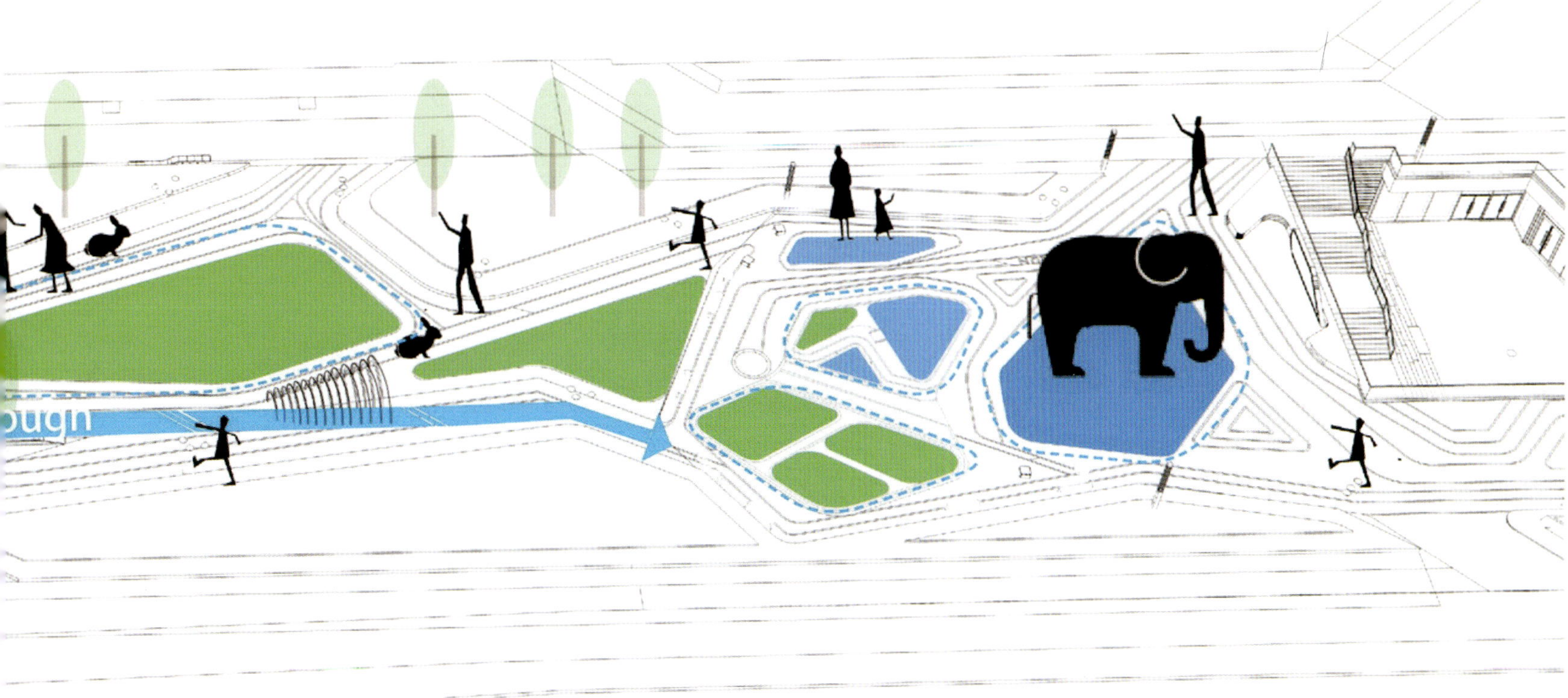

RUNWAY
70M

RUNWAY
TURN A CORNER
THE MIXC PARK
PARENT CHILD ACTIVITIES

THE MIXC PARK

70M
CORNER
60M

RUN
THE MIXC PARK

YPPAH

MUJI
無印良品
优衣库

MUJI
無印良品

吾悦广场

中国，上海

Shanghai Qibao Vanke Mall

上海七宝万科广场

——过去与当下、传统与未来的融合

TOA诺风景观设计咨询有限公司 / 景观设计

项目面积：
27,065平方米
占地面积：
53,431平方米
建筑占地面积：
26,366平方米
设计团队：
大川善成、王晓田、大冢祐记、增野绚子、万志烨
业主：
万科集团

上海七宝万科广场毗邻七宝老街，作为万科集团在上海的首个广场系商业项目，自开业以来便广受业内外关注。设计团队有幸参与了项目设计中极为重要的一环景观设计，经历了从概念方案至施工设计以及施工指导的整个过程。

设计理念

作为位于七宝老街商圈的现代购物中心，设计团队希望通过景观的语言来实现过去与现在、传统与未来的完美融合。

水景

一座建筑，如其他生灵一般存在于自然之中，当它遇到了水景，有了欢腾的水流的陪伴，便有了灵魂。临近地铁站主入口的旱喷及阶梯式瀑布为商场氛围增添了浓墨重彩的一笔，提高场地人气。未见其景，先闻其声，待到身临

总平面图

其境，则为人们带来最直观的视觉冲击。水流湍涌、高低错落的旱喷区域是孩子们探险嬉戏的乐园，与水的互动引发了孩子们对自然的感知和探索欲。

下沉广场

连通地面与B1层、地铁出入口的下沉广场是设计中的亮点之一，为了最大展现它独有的特色，景观团队在综合考虑招商运营、交通等多方面因素后，于一个流动性强的场所中规划出具有停留功能的空间，阶梯式木平台与楼梯台阶完美融合为一体，在保证人流通行的同时，提供了可供人们休憩娱乐的场所。当广场中心举办大型活动时，则是视角最佳的观赏看台。

同时下沉广场紧邻地铁站，在设计时面临着需保证极大地铁通风面积的问题，为将其对使用人群的感官影响降至最低，景观团队和业主经过与多方协调，将出地面通风井改为墙面侧向排风，并以铝合金格栅装饰遮挡墙面上巨大的通风口，在保证地铁安全要求的同时，亦成为设计中的亮点。

设计团队在下沉广场存在诸多不利因素的条件下，平衡处理地铁通行、广场集散、消防避难等多方面功能与需求，弱化种种消极影响，开业后在广场空间中流畅通行、愉悦停留的客流便是设计成功的最好例证。

特色铺装

场地自西北向东南由现代向传统过渡，在紧挨七宝老街的东南文化广场，设计团队通过在铺装中引入青瓦以及影雕技术的方式向七宝老街致敬。每一

块青瓦都用自己独特的方式见证了历史的流淌，诠释着七宝老街的时光变迁。将七宝的传说、古镇的肌理镌刻于黑色石材之上，把历史浓缩为一个可以感知的片段，从广场上经过便如同穿越历史的长河，深刻而隽永。

墙面立体绿化

在概念设计阶段，20米高、20米长的巨大的铁通风井便是设计中的难点。如何尽量削弱如此大体量的构筑物对建筑和景观的影响，成为极为重要的课题之一。在经过10多轮形式各异的提案后，墙面立体绿化的方案最终被选定，考虑到成本因素，设计团队选取了仿真绿化与PVC板作为主要元素，通过直线与折线对平面进行分割，打破巨大的体量感，巧妙将不利因素转化为场地中极具吸睛效果的地标性构筑物。

下沉广场的弧面墙体作为下行动线的主要观赏面，承担了极为重要的景观功能，考虑到墙体的亲人尺度与距离，设计团队选用了真实植物来提高与使用者的互动性，以曲线的构成与下沉广场的曲线轮廓相呼应，悬浮于植物之上的万科Logo则成为整个空间的点睛之笔。

作为景观设计师，团队有幸亲历这一超越时代的商业杰作，3年来为之付出的智慧与汗水在它建成的一刻演化为永恒，成为团队在景观设计探索的道路上重要的里程碑。

vanke
MALL
9 号线
七宝站
Qibao Station

vanke
MALL

vanke

设计团队：
詹姆斯·布莱利、史蒂夫·惠特福德、方群、黄芳、郭列侠、高卫国、伍晓健、潘琳璐、李正、俞之睿、荣昱、雷涛、巴勃罗·希门尼斯、曼努埃尔·何塞·戈多伊·阿尔瓦雷斯、彼得·费利切蒂（概念设计阶段工程师）
承包商：
中建科工集团有限公司（公司曾用名：中建钢构有限公司）
工程设计：
上海林同炎李国豪土建工程咨询有限公司
业主：
江阴中建城市发展有限公司
摄影：
帕维尔·舒布斯基

江苏，江阴

Jiangyin Greenway

江阴绿道

Brearley Architects+Urbanists（BAU建筑城市设计）/ 景观设计

建设江阴绿道恰逢中国大力倡导健康、可持续性交通与城市悠闲的大好时机。如此大规模的城市基建工程，堪称一种机遇，或者，更确切地讲，纯属一种责任，在城市中打造蕴含寓意的空间。借此机遇，江阴已然跻身成为一座创新、奋进、宜居之城。鉴于此，项目将分为风格迥异的4个部分。每一处均与所处位置的精髓高度契合。目前，环路北段已经修建完毕，可通往船坞公园，正好映射出所承载的造船与港口历史。环路东段与长江相连接，长江是江阴赖以生存的河流，所以，环路东段将突出展示长江的重要性。

不仅仅是步道

项目绝非架空步道那么简单，而是旨在营造更美丽的城市空间，将随意分布且毫无关联的景点串联起来：融入现代美学的精华；解决民生问题；提升当地形象；打造诗意氛围；注重成本效益，开发社交场所。

长江历史

长江是举世瞩目的自然风景。人们身处喧嚣的城市，日复一日，美景总是在不经意间被忽略。作为城市基础设施又一新作，将再次向公众展现长江气势磅礴的特殊风貌。江阴绿道已成为长江及支流沿岸众多城市的常见开发模式，沿着江阴绿道纵向修建多个广场与露台。在景点放置游客信息板，展示长江辉煌的历史。

无缝对接

项目现场的高速公路全程架空，出乎意料地得益于英明的工程决策，高速公路并未成为城市的屏障。但是，项目所处公园无法将城市有机串联起来。事实上，长条形公园更加注重南北向连接，故而，大大地阻碍了东西向的畅通。

针对理想线路与路径进行细致入微分析，重现公园活力，使其更具安全性，城市随之变得更加高效灵动。另外，连接通道确保江阴绿道与公园其他区域、比邻街道以及人行步道网络的畅通连接。

精巧惊艳的设计

总体来讲，江阴绿道对既有道路及大量成熟植物进行了贴心与精妙处理。项目设计清晰明白地阐述江阴绿道的特点：透明实心栏杆在保护隐私的

同时，亦为游客打造出美妙迤逦的景致。高速公路隔音墙为人行步道营造出舒适感；两旁栽种的乔木提供了遮阴与独立空间；开阔景点配置座椅，可供观赏湖光山色与运河风光；地标性大桥采用桁架设计，颇具雕塑式造型感；街道交会处的阶梯，将已有人行步道与江阴绿道有机连接为一体。别具一格的附属设施，为比邻城市项目增色不少。

规划与建造

据说，好地方必定是承载着回忆的空间，然而，片段式记忆无法称为美妙的回忆。沿着江阴绿道闲庭信步，总能串联起各种各样的大事件；圆形剧场可供表演与休闲；抬高的广场配备永久性音响设备，以供大众娱乐休憩；运动场配置球场、滑梯以及柔缓坡道，适合各年龄段的人们在此游玩嬉戏，不胜枚举。通过各种处理，打造出一个让人流连忘返的好去处。

潜力无限

另外，在重要地段设计增添了一些附属设施。围护结构诠释了如何因地制宜地利用比邻既有道路与人行步道系统及新建绿道的地理优势。附属设施有助于完善景点装备，使重要地段更具活力，使江阴绿道更加安全与人性化。此外，商业项目的租赁使用有利于降低江阴绿道运营成本。拟建项目包括：兼具销售与修理功能的自行车驿站、咖啡吧、酒吧、餐馆、商店、健身馆等。

整合所有组成构件

打造大型建筑与空间有两个基本方法——加法式，对细节做添加处理；或者，减法式，针对大型建筑做细化处理。附属工程常常有助于提升美感，核心在于糅合各种不同元素的理念，由此营造出一个非整合式效果。反之，减法式流程则可获得一个整合式方案。每一个元素都是对建筑进行减法处理的结果，建筑自身是一个减法元素。项目采用减法式流程建造。项目设计基于对所有组成构件的全盘考虑，并整合为一体，将无序变为有序，不仅赋予项目多样性，而且保留建筑的简单结构，利于成本控制。

总平面图

结构

江阴绿道全程采用钢架与预制件建造，从而降低对公园生态的影响。

露台

采用全钢结构设计以及彩色沥青混凝土铺装；江阴绿道做预制处理，具有维修费用低、耐磨等优点。

间隔立柱

支撑江阴绿道的立柱高度为16米，位于区域中心，对人类活动无任何头高限制（例如匝道下方等）。针对有头高限制的区域，间隔立柱高度将增至32米，使人们在架空步道下方的社交活动更加灵活自如。

薄膜、桁架与吊篮

桥梁跨度大小各有不同，可超过绿道的32米有效跨度。为了解决此问题，桥梁采用3种基本结构：可穿孔薄膜、桁架及悬空系统。薄膜备选方案有两个：其一，质量大的地方采用中间跨接法，恰似一个弧形拱门；其二，增加支撑体质量，起到抗拉伸结构的作用。将桁架系统中常见的华伦式桁架改为一连串倾斜的过滤膜；悬空系统采用支撑式动态吊篮。综合应用多个方案，将每座桥梁都打造成为城市中独特靓丽的地标式建筑。

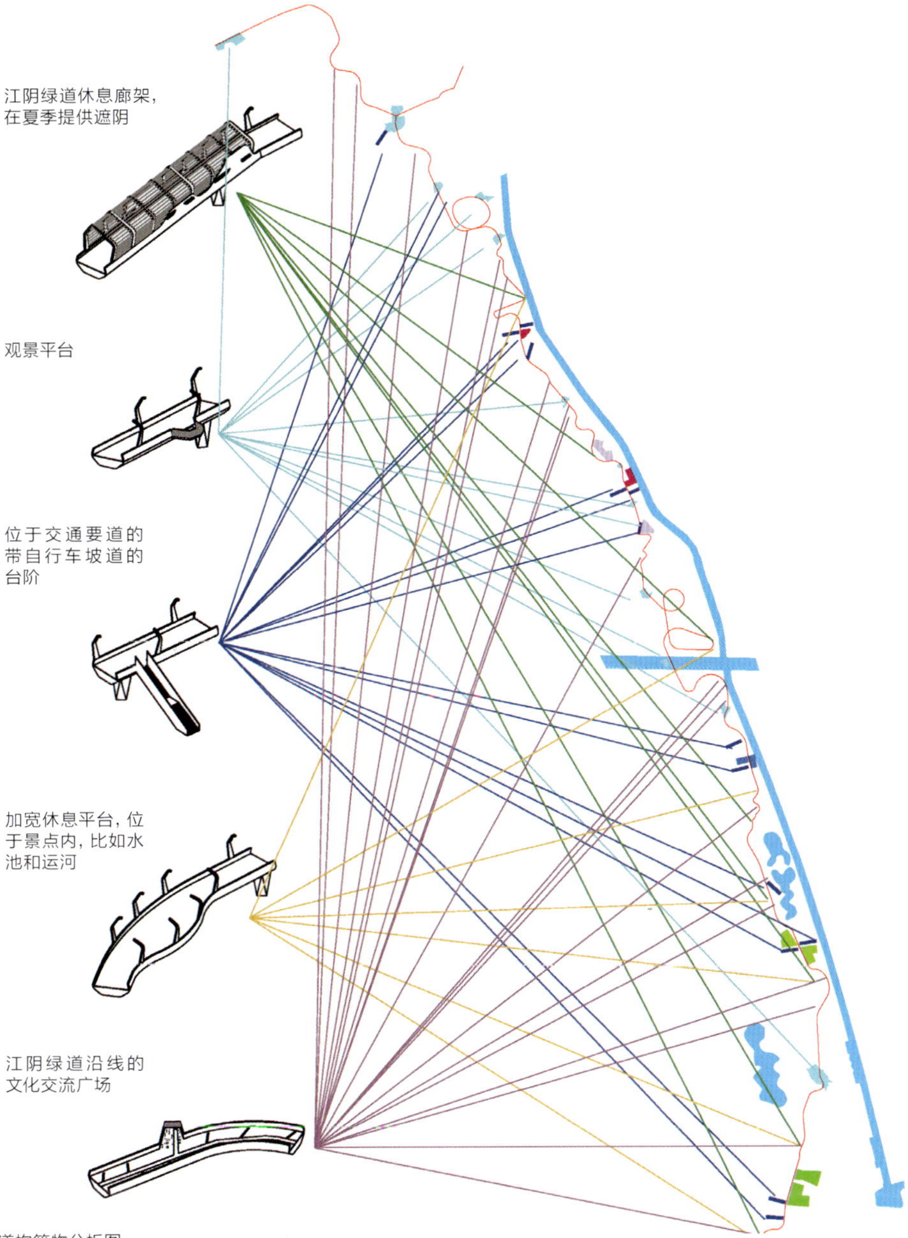

绿道构筑物分析图

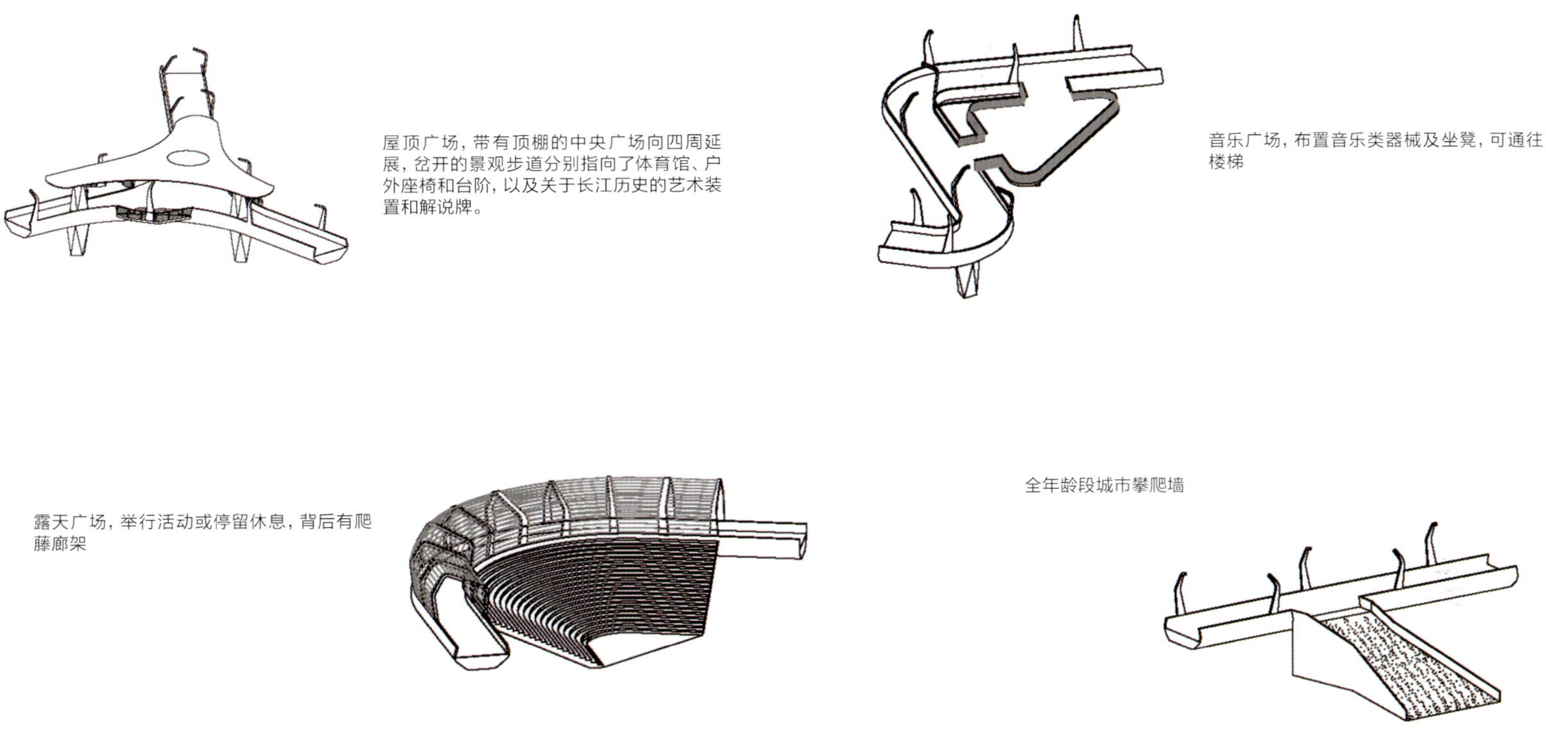

构筑物细部图

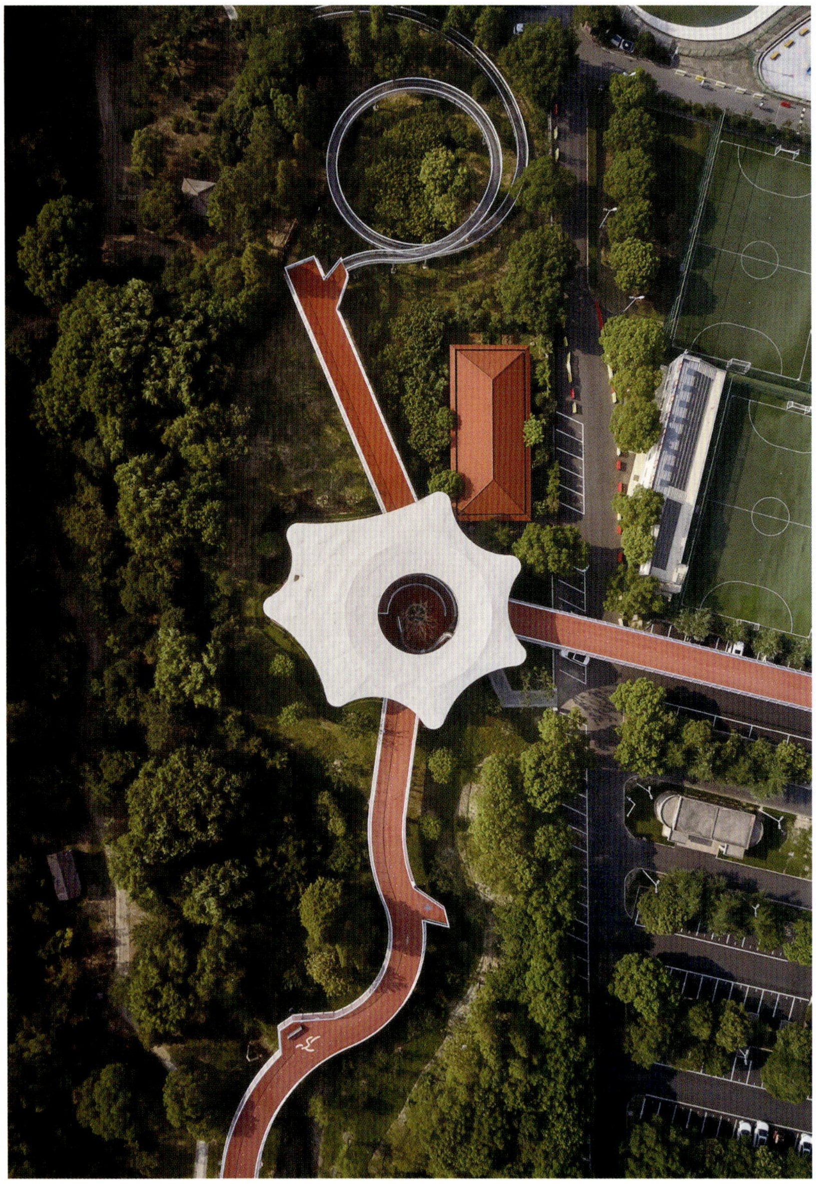

浙江，宁波

Cheese Park

芝士公园

——一个旧改项目的复苏

重庆纬图景观设计有限公司 / 景观设计

设计团队：

李卉、郭妮、唐志杨、李理、范玮、张晓、沈梦茹、赵冬舸、郭燕、赵娟、余中元、王玥、赖小玲、蓝德泉、杨根、董瑜、胡晓梅

业主方设计团队：

喻志军、杨耀阳、史亚雷、汪江萍、王晓田、楼汪乾

摄影：

鲁冰（看见摄影）

宁波日报报业大厦位于宁波最核心区三江口之上，原为宁波报业集团办公楼，万科集团通过与宁波报业集团合作，将此项目从办公改为商用。目标是针对不同年龄段的各类培训业态，打造一个全品类多业态的城市学习综合体，并结合宁波音乐厅打造宁波最具影响力的素质教育培训集成平台。项目命名为宁波芝士公园，以英文“芝士”谐音中文“知识”，意欲以知识的力量撬动宁波这座知识城市。

旧改项目都是戴着镣铐跳舞，而办公改商用则需要舞者有更灵活的腾挪转身，才能在限制中找到自由，在约束下引爆力量，重构之后的每一个痛点都完成了华丽转身。

芝士猫

项目命名为宁波芝士公园，设计团队以空间的形式为它创作了一位形象代言人芝士猫——一个由钢管和钢网构成的棱角分明的块和面结合的大型构筑物，有着猫咪的三角形尖耳朵以及两只大眼睛，两只大眼睛刚好形成了

总平面图

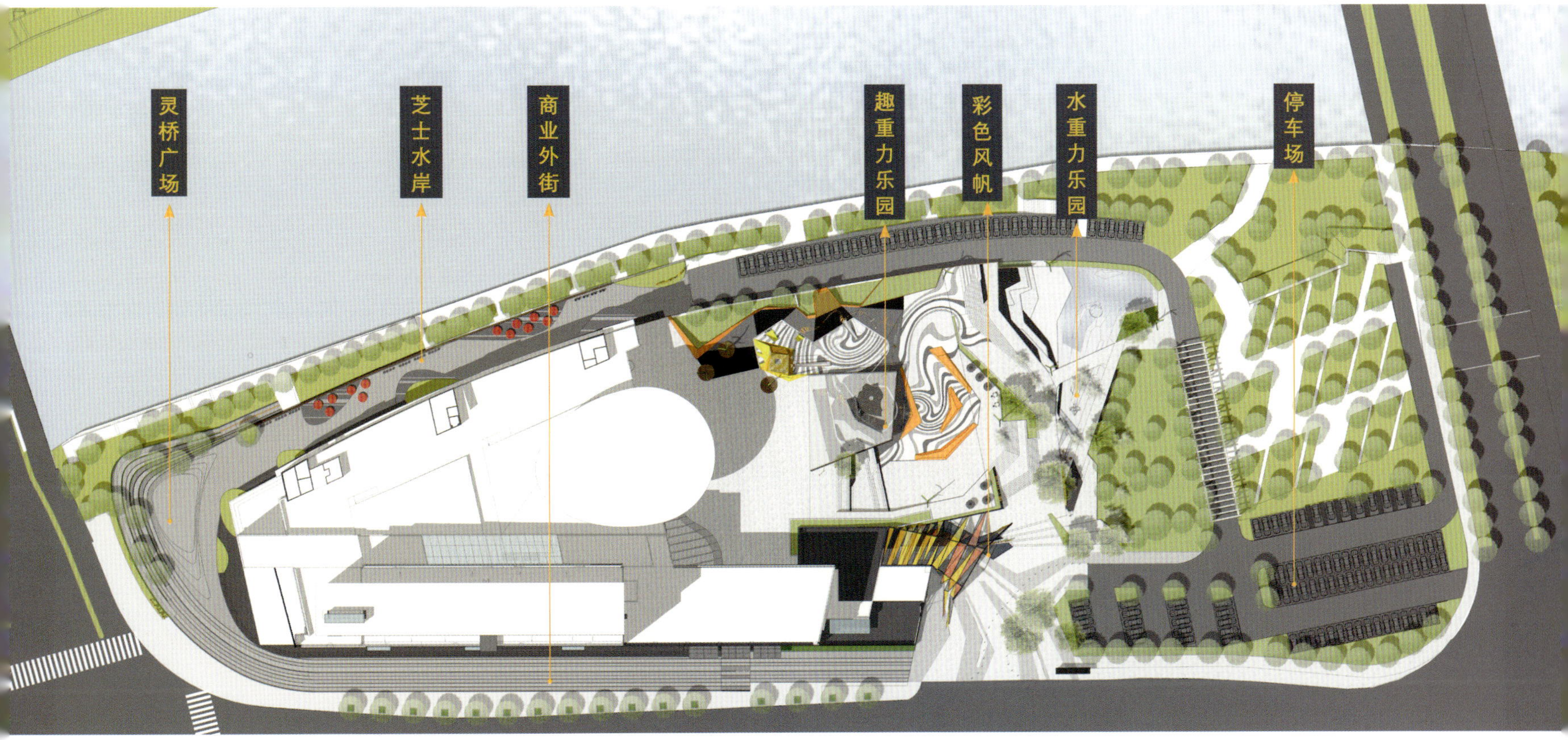

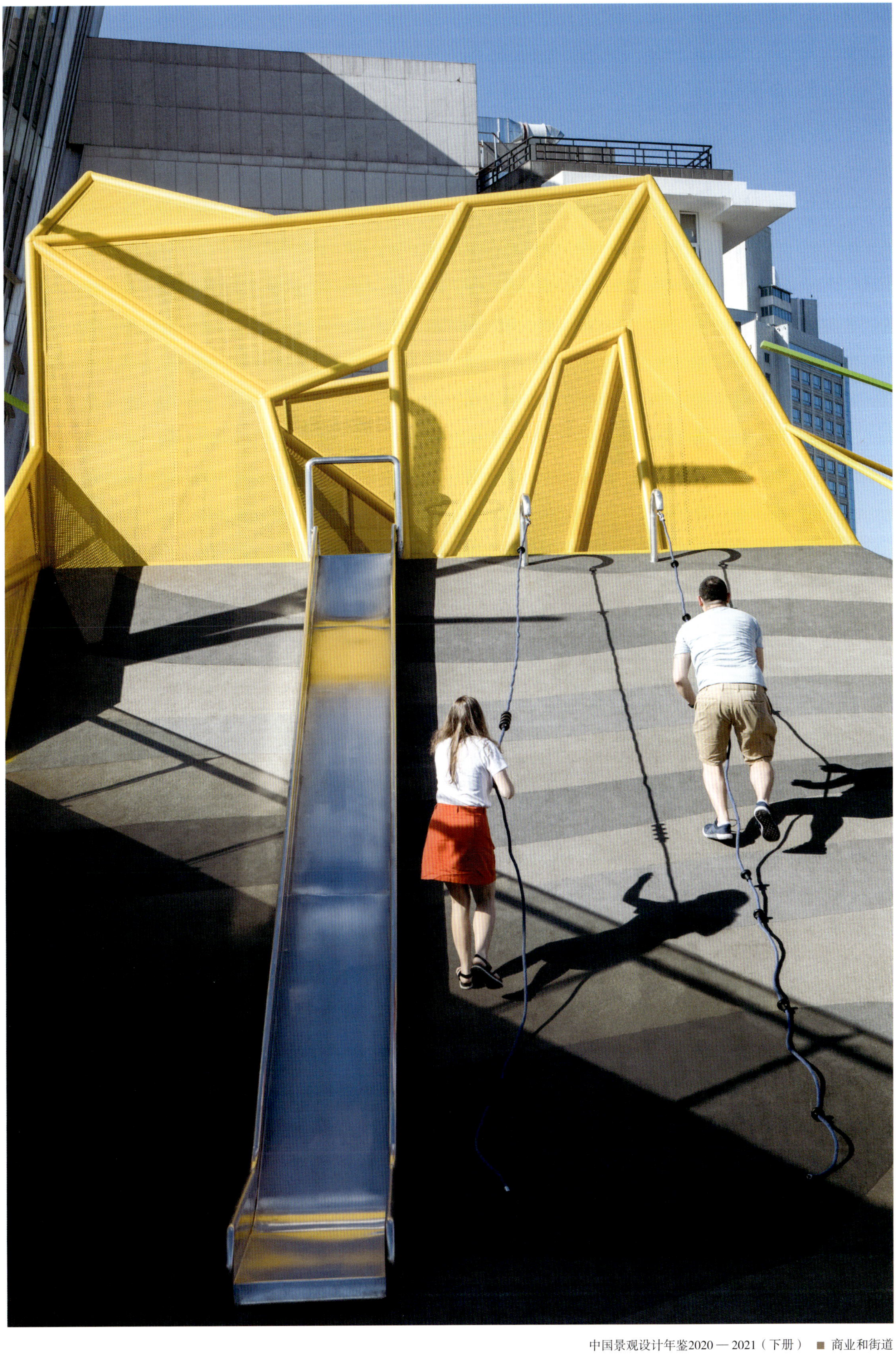

滑梯下滑的出口和绳索攀爬的入口——它本身就是一个游乐场。

趣重力乐园

树上落下一个苹果，有人看到苹果，有人看到秋天，而牛顿看到重力。在保留原状的两块顶板与南侧水池场地3个台面之间，设计团队也看到了重力，于是为芝士猫找到了它的知识内涵，于是有了趣重力乐园。

阿基米德说："给我一个支点，我可以撬动整个地球。"设计团队结合场地的特点，找到了"重力"这个知识点来尝试撬动孩子们未来浩大的知识系统。重力塔、重力拉索、体重吊环等多种与重力相关的力学游戏器械，让孩子们体验失重、超重、离心力、向心力、自由落体、能量转换、摩擦力等各种力学知识的存在。

水重力乐园

借用原桥头公园里保留下来的水景，设计团队在这里延展出了各种各样的水重力游戏，如水压游戏、戏水阀门、压力水盘、宇宙水环、重力水玩等，让孩子们在玩中对水有了更多的认识，也对水重力有了更多的体验。

除了这个以"重力"为支点的主题乐园，结合城市的滨水界面桥头空间等，设计团队也对原有市民生活依托于这片土地的各种行为进行了分析，希望新的设计不是割断他们与原有生活模式的关系，而是强化他们日常行为的体验，并给到他们更丰富完整的记忆。

中国人寿
CHINA LIFE

项目面积：
3000平方米
占地面积：
6300平方米
建筑占地面积：
3300平方米
设计团队：
大川善成、陈蓉、屈耸达
业主：
LONGFOR龙湖地产
摄影：
足立真琴

中国，上海

Hotel Indigo

上海虹桥英迪格酒店

TOA诺风景观设计咨询有限公司 / 景观设计

酒店是看世界的窗户。旅行是在非日常生活中寻找自己、审视自己的途径，作为旅行的据点——酒店，是向旅客提供特别空间体验的伊甸园。酒店是来自世界各国的游客汇聚的落脚点，是全国商务人士在商业战争中休息的场所。酒店是当地居民与家人外出度假、放松享受非日常生活的场所，是在派对和活动中需穿着正装的场所，是都市精英们享受酒店精致午餐的场所，而这其中共通的关键词是“非日常的场所”。

作为洲际酒店旗下的时尚精品酒店品牌，项目以其清新的设计、个性化的服务和融合本地风情的独有特色，为宾客提供无尽的灵感和愉悦的住宿体验。

模型图

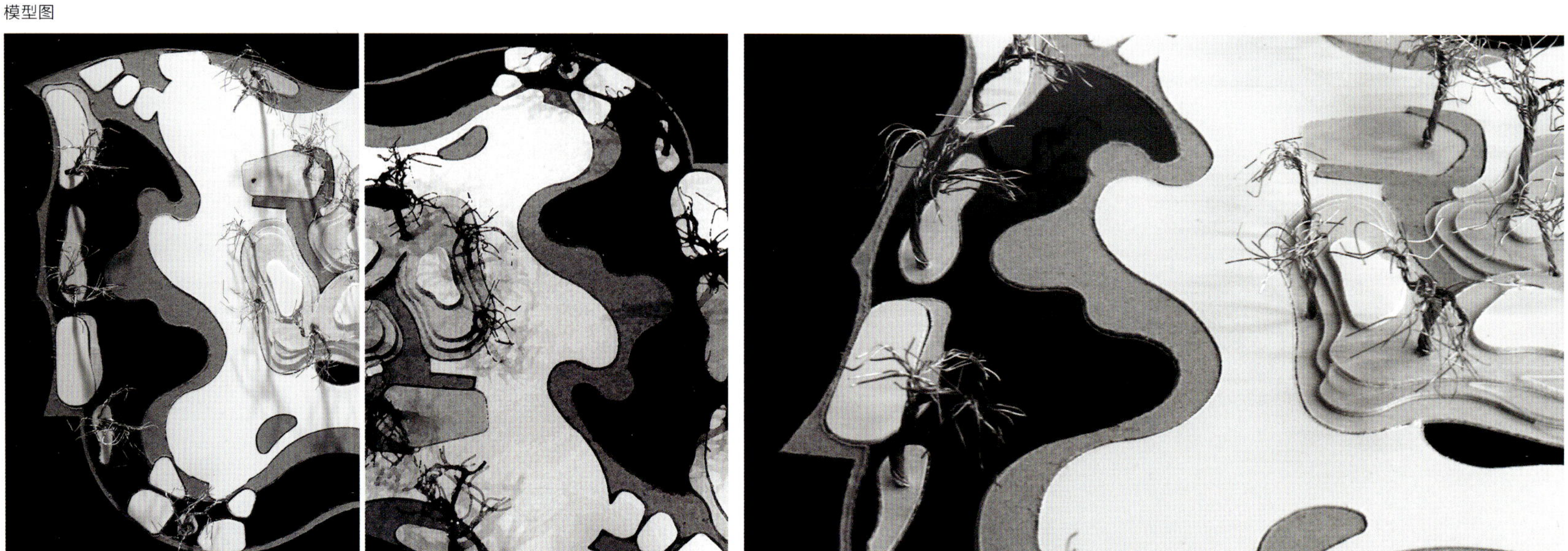

hotel
INDIGO.

总平面图

“选择这个酒店住宿、到访的客人期望感受到的景观体验是怎样的呢？”关于这个问题的思考，成了设计团队的出发点。随着城市化的高速发展，在世界屈指可数的大都会上海，庞大的都市型酒店为了吸引客户而相互竞争。不仅是上海，全国各地的都市型酒店都提供了单一化的高级服务。在这次的设计中，应赋予酒店附加价值，提高酒店的独一无二性，创造只有在这个酒店里才能体验到的室外环境。

申长路是虹桥商务区内繁华的主干道，酒店位于申长路路段，北侧毗邻公共绿地，距离虹桥机场2千米。对于来自海外的旅客来说，他们更期待的是充满异国情调的亚洲自然之美，希望能感受到东方幽玄的庭院空间。对于国内的宾客来说，这是从未接触过的久经世故的现代庭院，也是让中国人感受到温暖和怀念、能够缓解心中紧张的安乐风景。抱着这种目标，在中国的大城市上海，设计团队想要对现代亚洲的酒店景观进行挑战。

庭院的设计灵感来源于代表中国乃至亚洲文化的源头——墨。在白色铺装的画纸上流淌着美丽的墨汁，围绕着树木和绿色的岛屿分散开来。在墨与水融合时会产生神秘的自然美。微弱的水流和风以及地面的颤抖产生了千差万别、不可复制的纹理，将墨的美丽线条抽象地勾勒在庭院的画纸上。随着墨的蔓延生长，创造出旅客可以休息、阅读、交流的场所空间。对于所有的客人而言，都将在这里孕育出难忘的旅行记忆，并期待这样的庭院能长久地受欢迎且被人们记住。

酒店室内以“大富翁”游戏为主题，展现了复古摩登的夜上海印象。与室内热闹繁华的风格截然不同，景观则是相对静谧惬意的，两种反向的氛围独立且并存，意在强调酒店室内外的对比，突出室内与景观差异化，试图强调其中的矛盾与冲突。建筑入口背对城市主干道，“反U形”的设计是为了营造一个慢节奏的、相对独立安静的酒店氛围。人的内心终究是渴望平静的，踏入这方景观天地，脱离喧嚣，感受自我真实的内心世界。

消防体系的美化

酒店以山水为体，建筑是山，景观为水。酒店中庭景观面积1800平方米，其中1200平方米被消防车道和消防登高面占据。如何处理消防体系过大给景观带来的困扰成为设计团队的重点研究问题。

几经周折，最终设计团队采用5厘米深的大面积的流线型薄水面，奠定酒店景观整体基调，绿岛与铺装穿插其中，隐形了消防登高面的同时，丰富景观空间层次，无形中扩大了顾客的空间体验感。另外，大面积连续的薄水面在无形之中对非酒店顾客进行了心里阻隔，保证了酒店顾客的独享性。

对于水面与铺装地面的处理，思考了多种可能性。在施工阶段，为了还原设计愿想，尽可能地削弱水面边界的界线感，反复考量打样，几经研究对比，最终选取了施工难度更大的异形侧石收边形式，将水面与地面保持平齐，营造出水面由地而生的视觉效果。

流动的画面

人们通常看到的美景，往往是摄影师通过非平凡角度拍摄的，而这一点，于设计团队明显是不受用的。酒店中庭景观面积较小，思考如何在有限的空间内创造丰富且不繁杂的景观效果，人的感官显得尤为重要。充分考虑

到顾客的入住动线，从下车入户穿过走道进入大堂再到客房，反复研究行经过程中的视线所达，营造移步异景的视觉效果，犹如流动的画面一幕幕在眼前展开。植物配置十分用心，四季有景、月逝景异。通过前中后景的精心搭配，利用植物形成天然的框景，随着顾客的体验动线移步异景，如画卷般呈现。庭院中每一棵树都是精心挑选的，全园23棵苗木，设计团队前后陪同号苗16次，每一棵苗木都经反复比较、精挑细选后送达现场，位置角度经反复斟酌，以保证顾客在任何视角都能欣赏到最佳风景。

功能与运营的结合

酒店一层西侧是多功能宴会厅，在中庭西侧预留了较大面积的广场空间服务于宴会厅，计划在此进行艺术展览会、室外音乐酒吧等活动。酒店北侧是公共绿地，被4米的消防通道分割。积极利用北侧的公共绿地作为背景，丰富的绿植搭配流线型景墙与水景，营造静谧的全日餐厅外摆空间，提升酒店景观价值。

海南，三亚

JW Marriott Hotel Sanya Dadonghai Bay

三亚鲁能JW酒店

水石设计 / 景观设计

项目面积：

18,000 平方米

设计团队：

景观技术研发中心设计七室

业主：

鲁能集团

摄影：

林绿

景观材料：

316不锈钢、白麻石材、黑金砂

仿佛凝固了的海风，

本来静止的构架也具有了动态的感觉……

大东海湾的山、海、天

“本项目是一个酒店景观升级改造项目，设计团队在仔细考察项目周边环境及原有景观风格之后，对景观翻新改造提出了更高的要求：能够对滨海景观利用到极致。”三亚鲁能JW酒店位于海南省三亚市的大东海湾旁。大东海沙滩平坦细软，缓缓延伸，长达千米。“水暖、沙白、滩平”早已使大东海蜚声海内外，成为冬泳避寒胜地，是三亚开发较早、较成熟的海滨度假区。

项目是因该酒店品牌升级而进行改造外环境的景观设计项目，先前已经有非常成熟的环境基础。虽然原场地临海，但现状空间形态没有形成和海景的联系，甚至植物阻隔了看海的视线。场地对于设计有着极大的限制，设计首要解决的就是原有场地对于酒店环境的遮挡。在打开的观海面基础上，设计团队在思考以怎样的方式形成一种新的设计语言，摒弃掉所有实物，将大自然的画卷完全展开给观光者，希冀有一种自然的、非实质的、动态的构筑物来与海面相融合。

改造前的景观阻隔了看海视线

改造后错落有致的景观形成开阔的观景视线

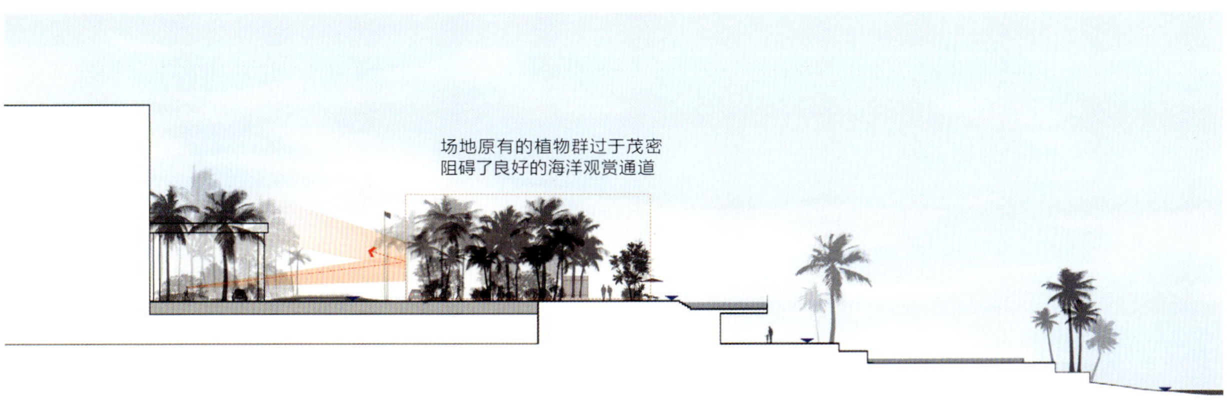

改造前的景观阻隔了看海视线

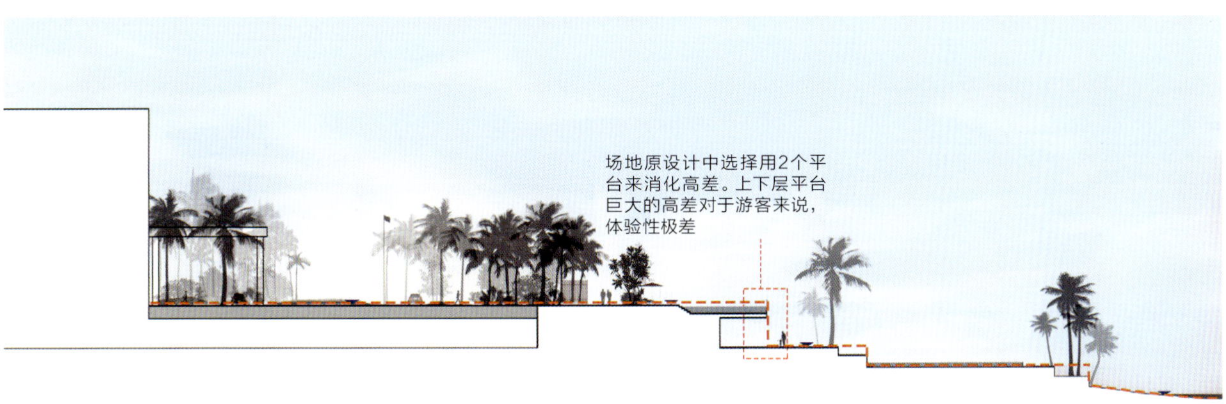

在高差地形改造后，可以清晰地望向大海

和大海对话的方式

“身在海边，如果我们不能感受到海风的吹拂，视线不能延续直到海面，这样的场所就不具有临海的特质，我们就需要重新找到和大海对话的方式。”创造应顺应海边自然要素的场所形态，让人和海形成互动。最终设计团队在海风中寻求到了灵感，通过动态的、不规则的线条来呈现这样几字形的仿佛凝固了海风的构筑物。景观设计以分析海边的风、光环境为基础，为了把视线引向海面，设计在场地和海面之间设置了镜面水景。海风型的艺术构架就存在于这水光之间。

静止的艺术构架被水面倒映，使静态的空间有了动态的意味，在这里，抽象的海转化成变幻的光、影、风，在人的坐、卧、行之间，仿佛重新看到了人海的样子。

山海间的高差处理

“最终，我们决定放弃之前景观方案围合的手法，把近海面完全向游客打开，将大东海湾的山、海、天与我们的酒店景观融合在一起。”

场地位于海边，与海滩有着10多米的高差，原有酒店景观选择利用2个平台来消化高差，但从实际效果来看，上下层平台的巨大高差对于游客来说，体验性极差。原有方案对于观海面的围挡极大浪费了环境资源，设计团队希望能有更好展现大海视野的空间表达，最终设计采用了“层级跌水”的方式，来尽可能地消除高差，这样的处理可以让游客在酒店入口的位置一眼就能望到大海，从而创造一个顺应自然要素的场所形态。

贵州，贵阳

Guangda Street Park

广大街头公园

贵阳蓝调迈德景观规划设计有限公司 / 景观设计

项目面积：

5000平方米

摄影：

贵阳蓝调迈德景观规划设计有限公司

建成时间：

2020年

项目位于贵阳以西的清镇市，场地长度约350米，自东向西竖向高差13米，原貌为社区与城市相隔离的纯绿化空间，设计团队建议将其开放化，变成人人都能参与其中的公共属性场地。在场地中增加互动休闲设施，让其变成充满活力的城市空间。它是一个连接社区与城市主干道的线性街头公园，它用复合式的“拉链”结构，将不同属性的功能空间联系起来。

数控流水装置

作为重要节点空间的核心亮点，可以驱动场地活力并聚集人气。地面运用参数化铺装，加强空间的视觉张力，同时提供一个趣味性的停留空间。场地内全部采用仿石砖铺贴，保证了色彩统一度，耐磨并避免了返碱等石材问题。数控流水装置在夜晚灯光的烘托下呈现出不同的色彩和图案，夜晚变成了人们喜爱的生活剧场。

“乐”享互动

地面的互动钢琴装置以及翻动趣味墙，进一步增加空间的趣味感，希望通过这样的场地活动，让人们在参与的过程中，拉近人与人之间的距离。高大的乔木为场地提供舒适的绿荫。修剪整齐的地被植物利于维护，加入玻璃景墙，丰富了纵深方向的景观层次。石坐凳为人们提供了休息的小场景空间。

音乐喷泉广场

音乐喷泉广场是一个12米×8米的旱喷场地，与周围的绿化、玻璃景墙及坐凳相结合，人们可以在坐凳上休憩的同时观赏喷泉，也可以和水柱一起伴随着音乐舞动。在音乐喷泉不开启的时候，场地可以转化成其他的活动空间。

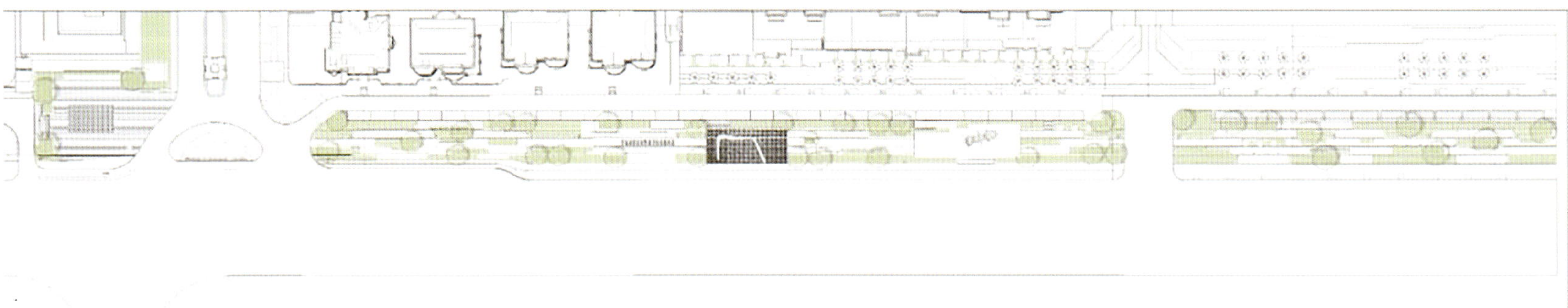

总平面图

场地剖面图

功能分析图

贵州，贵阳

The Eye of the Earth

大地之眼

贵阳蓝调迈德景观规划设计有限公司 / 景观设计

项目面积：

3600平方米

摄影：

贵阳蓝调迈德景观规划设计有限公司

建成时间：

2020年

项目位于贵阳以西清镇市广大城社区内，改造场地是以一座欧式的教堂为主体的复合空间，原用作社区婚庆场所，后期改变用途，这使得该场地与周围社区的风格大相径庭。场地虽然对功能植入的诉求不高，但是在景观表达手法上有很多亦繁亦简的选择，比很多常规环境要纠结和困难。

前区——雕塑广场

设计团队期盼这个场景表现的不仅是一个艺术雕塑，也不单单是某种景观手法。大地之眼，也是心中之眼。景观带给人们的不单单是形式上的美感和功能上的匹配，更是在每次归家路途中，人们都有机会跳脱出现实世界的平庸，透过大地之眼穿越时空，飞上教堂穹顶，享受一场美好的童话之旅。镜面不锈钢能够最直接地映射天空的色彩，对话天地，映射内心。聚合的水流犹如人流淌的思潮，最后聚集在内心最深处的倒影下。不锈钢艺术雕塑折射出了教堂、天空和附近人们的轮廓，成为社区的标志，吸引着人们来到这个公共区域。

后区——阳光活动草坪

草坪是最简单的一种景观手法。景观改造通过加设跳泉互动装置，来提升场地趣味性，并且增加休息平台等为场地事件的发生预留空间。金属板浮桥连接教堂后区，金属板浮桥底边的光带在夜间具有指引以及照明作用。亦实亦虚的跳泉门是穿越时空的隧道，带你进入梦幻的童话世界。

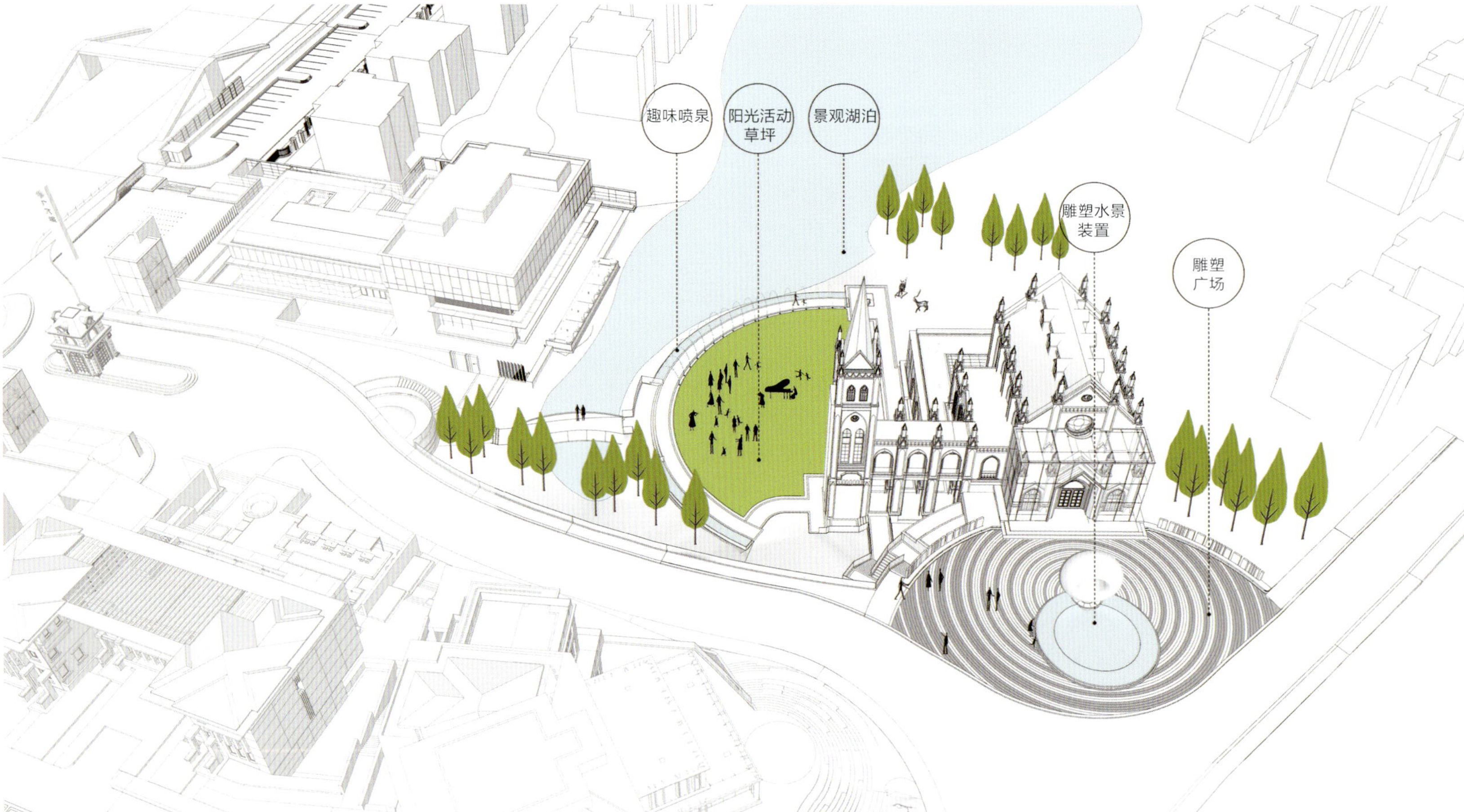

功能分析图

草坪音乐会　　草坪婚礼　　社区市集　　露天电影剧场

细部图

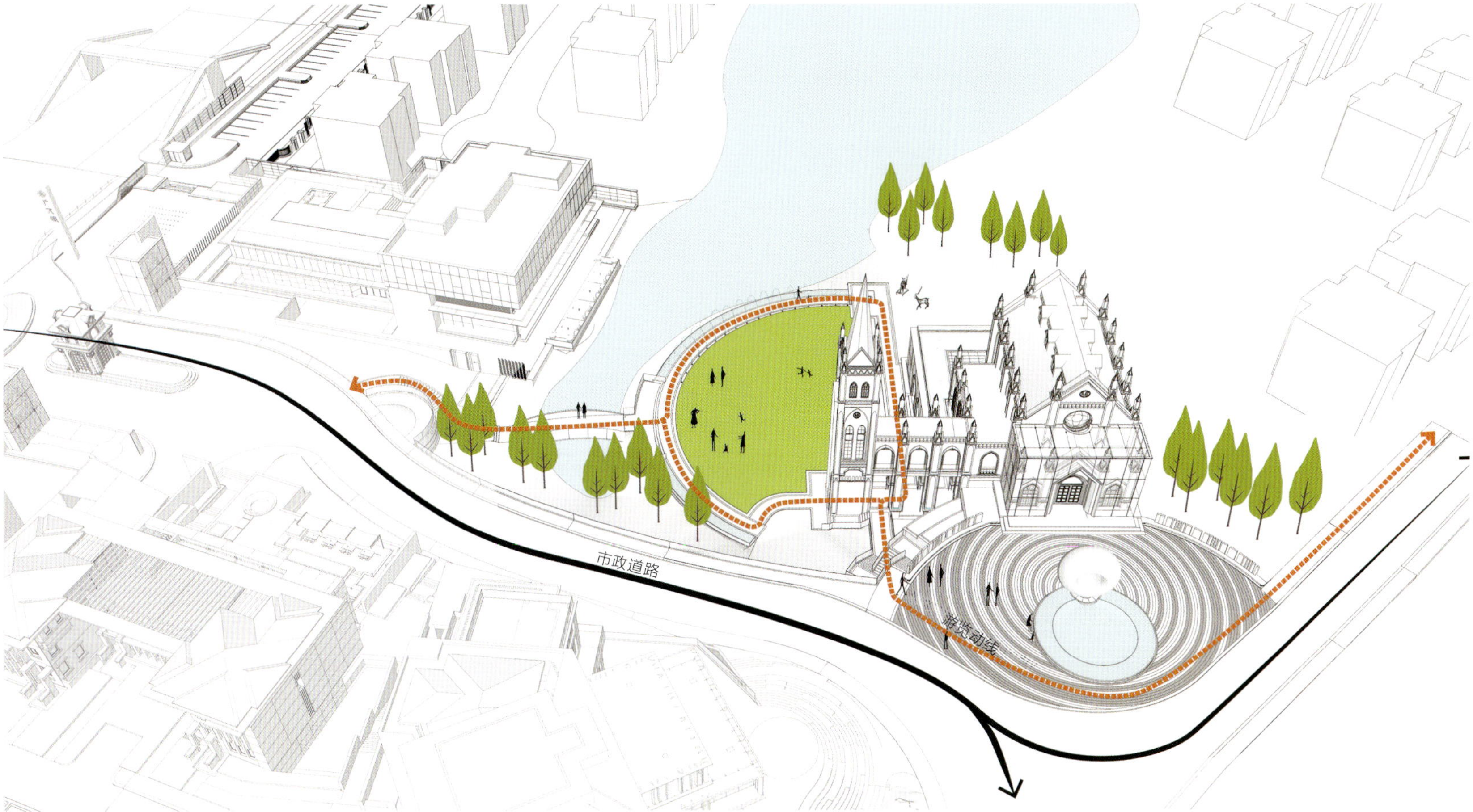

动线分析图

项目面积：
12,000 平方米
设计团队：
陆恬、赵牧云、陈芳汀、
Marta Pinheiro、朱文夜、赵清、
刘畅
设计总监：
Pietro Peyron
建筑施工图设计：
中国建筑科学研究院
景观深化设计：
里表都会
灯光顾问：
北京光石普罗照明设计有限公司
幕墙顾问：
北京京通华幕墙工程咨询有限公司
标识顾问：
Graphia International Limited
业主：
华润置地
摄影：
金伟琦
建成时间：
2020年

中国，北京

Beijing Galleria-Instreet Renovation

北京华润凤凰汇购物中心·里巷

Kokaistudios / 景观设计

Kokaistudios在城市更新项目上一直享有斐然的声誉，更为北京的一条曾经疏于使用的街道注入了新活力。设计利用一系列的景观雨棚和增加公共休闲座椅等方式对这个被忽视的地块进行彻底改造，为中国的公共空间树立了新典范。

受华润置地的委托，Kokaistudios对北京华润凤凰汇购物中心·里巷（以下简称里巷）进行更新设计。从宏观到微观，设计采用了多样的干预方式，嵌入对人体尺度的关键性思考，以欢迎式的姿态邀请公众参与其中，全面提升了过去未被充分利用的荒芜空间。改造后的里巷流线清晰，满足了周边居民及游客需求，成为一条专注于服务社区生活方式的公共性街道。

里巷位于北京东部的朝阳区，这里是国内城市中混合公共空间的典型代表。这类空间的生活方式元素主要针对社区，兼具商业、居住和休闲步行等功能。以里巷为例，它包括儿童游乐区、遮阳避雨的景观雨棚、丰富的公共休闲座椅，以及可举办市集、露天音乐会等户外活动的灵活空间。

尽管这里有几个核心地标，即北京华润凤凰汇购物中心、三元桥地铁站和一座过于冗长的混凝土步行天桥，但这些元素互不关联，缺乏视觉上的统一性。公共休闲座椅的缺失不仅造成了街道的空旷感，也形成了对人体及视觉不友善的规模尺度。

Kokaistudios的第一个设计举措就是拆除了贯通里巷两端的混凝土步行天桥。这是一条在步行街上的非必要冗余元素，当地居民并不喜爱它，天桥也基本没被使用过；然而它阻碍了街道两端的视线，成为一个负面因素。拆除天桥后使空间大大开放了，进一步突出了商业街缺乏特色的事实，也为后期的更新设计提供了多样的机会。

设计对该区域景观进行整体提升，引进了旨在加强公众互动参与的元素。

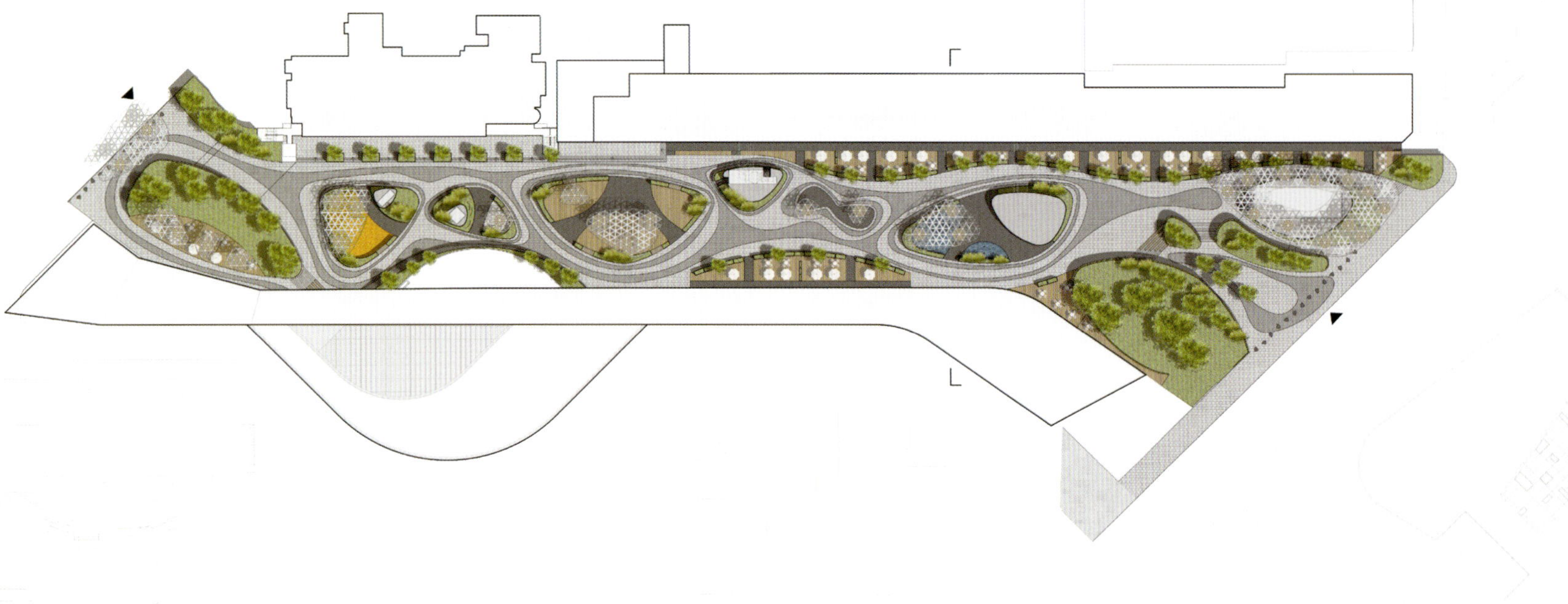

总平面图

剖面图

特别的是，整条商业街覆盖着一系列的景观雨棚网络，从视觉上破开了原本空旷的空间。这一连串的景观雨棚不仅提供了欢迎式的遮阳场所，在夜幕降临时它们的顶棚被点亮，在渲染了气氛的同时也带来了夜视安全和保障。它们仿佛是一串相连的群岛，被设计成有着多种功能的绿洲，它们包括儿童游乐区、成簇的绿植区、公共休闲长椅……最中心的景观雨棚也是一个多功能的露天平台，可以举办各类室外活动，也为未来里巷的拓展创造了可能性。

细微的干预设计在里巷的改造中也发挥了作用。众多的定制化元素呈现了设计对细节的密切关注，于微末处提高了项目的质量。例如，精细的雨水收集系统和网格状的金属树篦可全面保护植物根部。

设计还对现有及未来商户的沿街立面进行了全面提升，例如对健身房、餐厅、私人俱乐部的沿街立面，采用横向百叶的设计语言统一起来，这样在视觉上就有了更强烈的主题化联系。延伸的露台是餐饮店的主要特色，周边围绕着葱郁的花圃；巧妙安置的外摆区木地板、粗粝的石材元素，以树木为衬，构成了北京中心区的一方自然空间。设计的整体效果令人倍感惬意，更契合里巷精致的生活方式调性。

里巷于2020年改造完工，它从一个曾经未被充分利用、与周边环境脱节的荒芜地块一跃成为极具吸引力、功能性和配有灵活设施的多元化社交空间，这一转变提振了周边居民的生活和该地块的经济发展。如今，这个城市更新项目以其多功能的露天活动空间吸引了高端企业和社区活动的青睐，为中国公共空间设计树立了新的标杆。

STARBUCKS CO

景观雨棚结构细节图

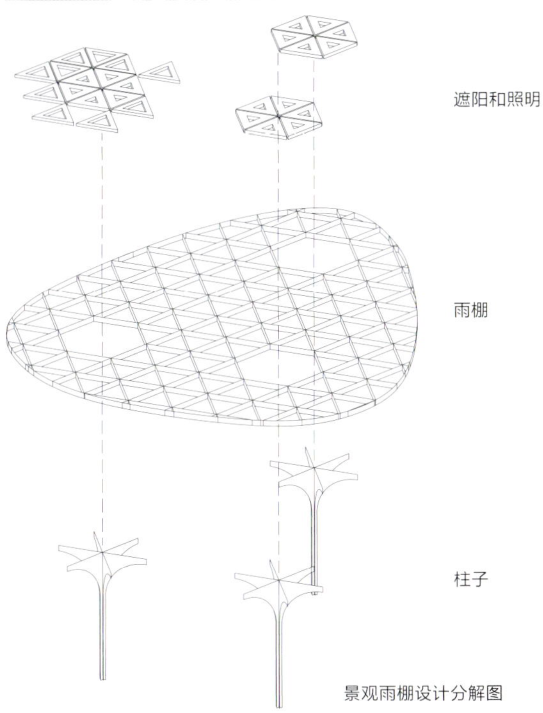

景观雨棚设计分解图

—— 办公、教育和文化

项目面积：
13,000平方米
规划、建筑、景观、室内设计：
都市实践 URBANUS
建设单位：
天津华侨城
主持设计师：
王辉
建筑设计团队：
姚咏梅、郑娜、张富军、郝钢、石浩、梁雪成、姚翔、王喆、李永才、徐卓然、陈宇、方轶楠、武婧、高子絮、孟江璞、秦嘉悦、许涵泳、赵丽璐、刘子莘（实习）
建筑面积：
2800平方米（改造前）；5630平方米（改造后）
结构鉴定与施工图设计：
天津市房屋鉴定建筑设计院

中国，天津

The Grand Canal Creative Exhibition Center

京杭大运河创想中心

URBANUS 都市实践 / 景观设计

约30年前，中国民众才开始学会打车，满街跑的都是黄色的天津大发“面的”。生产它的美亚汽车厂位于天津西青区中北镇，围墙之外是流淌了上千年的京杭大运河。如今运河的这个段落已经被改造为漂亮的滨河绿化带，而围墙之内的工厂也早已动迁多年。大运河申遗的成功促使了中北镇引进华侨城LOFT创意园，不仅要实现产业转型，也希望用新的城市空间类型激活运河两岸的城市生活。

美亚汽车工厂里有空间和结构壮观的成片厂房，但在厂区规划还不确定性时，业主不希望最先使用的空间成为未来开发的绊脚石。权宜再三，最终选定了外墙东北角紧临大运河的一座2000余平方米的双坡顶砖混厂房来作为大运河项目的展示厅——京杭大运河创想中心，希望它虽然占有最少的资源，却对园区未来有最大的促进作用。相比于其他有结构特色和空间气度的厂房，这栋房子的缺点是明显的：在规划上，它处于东边高速公路两侧的500米绿化带拆迁范围内，非但不能在现有基础上做加法，任何减少面积的做法业主也不愿认同，建筑不能变；在区位上，西侧200米外才是访客的入口和停车场，而且中间还隔着一丛杨树林，建筑被遮挡；在体量上，厂房是山墙并朝向广场，主体不突出；在结构上，它的角钢桁架简陋无华，建筑没特色。凡此等等，要在这平庸的场地和建筑条件上造景，还是需要一套策略的。

流动的空间

没有比“流动”这个词能更好地概括当代社会的一种处境，正如齐格蒙特·鲍曼（Zygmunt Bauman）用《流动的现代性》这样的书名来描述后现代社会。户枢不蠹，流水不腐，把这个沉睡的厂区唤醒，使用“流动”这个动词会非常有效。

先被“流动”的是封闭的边界，它曾使厂区成为独立于城市的飞地。设计团队模仿康的口气问：“围墙啊，你被打开后想成为什么？”围墙说：“我想从墙面变成地面。”这个回答非常聪慧，因为厂区临河的这段空间原本是一个没有内容的冗余空间，而围墙倒地后会变成了一个自带流量的“景观”空间，因为厂区与外部道路有外高内低的近2米高差，没有了围墙，两侧自

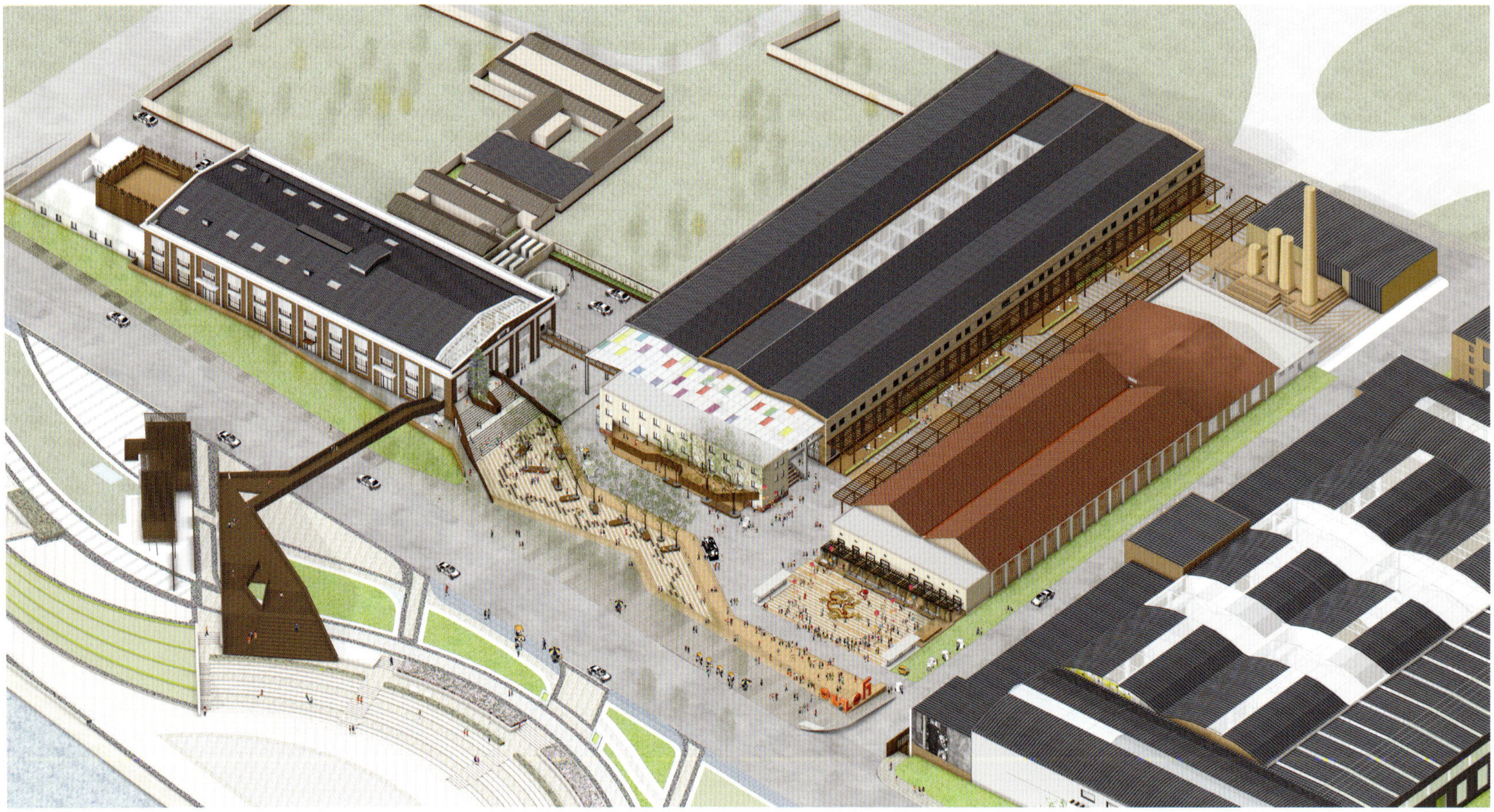

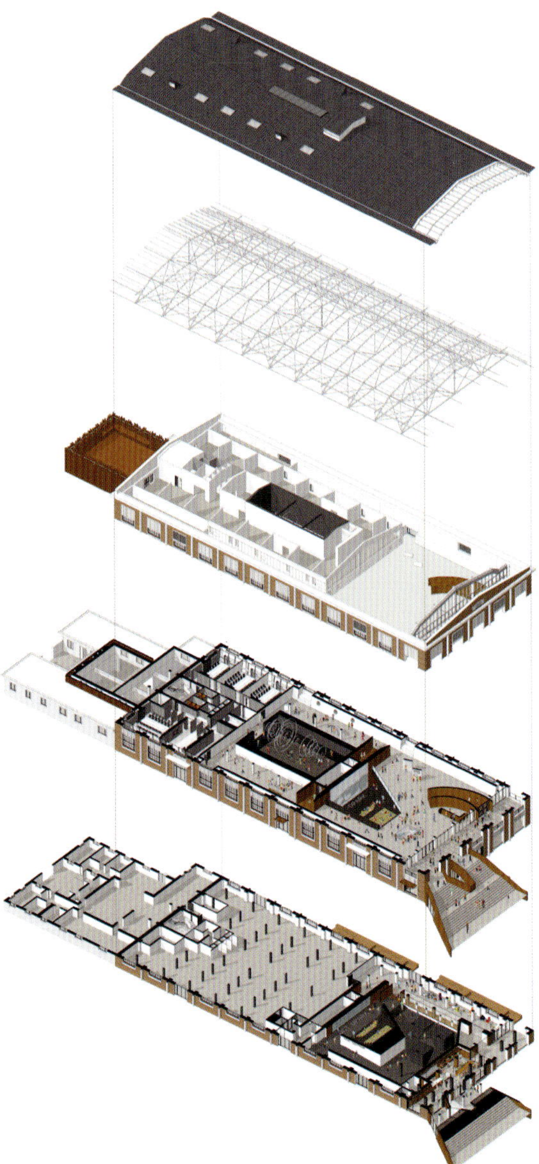

轴测图

然需要用台阶衔接，蔓延开的台阶又成为坐凳，能够让人驻足小憩。更重要的是高差使势能转化为动能，自动引导沿运河方向的人流涌入园区，形成了一个垂直于运河方向“流动”的轴线。

在平行于运河的长轴方向，从园区的车行入口到展厅有近200米的距离。经过与市政部门在边界划定上的协商，台阶并没有顺着原来笔直的围墙而砌，其轮廓被设计成折线形，有一种向展厅奔涌的动感，把遥远的展厅变成了从入口望去的视觉焦点。

“流动”的液态的魅力在于它是一种溶剂，能够把一切不相关的元素溶解在一起。那丛碍眼的杨树林也被溶解到流动的大台阶里，每棵树下都带着长凳，看似横七竖八的无序摆放，其实是形成一个彼此间可以对话的社交组团。它们之间随性的角度，仿佛是系在树桩上的舢板，随着水流漂动。

最大的溶解是厂房和这个台阶巨构的合一。当长长的台阶涌到展厅跟前时，拱起变成连接到二层展厅门廊的大台阶。这个有山尖和扶壁立柱的山墙面补上了大台阶这个元素，在构图上使朴素的厂房变得有如希腊神庙般庄重而典雅。台阶像一条拖在地上高贵的长裙，象征着旧厂房的华丽转身。

“流动”也是名词，流动的台阶象征着与之并行的大运河，那个搁浅多年的厂房也像条大船似的重新启航。设计团队把业主要在大台阶上放一个大模型的要求转译成一种概念性的图示，用灯带抽象出京杭大运河的形状，并附上沿河主要城市的名称。这种大众化的图解并不损害设计的美学价值，相反，比较自如地让使用者接受了这种抽象构图。

空间本质上是固态的，但作为形容词的“流动”描绘了一种空间属性。最大程度上被大台阶“流动”走的是边界。设计团队虽然使用了市政部门规定的标准地砖，以备未来修补中在市政那里有库存，但还是殚思极虑地做了拼花的处理，希望行人一脚踩到这个地界就有和周边完全不一样的“脚感”。然而这只是在品质上脱俗了，它和周边的边界是模糊的，这种模糊的意义是要整个园区在城市环境中流动，要辐射出它的能量。

凝固的时间

时间是关于历史、现在和未来的坐标，很多工业建筑遗产再利用的设计失败就在于丢失了这个坐标。历史遗痕是很脆

弱的，一方面，在很严格的规范条件下，结构加固、保温要求等都会破坏外墙，要完整地保留历史痕迹的成本很高。另一方面，因为被改造的建筑实在是没有什么特色，便用布景式方式虚构出一个有所谓历史感的立面，反而破坏了历史。

把历史作为一种现成的（Ready-Made）景观，把时间凝固下来，这是项目设计的基本策略。做到这点并不难，因为设计团队为这个场所铺上了一块红白线条醒目、艺术性格鲜明的“地毯”，它不但把各种零散的元素——老杨树林、老混凝土棚子、老爬藤——整合在流动的图案里，也把不定性的活动——演艺、市集、露天电影、休憩等——整合在流动的空间中。所以，当作为第五立面的地面已经足够精彩时，当地面与建筑主立面

的那种神庙式的结合已经天衣无缝时，在原建筑立面上的任何投入都变成了一种浪费。不去干扰历史的包浆，甚至不动这次施工过程中流淌在墙面的泥浆，就能够把时间凝固下来。

选择合适的材料是实现“凝固的时间”策略的另一个手段。简单的原则就是让新材料和老材料有鲜明对比，以加大现在与过去之间的距离感。呼应与原建筑的主材——砖，设计团队依然使用了红砖来铺地，但用的是与老砖对比很强的陶土砖。砖虽然是小尺度的构建，但当铺装成粗线条时，大气的力量感就呈现了，这也和老建筑那种衰败的调性不同。另外一个元素是锈蚀钢板，虽然是种工业化的符号，但只有在奢侈的后工业时代才可能成为一种有设计感的材料。钢板刚毅的线条加强了新环境的力量感，反衬出历史元素的废墟感。

在这个场所的造景中，虽然新的足够新，但没有过多地侵入旧的地盘，一切有流动感的形式和活动都发生在新的部分，使历史成为一个背景化的、凝固的时间废墟。

河北，保定

Xiong'an Service Center

雄安市民服务中心

——气候适应性景观

项目面积：

约86,000平方米

摄影：

安博戴水道

安博戴水道 / 景观设计

安博戴水道为雄安市民服务中心的生态示范区周边的启动开发区打造了综合性的水生态方案，同时为这片意义非凡的场地提供了策略性的景观和水生态开发框架。作为未来雄安的开发范例，雄安市民服务中心景观设计大胆地从低影响开发（LID）策略的角度定义场地，海绵设施被有效组织，极大地减少了城市开发对于传统市政排水的依赖。结合有效的雨水处理办法，水资源的质量将得到显著改善，同时能够最大程度地减少暴雨的冲击。

雄安市民服务中心生态水系统充分引入海绵城市设计理念，是示范区中实现生态目标的重中之重。安博戴水道水环境团队通过专业分析通盘考量，结合景观设计，设置雨水花园、生态停车场、下凹绿地、种植草沟、生态净化群落等海绵城市设施元素，通过渗、滞、蓄、净、用、排，从而实现雨水的净化、收集、滞蓄以及再利用。这些海绵设施为使用场地提供了近8000立方米的滞蓄容积，再结合12,000立方米的小市政设施，可以有效地控制场地内85%以上的降雨量，能使雄安市民服务中心区域在30年一遇暴雨的情况下不内涝。

设计具体提出了以下5个措施：将地表径流先汇入种植草沟、砾石盲沟和线性排水沟等雨水传输设施；通过雨水传输设施引导进入雨水花园，滞留、净化、下渗，超过雨水花园承载能力的雨水溢流进入市政蓄水池；经过雨水花园滞留和净化后的雨水一部分补充人工水景，另一部分通过蒸发和下渗排出；建筑雨水和硬质铺装的雨水先引导进入西部和南部的绿地中，溢流部分再进入蓄水池；南部绿地内的人工水景最大程度利用雨水，并且通过生态净化群落维持水质。

另外，设计均采用生态可持续材料及工艺，并达到“低成本，低维护”设

金百禾餐厅
GOLDENBAIHE CANTEEN

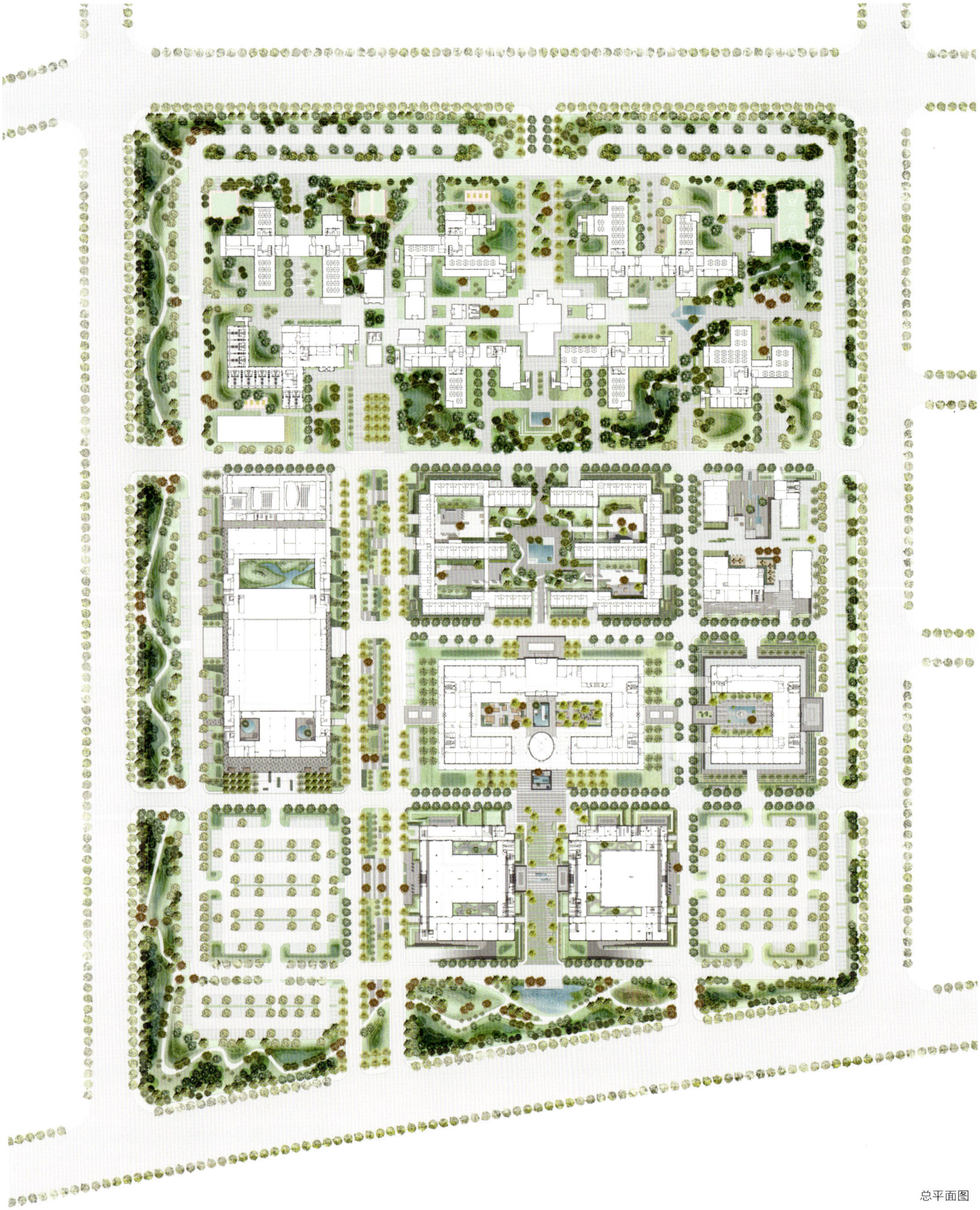

总平面图

计要求，如园区铺装大面积采用PC混凝土砖与透水铺装材料，铺装基层将石粉、岩片、云母片等废弃资源再次利用，实现了建筑垃圾资源化利用；园区室外木铺装均采用可再生毛竹为生产原料——重竹木板。

景观植物设计以全生态植物设计为理念，实现未来景观的设计理念，引入自然种植方式，还原自然景观效果。地被植物以模拟白洋淀湿地景观效果为设计手法并考虑到“低维护”设计要求，大量采用狼尾草、茅草等自然生态植物。景观植物智能灌溉主要供植物后期养护灌溉使用，采用全智能灌溉系统，运用智能化天气及空气湿度监控系统，进行场地植物灌溉控制，实现节水灌溉的设计理念，同时智能灌溉系统可以实现“低成本，低维护”设计要求。

中国，上海

Caohejing Development Zone Pujiang High Tech Park

漕河泾开发区浦江高科技园A1地块

深圳奥雅设计股份有限公司 / 景观设计

项目面积：
46,104 平方米
占地面积：
65,303平方米
建筑面积：
13,414平方米
摄影：
YANG、赵英皓、Tracy、Ciel（延时摄影）、木翎（摄影统筹）
业主：
上海漕河泾开发区浦星建设发展有限公司
施工：
上海云乐园林绿化工程有限公司

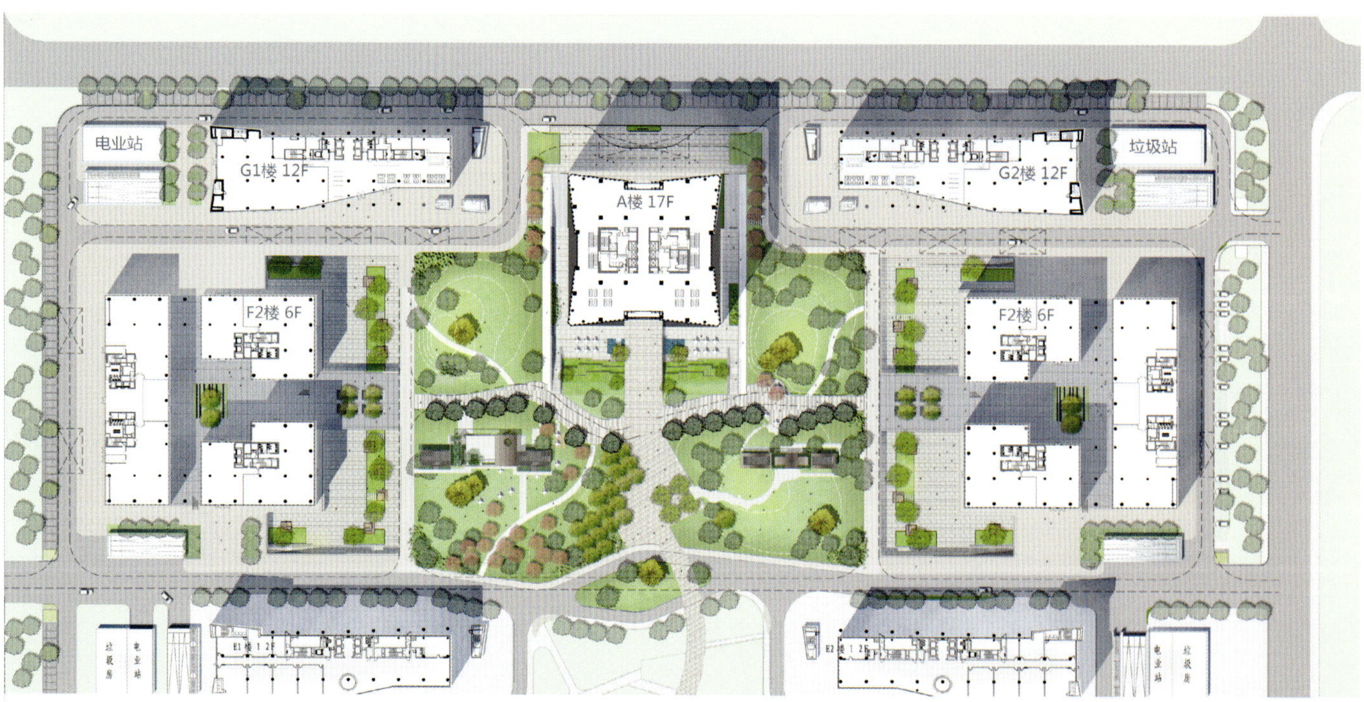

总平面图

自在轩平面图

自在轩南立面图

项目为工业厂房的景观设计，围绕主副楼的庭院设计以及办公楼前广场展开。主楼的庭院设计突出层叠退让的花坛，地面几何形的水景配以木质的休闲座椅，庭院景观简洁自然，营造出一种静谧惬意的氛围。在通向副楼的桥下是体现现代中式的禅意空间，使人在忙碌的办公环境中体验片刻的自身宁静。树阵小庭成为办公闲时聚餐的好去处。

办公楼前广场主要由通向大楼的步行道及大片绿地组成。景观小路是感受绿地的主要步行空间。似乎在每一个项目中，都有几个点让设计师反复斟酌而不得解，在这个项目里，横在园区正中央的四处人防出入口成为遗留难题。

该园区是以光电子、微电子设计、计算机信息技术等为重点产业的国家级经济技术开发区。4个高3米的混凝土大盒子杵在场地中间，呈一字排开，把中心区域的空间分割为前后两部分，让原本就充满现代主义冷漠气质的场所又多了一些粗犷和寂寥。设计团队出于对美好事物的追求，凡是有碍观瞻、影响美感的障碍物总是本能地想把它们遮蔽起来。于是在前几轮的设计中，设计团队尝试了各种“藏”的手法，但都没有达到理想的效果，一度陷入设计死角，无法突破。

但是，如果换种思路呢？在这样一个“物化”的园区里面，景观对于人而言，除了视觉上的享受，更需要的是什么？需要一个人性化的空间，一个可以

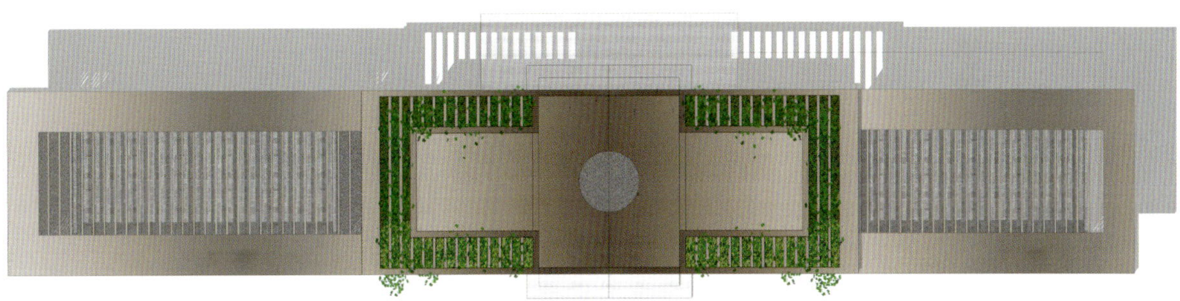

谐趣亭平面图

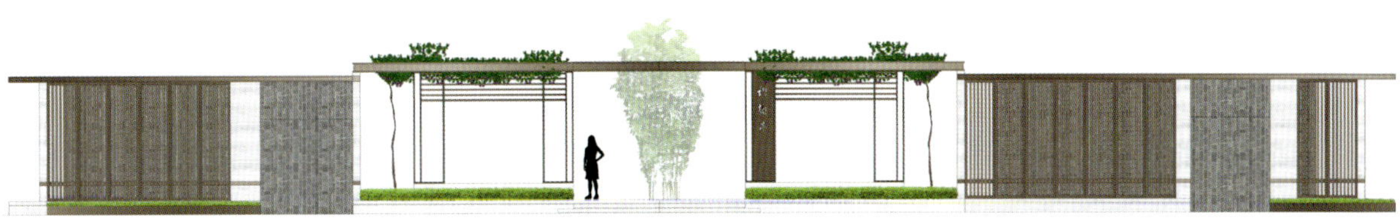

谐趣亭南立面图

让人们在工作之余放松交流的共享空间！自工业革命生产模式化之后，工人们就被当作生产的一个环节，流水线上的螺丝钉。这种情况在当代依然存在，办公建筑是园区的主角，而往往缺少户外的供人们交流娱乐的空间。

自在轩与谐趣亭，一种模糊的多义空间

原有的空间布置以办公楼为对称轴线，东西两处各有花园，园区空间均衡有余，但层次不足。设计团队希望以办公楼前人防出入口景观的改造为契机，对中心园林绿地空间进行组织优化。在尽量弱化人防出入口存在感的同时，打造一种多义性的共享空间。

最终建成的自在轩、谐趣亭形成了两大框景构图，丰富了花园空间层次，使绿地南北部分互相渗透，隔而不堵。通过对人防出入口之间的场域进行固化，赋予其功能，弥补园区缺少公共交流空间的缺陷，消除人防出入口作为功能性构筑物的冰冷生硬感。将原本消极的、负面的空间转化为积极的、亲人的空间，将人防出入口悄然融入园林绿地中。

在功能上结合园区内使用人群需求，对自在轩、谐趣亭的使用进行了动、静分区。自在轩中活动场地集中布置，游线自由灵活，轩中设有组合石桌凳、DJ台等，适宜聚会、午餐、娱乐等小型团体活动。谐趣亭布局对称规整，亭内有两处相对独立的休憩区域，互不相扰，适宜阅读、静思、闲谈等静态活动。在

材料的选择上，遵循“高设计、低造价”的原则，兼顾人防工程的特殊性与后期维护成本，选用深咖色氟碳漆铝板、芝麻灰花岗岩石材作为基本材料。

工业厂房三期人防出入口景观改造不仅化解了遗留难题，还满足了使用者交流活动的功能需求，赋予园区空间模糊性与多义性。它不仅获得了多方的认可，更彰显出“新中式”思维在产业地产中的发挥空间还有待深入探讨和挖掘。

中国，台湾

Redeveloping the Vicinity of Sanxing Township Office

三星生活村落的大客厅

——三星乡行政中心与周边空间活化

宽和建筑师事务所 + 台湾高野景观规划股份有限公司 / 景观设计

项目面积：

6580.63平方米

建筑设计：

宽和建筑师事务所

建筑师：

刘崇圣、吴龙杰

建筑面积：

2575.81 平方米

东西向剖面图

三星生活村落的大客厅

1.土地公庙
2.三星天主堂
3.镇安宫
4.三星市场
5.三星户政事务所
6.三星派出所
7.三星小学
8.三星农会
9.三星青葱文化馆
10.三星中学
11.三星公园
12.三星乡综合运动场

三星是宜兰传统的农业乡镇，三面环山且位于兰阳溪与安农溪中游，层层的梯田延续着梨、米、银柳及葱等农业地景。以农业为主的三星乡行政中心该是什么样子，是设计之初最关心的课题，也提醒团队在设计过程中，通过对时间与基地现场的观察，从历史、农业与小区连接等角度来切入，来回应三星特有的农业地景。

参考过去的三星聚落兰阳八景之一的“沙喃秋水”，也是早期噶玛兰旧社面对南向山水的聚落坐向，在配置上翻新坐向，坐北朝南，让来办公的乡民能够大方地面向南边山景与自然历史脉络。以面山为核心，延续山脉景色，纳入移动路径框景，让动线结合二、三层梯田地景平台，行政中心成为山的一部分，重新面对历史坐向，让空间配置不时提醒三星聚落与山脉的联结性。

开放空间整合现有都市纹理及生活性巷弄，以村落大客厅整合市场与小区

在过程中，陆续整理活化基地内的旧宿舍、活动中心及周围路径等，让行政中心成为乡民可自由进出的大客厅。重新转向后的配置更有机会整合封闭的葱蒜展演棚半户外空间，新行政中心与葱蒜展演棚间围出两个不同尺度的埕，让地面层整个打开，连接东西向的市场与小区，也引入宜兰白天特有的东风，留出一条老人与小孩都能自由穿越的生活巷弄，成为白天主要的活动场域。

回应三星农业地景特色的建筑构造材料与景观

架高及撑起的“下虚上实”是三星梨树常见的农作构造美学，也是葱蒜展演棚的构造型式，思维自然而然地也就顺着这个思路，尽力用细细的钢柱往上撑出界定内外的地景。撑出的是一面不同高低的仿梯田地景钢筋混凝土平台，也是大客厅空间的核心。折板上方是延续三星梯田卵石砌石的屋顶景观，抽象化的水平线条向外延伸，除了呼应葱蒜展演棚的钢构弧面外，也折出层层平台与在折板内外、上下自在穿梭游走的路径，也可以巧妙地碎化原两倍大的建筑量体，并留出许多不同尺度的虚空间与路径，顺势而上的路径模糊了公共/办公区、聚落与农业区的边界。

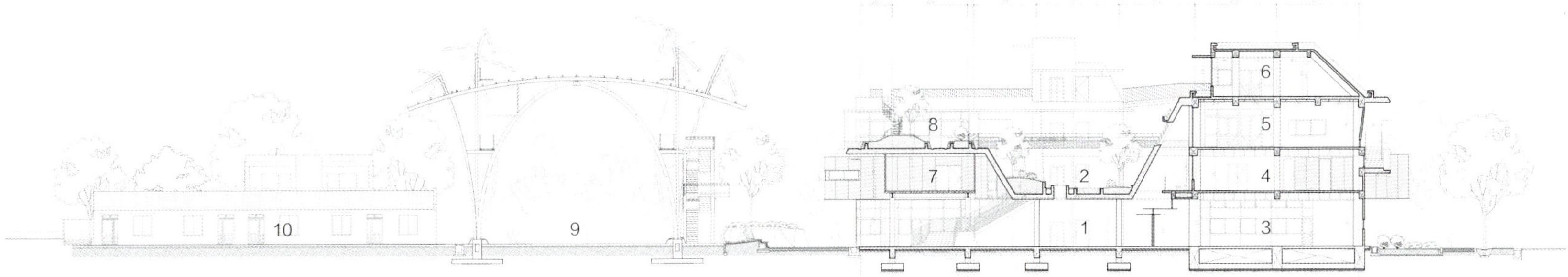

1.半户外社区广场
2.空中梯田地景平台
3.乡民服务中心
4.办公室
5.乡民活动中心
6.档案室
7.会议室
8.梯田地景平台
9.葱蒜展演棚
10.旧宿舍

东西向剖面图

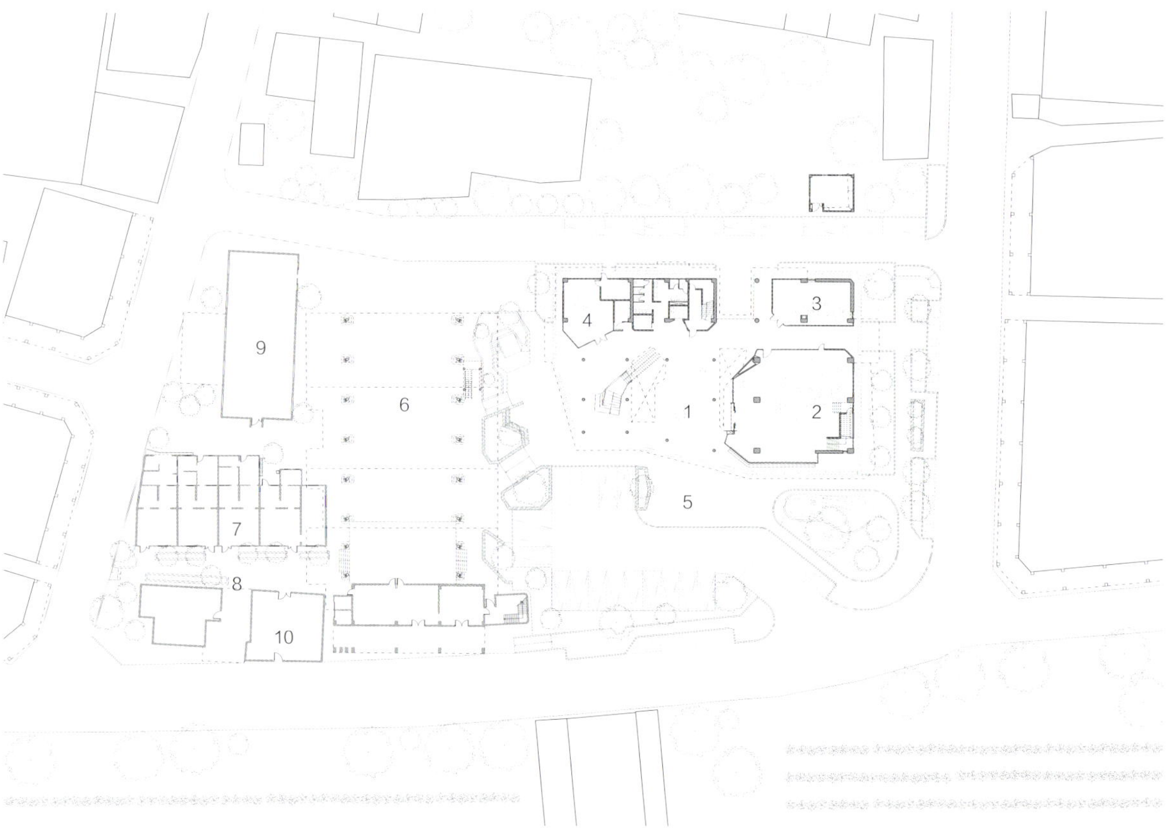

一层平面图

1.半户外社区广场
2.乡民服务中心
3.办公室
4.员工餐厅
5.乡民广场
6. 葱蒜展演棚
7. 旧宿舍
8.樱花大道
9.代表会
10.活动中心

建筑设计：
上海非寻建筑
景观施工：
成都蜀人景观工程有限公司
业主：
成都万华新城发展股份有限公司
摄影：
河狸景观摄影

四川，成都

Chengdu Hamilton Luxelakes Primary School

成都哈密尔顿麓湖小学

重庆纬图景观设计有限公司 / 景观设计

成长之意义，是从探索世界的美好开始的。

成都哈密尔顿麓湖小学，是纬图团队与麓湖合作3年多以来第一个亮相的项目。整个设计过程，既期待又紧张。设计团队渴望设计让生命的成长获得一丝与众不同的体验，也因这里是孩子们人生里踏入的第一道校门，而小心翼翼。

成都哈密尔顿麓湖小学是成都市与新西兰哈密尔顿市合作的国际教育项目，分为幼儿园与小学。景观与建筑设计秉持"空间即教育"的理念，通过空间上的纵横延伸，建筑与景观的完全融合，让学生在校的时间和空间共同构成一个"由内而外生长出来"充满活力的有机体，打造一处思想和学习上的无围墙境界。

在自然与建筑一体的基底上，建立起学校与环境，自然，人的关联，让孩子们在学习和玩耍期间，不自觉去探索自然的乐趣，世界的美好，宇宙的奥秘。

时间沙漏

位于校园大门的装置作品，以时空为演绎概念。"水滴"化身为派生万物的奇异点，钵底抽象地表达了微观宇宙，中心螺旋向下的空间，用形式语言阐述万有引力的黑洞。时间的刻度穿梭于一个个空间循环之中。池底抽象指针构成的时钟准确显示着此刻的时间，不同的时刻形成不同的三角函数关系。钵底"黑洞"的意向提醒我们时间一点一滴消逝于"黑洞"，我们唯有珍惜当下。孩子在上学时，家长在等待时，或许能够给他们带来一点关于时间的哲思。

色彩迷宫

操场旁的看台正对升旗台，背后就是校外的人行道。设计从看台上升起一面墙体形成与校外空间的界限，墙体向上延伸成为一个弧形的顶棚。

在这面弧形的墙体上嵌入大小不一色彩各异的小圆窗，每当太阳升起时，彩色的光斑印在操场上，成为一片欢乐的色彩迷宫，形成一个奇幻的三维空间。随着太阳的高度、方位的变化，这片色彩迷宫在操场上挪移，并呈现出不同的阴影与形态。时间就这样被变化成可以看见的语言。

于城市，设计团队希望这里是一个小型的街头艺术馆。人们在人行道上行走时，余光洒向下方彩色玻璃窗，听着操场上欢快的奔跑声，获得了行走的趣味。于孩子，尽管还很年幼，但或许可以在光影的变化中懵懂地了解了时间的意义，发现世界的五彩斑斓。

活泼的空间链接

除了最基本的功能分区之外，设计团队将每一处空间都利用起来，创造更丰富的场所功能来配合教学以及课间及课后的各种玩乐活动的生发。通过对学生和老师到校全天的行为节奏及内容进行分析，找到小学和幼儿园的不同节奏及对场地的尺度和使用频次的不同需求。通过对到校到离校之间学生和老师的行为动线分析，形成了体育场地以外的基本功能设定。

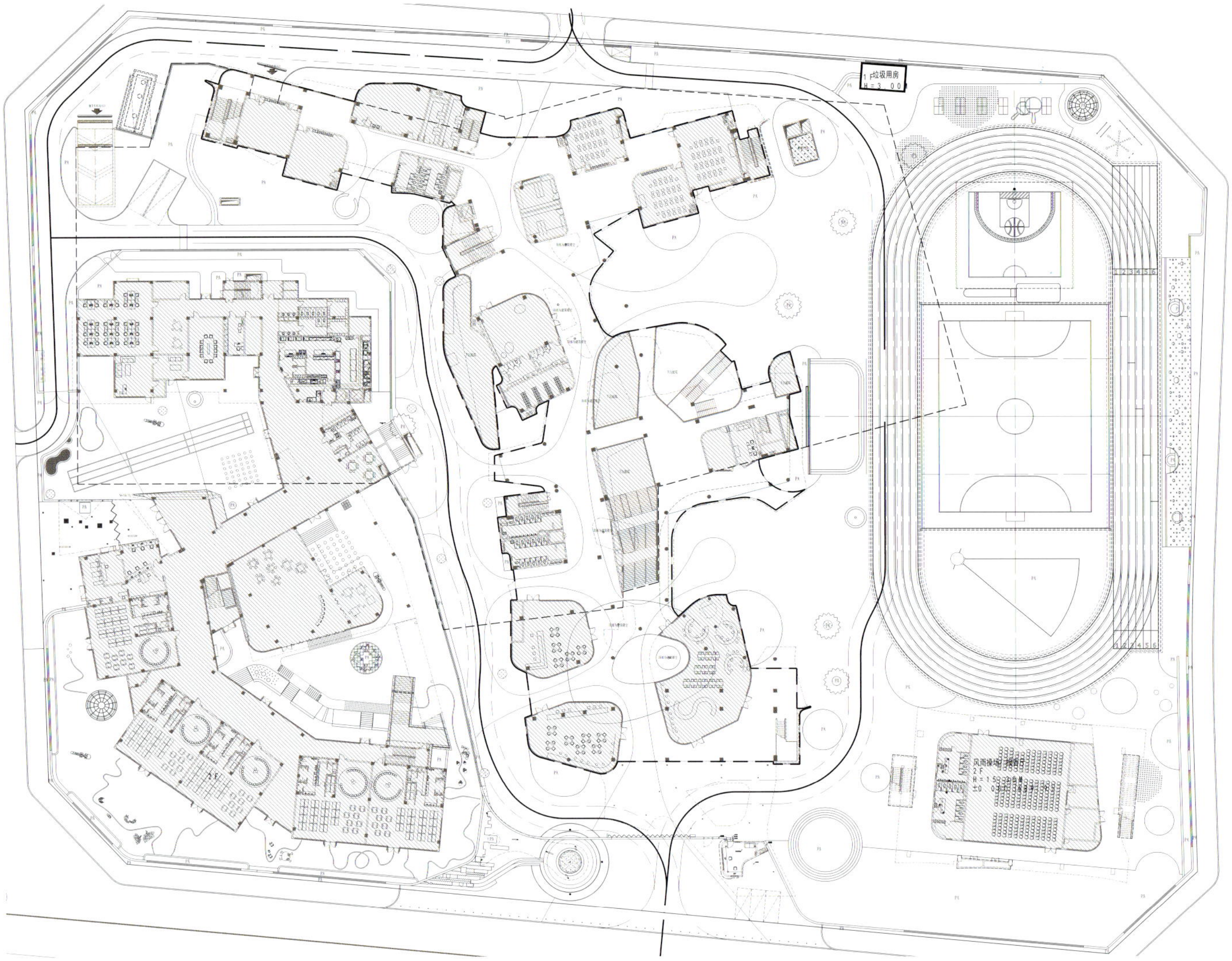

总平面图

为了让场地更生动，空间与空间的连结与触碰时能产生更多的可能性，设计团队选择了更为流动的空间生成模式。气泡状的绿地，河流般穿梭于室内外的通道，架空层与户外的紧密连接，形成了灵动的、丰富的漫游式交通系统，行走变得格外有趣，也在不同的停留中可以偶遇不同的空间面貌。空间的广泛流动削弱了室内外的界限，也增加了空间的容量，也更大程度能让孩子与生俱来的好奇心与探索欲得到释放。

绿色森林的梦想

这是一个关于森林的梦想。为了孩子们的户外生活更大程度地融于自然，设计选择了绿色作为场所的基调色。建筑的色调还原了彩色的童年，景观采用深深浅浅的绿，亲近自然。

“在这种灵活而有趣的空间中长大的小朋友，性格一定会非常开朗吧。”设计团队在为项目拍照的时候，听到一句无心的感叹。或许，这也是设计的意义。

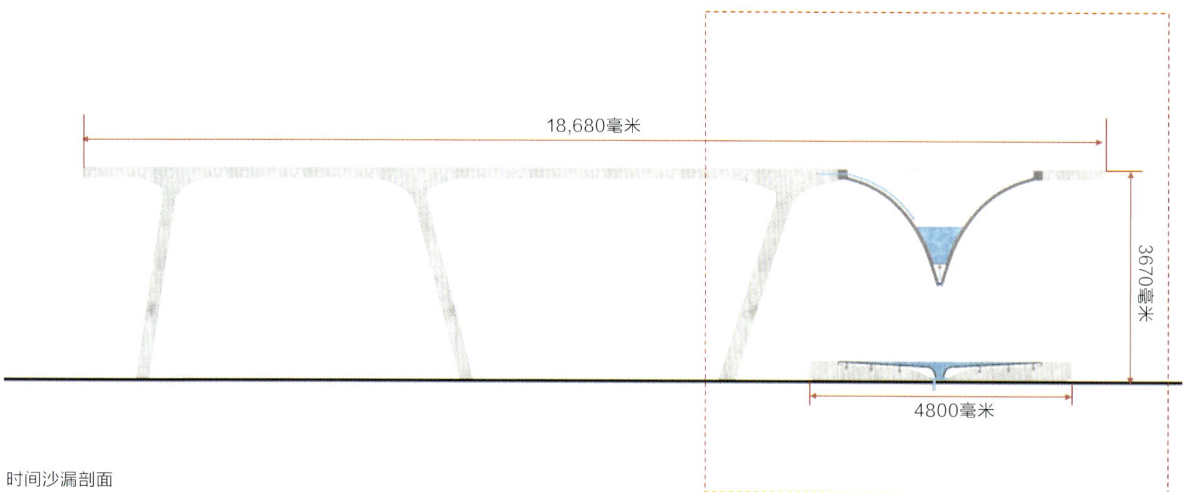

时间沙漏剖面

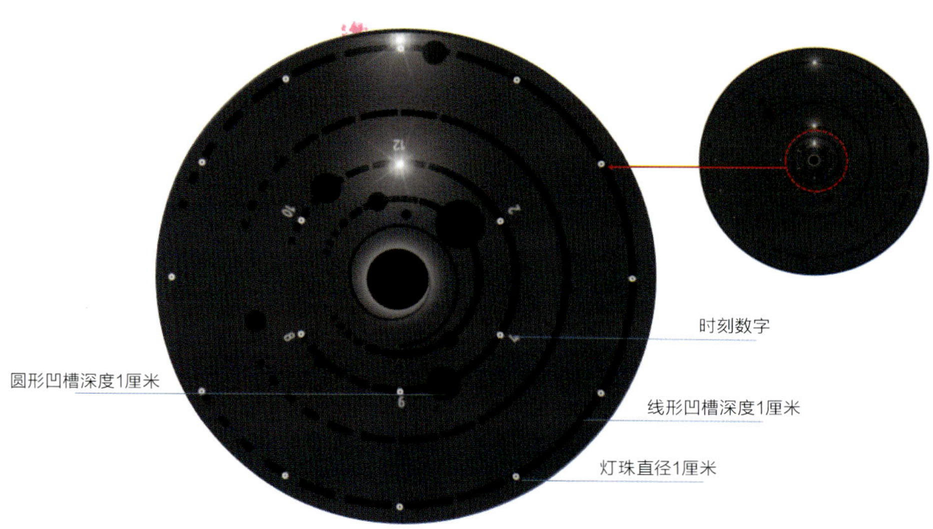

时间沙漏设计理念

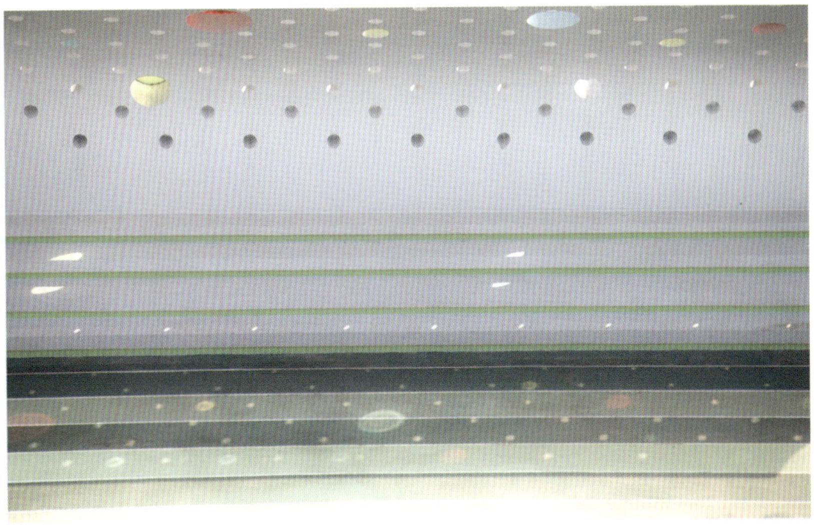

JUMP

20M
20M
20M

2F↑

安徽，合肥

Feicuijianglai Nursery

翡翠江来幼儿园

广州山水比德设计股份有限公司／景观设计

项目面积：

6773平方米

设计团队：

孙虎、利征、马晓晨

摄影：

南西摄影

功能位置图

在迅猛的城市化浪潮下，社区校园成为传统住区配套空间，孩子们的精神家园因妥协于社会发展而受到或多或少的侵蚀。设计团队期待这样一个地方，它守护着孩子们记忆里的温情，并伴随他们感知世界。

花园里的成长乐园

翡翠江来幼儿园是皖赣旭辉开发的一所幼儿园，位于合肥市肥西县。项目建设初期作为开发商售楼处进行营销销售使用，后期则转为社区幼儿园来进行使用。幼儿园先期作为售场而存在，使得园区开发能有更多的造价支持和设计空间。在此基础上，设计团队试图寻找社区幼儿园更多的可能性，期待其高于功能、富于想象。相较于传统的售场空间，设计团队更希望通过本案的双重身份来寻找两者之共性，设计中通过将童年天真烂漫之情感与售场的表演性空间相结合，放大幼儿空间中的场所精神。

通过实际网络问卷调查的实际大数据研究，分别以孩子、家长、教职3个群体设置相应的功能模块植入，使空间功能得到进一步完善。地块中1/3的室外场地在建筑屋顶，因此景观与建筑需要有更紧密的联系。在对建筑布局的分析后，通过交通设计使建筑体块与景观空间建立更紧密的联系性，从而激发景观空间的三维活性。

大树下的时光机器

主体空间中，设计团队希望能有一棵大树来承载孩子的童年自然感知记忆。孩子们的心灵场所是通过现实世界的经验和想象力一起交织建设的，因此充满想象力的空间与非凡的体验更能激发孩子的想象力，立体的交通布置希望孩子能像麻雀一般在大树中享受飞翔的快乐。飞廊中设置感应灯，在满足交通需求的同时让空中行走更具乐趣。在项目实景拍摄时，设计团队刚好遇到一组工人下班从屋顶下到地面回家，即有了上述的有趣画面。飞廊内部使用规格较大的结构件，以此保证可以不用立柱来支撑飞廊，从而使其更具飞翔的效果。玻璃栏杆使用渐变波点饰面，仿佛天空中的云朵，对视觉产生若隐若现的效果，给予孩子更多飞翔的勇气。利用装饰圆环与滑梯相互受力来减少稳定滑梯所需要的立柱数量，最终呈现出更具螺旋视感的滑梯空间，与飞廊的交通体系相互搭接配合，形成了独特的视觉感受。

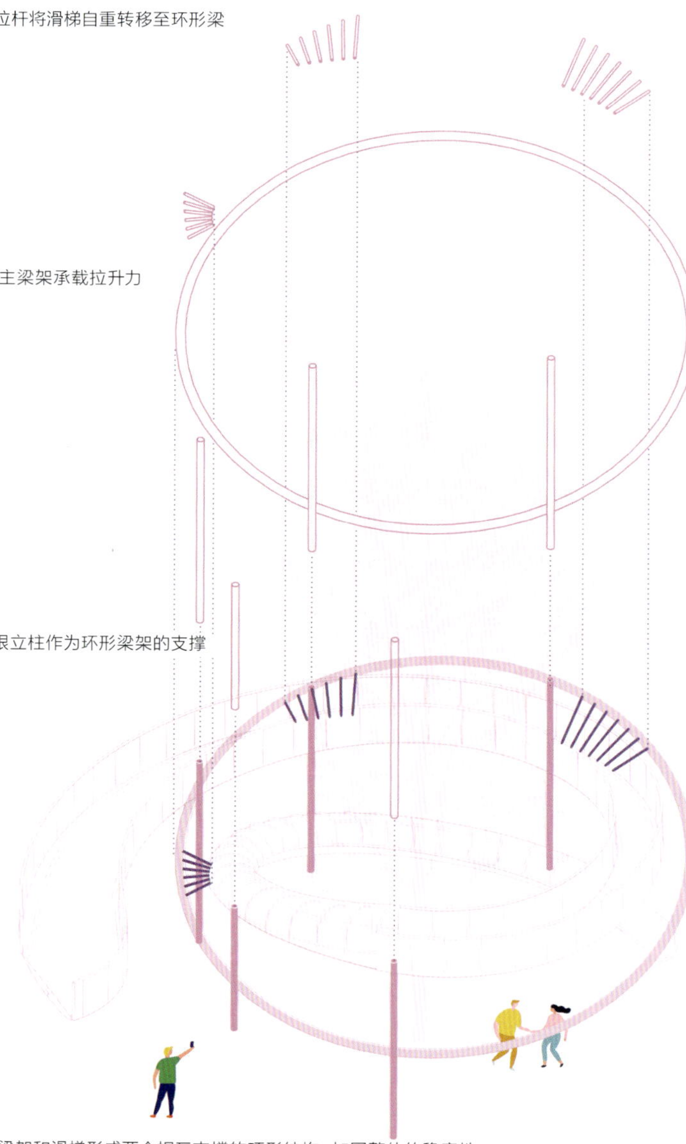

模型分析图

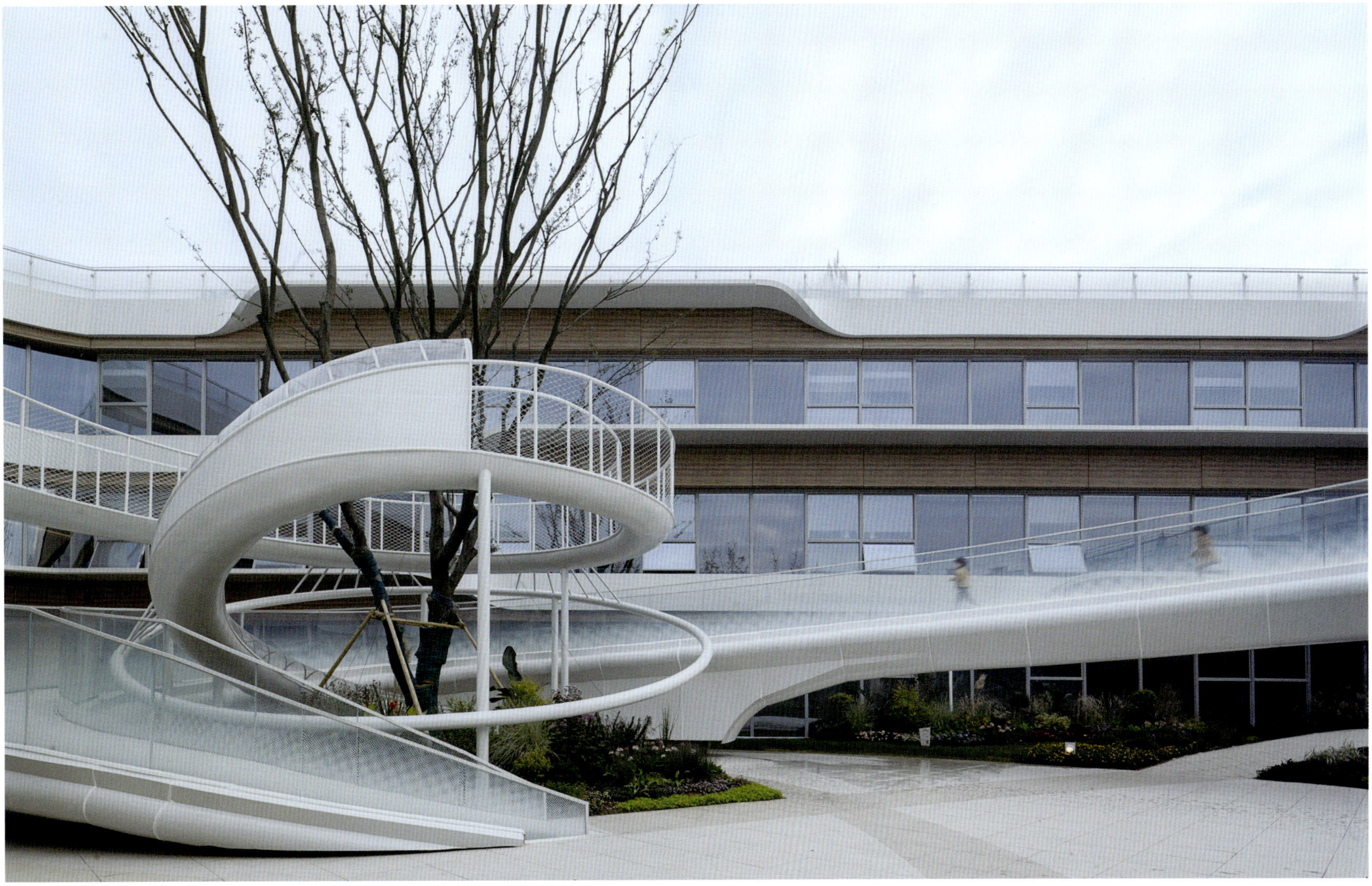

进入幼儿园时，孩子即从家庭环境中随之转换为校园环境，入口空间中更应注重幼儿的心理关怀。内包形式的入口在满足家长接送功能的同时更强调父母能在空间中与孩子有多两分钟的陪伴，在孩子的环境转换中起到过渡作用。通过楔形屋顶的设置，使厚重的结构件隐藏在人视角之外，从而让屋顶从人视角度上看更加轻盈。活动场地拐角空间的哈哈镜墙提示孩子自我审视与思考，同时增强了跑动趣味性。整体因为镜面的设置而使得空间在视觉上有更广阔的感受，同时孩子们的人数也从视觉上多了一倍，仿佛欢乐也因此多了一倍。哈哈镜并非与地面垂直，而是设置了一定的内角角度，原理同等于自拍角度的选取，从上而下的视角能够放大孩子的天真可爱感。同时这样的设置也能更好地避免镜面眩光问题和反射聚光问题。屋顶之于孩子是更加肆意的空间，在空中无论是感官还是心灵都会是更加欢脱自在。在保证班级活动面积的前提下，空中应该有更加富有想象力和荒诞的空间。基于场所特性将屋顶模拟成了不同的地貌特征。

倚靠屋顶的大角度斜坡，设计团队在屋顶上创造了一片彩色的梯田。曲折上飞的道路与彩色的梯田空间形成了具有戏剧性的童话空间。梯田的另一侧，设计团队顺着建筑缓坡铺满了一片狼尾草，黄色的“麦田”连接着蓝

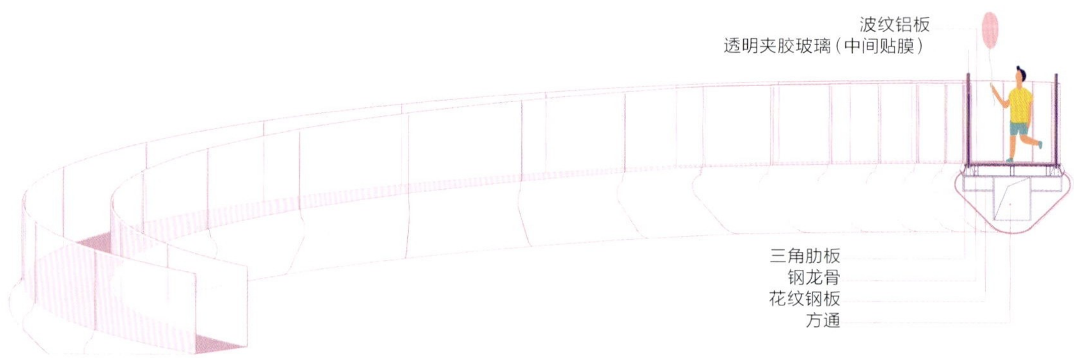

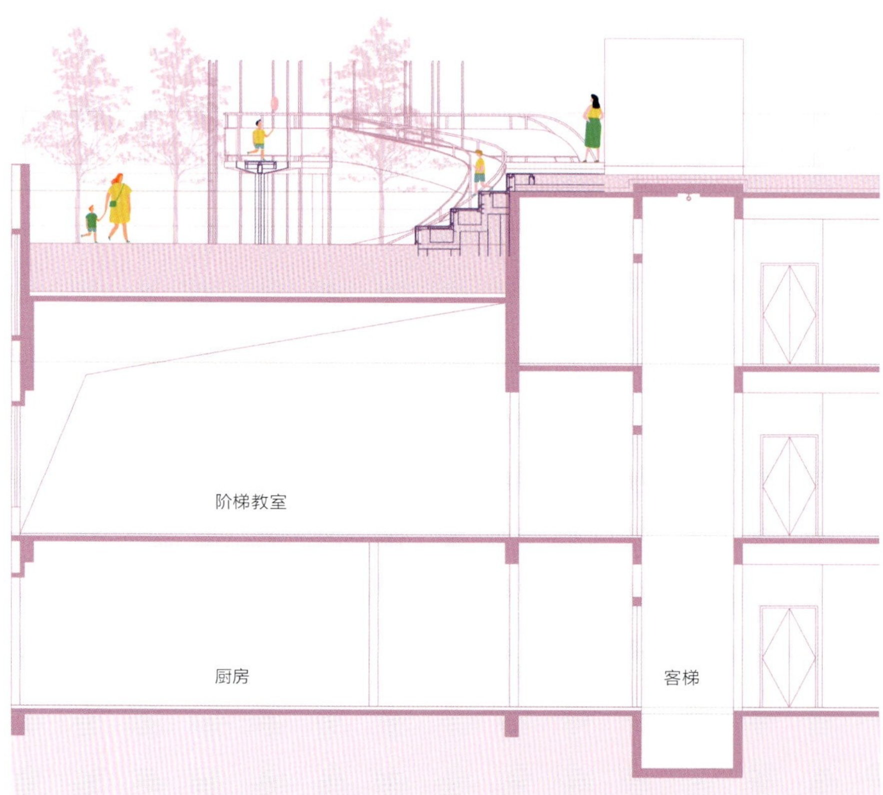

滑梯分析图

色的天空，仿佛在草坡中跳起来就能摸到蓝天。利用室内阶梯教室的高度差，设计团队在屋顶获得了足够的覆土空间。在空间中得以布置一处空中丛林，待小树开枝发芽之时，期望孩子们能在空中掠过树梢。一次关于老工艺复兴的实践，相较于天然石材自身的价值感，多数传统老工艺多使用更平常的材料耗费更多人力，需要工人倾注更多专注力与情感。飞廊主体建设完成后因其合理的便利性，使其成为工地建设过程中的主要人行通道。

结语

随着时代的进步与飞快发展，孩子们接触到的世界日新月异，远远超越当代人的社会认知。设计团队企图创造一个充满想象力甚至荒诞的空间，但求孩子们在未来能够回忆起曾经有这么一个希望和他们一起追逐未来的地方。也许是那一棵树，也许是那一片屋顶，也许是那个曾经化身为麻雀的自己。

露天广场分析图

江苏，南京

Nanjing Sunning Wonder Land

南京苏宁紫金嘉悦

Metrostudio 迈丘设计 / 景观设计

项目面积：

50,207平方米

业主：

苏宁置业

项目位于南京，地处长江下游沿岸，邻靠安徽省，靠近苏宁总部，周边都是高新产业园，主要面向年轻白领消费人群，高楼围绕中心景观，具有良好内部景观视野。设计灵感源于苏宁的Logo“黄色狮子”，以“青春时代·魅力新生”为理念，采用现代、简约、艺术、自然的语言，打造活力、艺术、多变、智能的社区花园。场地共分为3个组团：时尚、活力、智慧。

设计通过蜂巢树屋、旱喷广场、休闲花园、艺术构筑链接空间，打造功能分区明确的社区文艺花园，营造时尚、休闲、趣味、艺术气息浓郁的社交类庭院景观空间。

设计通过蜂巢树屋、旱喷广场、休闲花园、艺术构筑链接空间，打造功能分区明确的社区文艺花园，营造时尚、休闲、趣味、艺术气息浓郁的社交类庭院景观空间。智能花园，多功能、智能。休闲花园、智能广场、互动平台、积木雕塑，打造互动、交流、创新、智能的创客花园。通过设计社区乐活夜光跑道、多功能阳光草坪、趣味乐园、篮球场以及休闲邻里会客厅，给居住者营造一个健康乐活的居住环境。

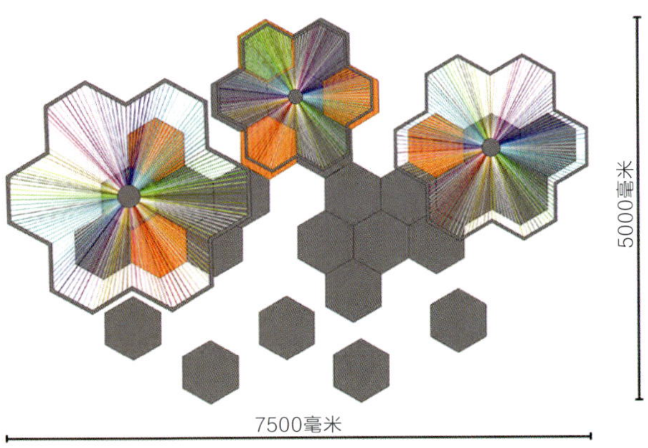

平面图

正立面图

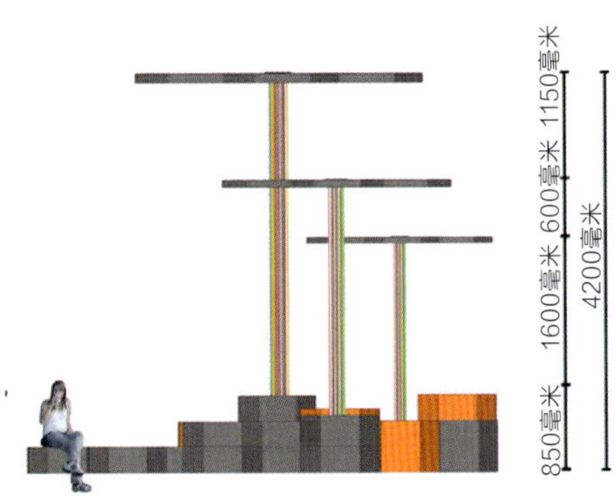

侧立面图

总用地面积：

13,490平方米

设计团队：

董科儿、何琛、林瑶琪、张玉玲

景观设计主创：

Stephen Buckle (ASPECT Studios总监)

建筑设计：

华东都市建筑设计研究总院

灯光设计：

格锐照明设计有限公司

景观设计院：

上海现代建筑装饰环境设计研究院有限公司

室内设计：

亨派建筑设计咨询（上海）有限公司

标识设计：

上海邑象工业设计有限公司

施工单位：

上海上房绿化建设有限公司

中国，上海

Sunbow Financial Center

尚博金融中心

ASPECT Studios / 景观设计

项目面积：

13,255.2平方米

绿地率：

20.73%

业主：

上海地产集团、上海世博土地控股有限公司、华润置地上海公司（代建）

摄影：

鲁冰

竣工时间：

2020年

景观提出高度统一的设计解决方案，旨在以强烈的一种设计语言应对限制和挑战，从而将场地重新整合在一起，同时赋予场地灵活性和兼容性。层叠错落的悬浮式构筑，以其高低变化和玩味的组合方式，配以恰当的绿植（乔木、灌木组合）以及增加覆土条件，从而缓和、隐藏并消化原本消极的限制影响。

初衷

项目之初，ASPECT Studios接到的项目设计委托任务是为新的办公社区打造一个精致又独特的景观，且需要兼容和弱化大面积的硬质消防铺装和中心的大型设备。即使先天限制重重，ASPECT Studios依然希望通过设计最大化提升场地的绿化，同时以长期发展的目光，增加人和自然之间连接的可能性和场地的灵活性。所以，ASPECT Studios的设计初衷是创造独特的、连接人与自然的城市办公环境。

隐藏的复杂性

场地本身具有很多限制和消极条件，这对设计来说是不同程度的挑战。比如，有限的场地空间、大量凸出地面的不可移动的机电设备和结构体，这些不仅打散了空间的一致性，还形成一系列的潜在雷区。

设计的背后其实是一个简单的想法：以“自然框景”为理念，把自然、绿植“框”成场地的聚焦点。设计的形式和构成经过多次推敲，最后蜕变为连贯大胆的独特巧思。不仅极具创意地展现了简约的结构美，还“框”出了尺度近人的口袋花园和连贯的整体形象。

项目

尚博金融中心位于浦东的城市更新片区，毗邻黄浦江。它坐落于浦东路与华丰路的交会处，得益于上海地铁7号线和6号线的站点优势，交通和步行可达性高。项目总占地面积超过13,400平方米，包括两座高层办公大楼、中央花园和周边的景观长廊。办公社区的四面打造多维社交和悬浮框景形态的空间，集合灵活的口袋花园、乔木和灌木的群落配置，形成网格形态去激活社交功能、休闲活动和休憩停留。除此之外，每栋建筑都配以私密的空中花园。

漂浮花园

矩形的框架以分层、立体的形式，构建精简的结构语序。框架的内部掩藏了多种设备、通道结构、楼梯和电梯，将不美观的缺点瞬间转变成场地中央特色。漂浮花园是整个办公社区聚集、交谈的中心空间。跌水微妙的声音柔和地穿插其中，削弱周围城市交通的噪声。虽然内部隐藏了众多设备，外形却是轻松休闲的中心社交空间。在提供造型独特又尺度近人的空间的基础上，赋予其探索性和互动性。这里可聚集可闲坐，还可享受惬意的跌水声。

在设计过程中，ASPECT Studios研究了多种方法来表达中央的漂浮花园。经过多方推敲、协调且在满足复杂通风、结构和设备工程要求的基础上，创造出独特的场地体验和标志。过程中，设计弱化、兼容和消化了大量不美观且体积庞大的设备。

绿色长廊

该项目的主要使用人群以办公白领为主，偶尔兼容商务宴会，附近社区的居民相对较少。竖向排列的框景构成了灵活的空间，既增强了场地的立体性，又提供了绿植空间。在严格的绿地率和消防通道要求下，该空间成为灵活的交流和休闲空间。每一处设计都微妙且优雅。绿色长廊里，不同高度的框景形成了户外的下沉空间和平台，为未来活动的举办和艺术展览提供了机会。长廊创造了一个社交和文化交融的城市环境，为整条街赋予更多意义和活力。设计响应了环境与人类发展之间的平衡。商务区绿色长廊内的植物表现出了季节性变化、吸引有益的蝶类和鸟类，从而建立起了小型的生态世界。

手绘概念图

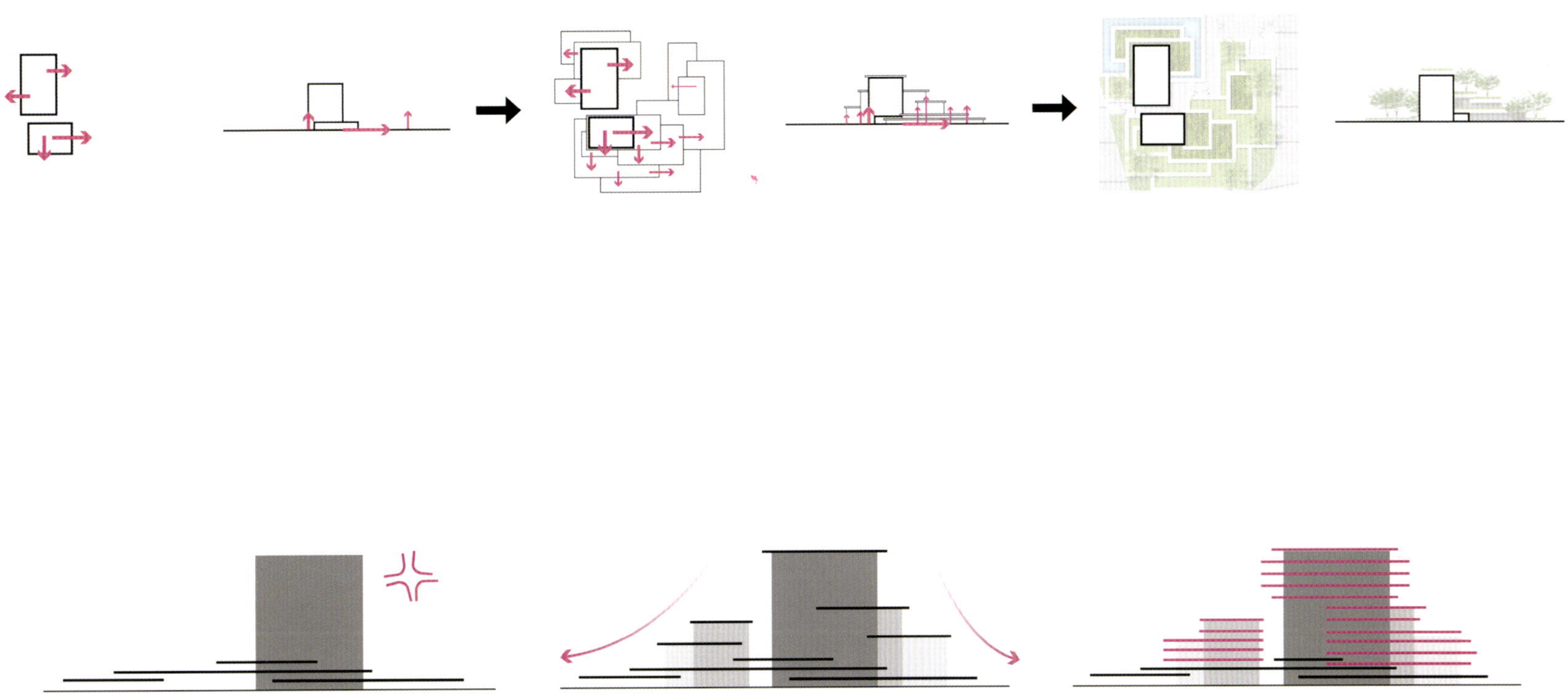

轻盈漂浮花园中的不和谐元素

弱化高度落差，强调独特设计语言

强化设计元素，形成标志性构筑

演变过程图

活力街道

种植池成为道路交通和步行街之间的缓冲区，高低起伏变化不断的挡墙和种植池为街景带来了更多的活力。而且，夜晚的灯带和道路形成了视觉联系，将之前单调的市政人行道改为尺度近人的、具有连接性和互动性的场地是个有意义的设计决定。

天空花园

天空（屋顶）花园是另外一个户外的舒适空间。丰富的植物配置定义了整个屋顶，并创造了许多迷你空间。整体布局满足不同需求，既有为对话、聚会提供的半公开空间，也有半围合的私人空间。

贵州，黔西南布依族苗族自治州

Raleigh Capmsite in Guizhou

雷励贵州大项目营地

华南理工大学建筑设计研究院 / 景观设计

项目面积：

1007 平方米（新建部分），

423平方米（改造部分）

主持设计师：

张振辉、陈玮璐

业主：

上海杨浦区雷励青年公益发展中心（雷励中国）

摄影：

姚力

获奖情况：

WA2018中国建筑奖社会公平奖入围奖

主要建造材料：

毛竹、毛石、钢、建筑膜材、混凝土

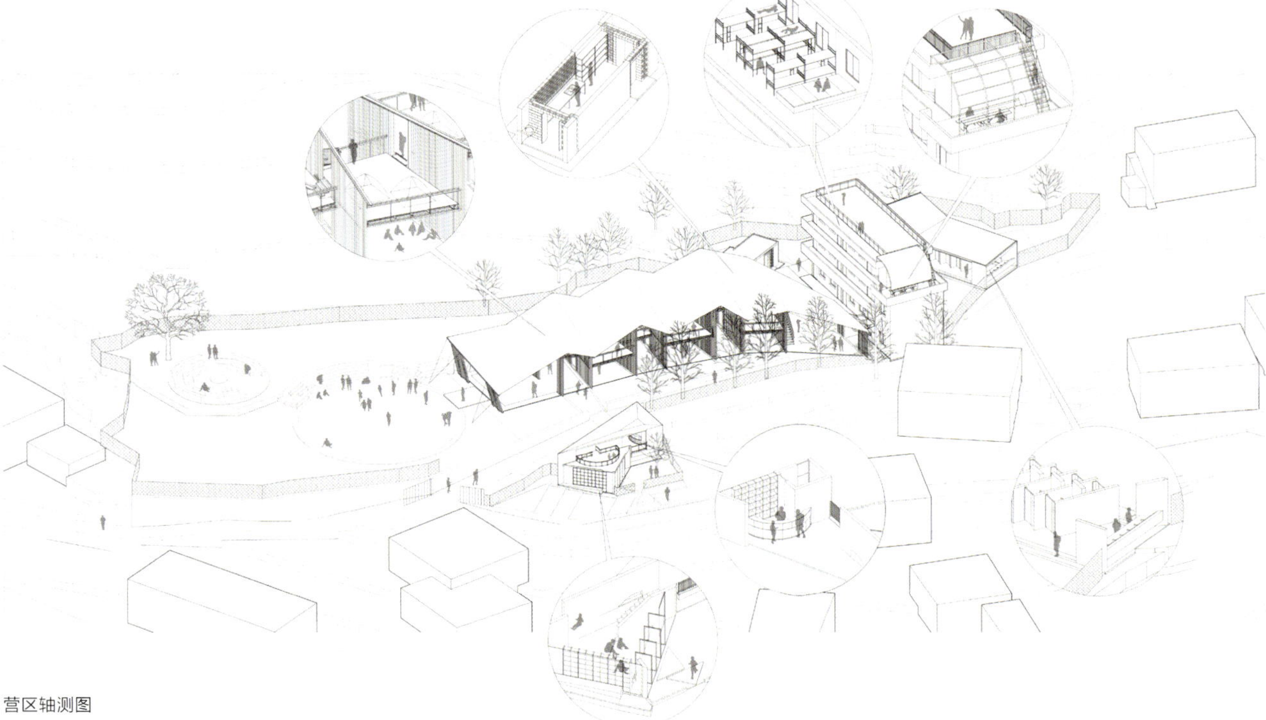

营区轴测图

雷励贵州大项目营地是一个驻点山村的青少年公益营地。设计以在地共生的思路介入场地，把大山景观、乡村风土、成长体验桥接起来，探索青少年成长环境营造与乡村建设互动融合的模式。项目以设计方案吸引企业捐助，由公益伙伴与本地工匠共同建造，建成后定期举办青少年公益及社区服务活动，为青少年成长和乡村发展持续赋能。

项目位于贵州黔西南布依族苗族自治州贞丰县平桥村，在县道与村路交接处的狭长台地上，远景群山连绵。场地原是一所撤点乡村小学，有一座已荒废的3层教学楼。由于用地紧凑，设计采用集约布局，改造原教学楼并作为场地锚点，运用轻量装配与乡土工艺相结合的建造方式，有机加建多功能通用空间、活动场地与服务体，并在营区入口与村路交接处建造长期向社区孩子开放的乡村图书馆。

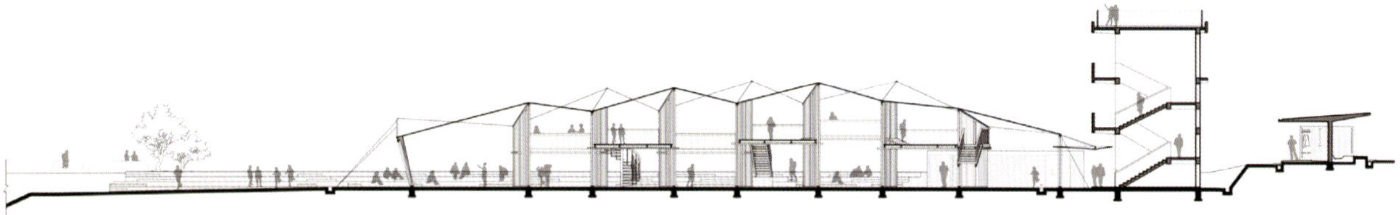

营地剖面图

空间剖面透视图

1. 营地主入口
2. 公益图书馆入口
3. 通用空间多功能活动区
4. 储藏室
5. 医务室
6. 厨房
7. 淋浴及卫生间
8. 盥洗区
9. 营地接待区
10. 公益图书馆阅览室
11. 集中活动场地
12. 山边小剧场
13. 营火场
14. 图书馆庭院

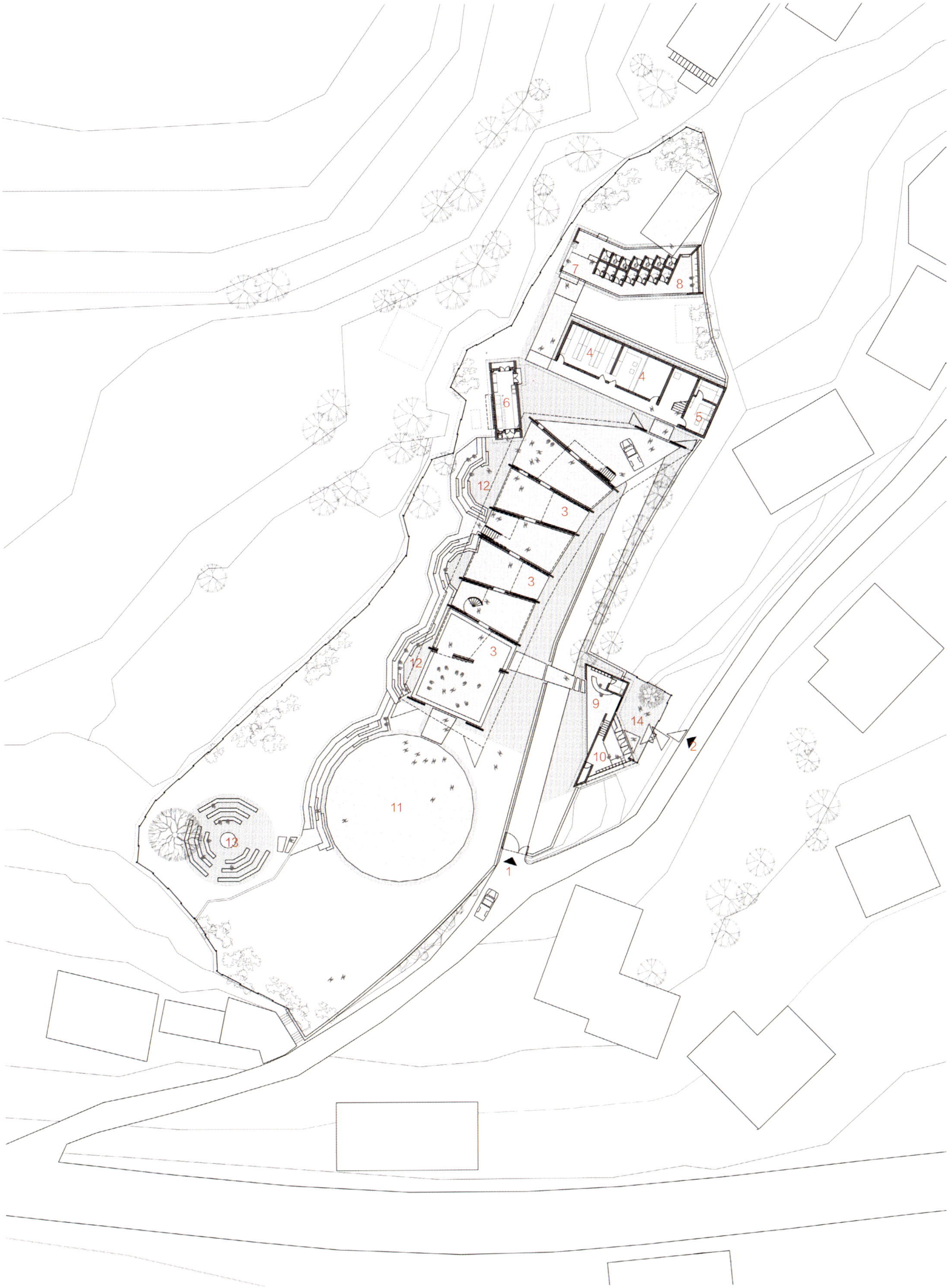

营地一层平面图

1. 通用空间队员宿营区
2. 指挥中心
3. 义工宿舍
4. 屋顶平台

营地二层平面图

当地气候温和而多雨，遮雨和通风是建筑首要需求。营地最为核心的通用空间（集活动、培训、宿营、用餐等功能于一体）以连绵起伏的海帕面膜屋面获得通透遮雨的共享活动空间，由像素化竹界面限定的一系列开间向山和村庄打开，二层平台在剖面上轻微错动，共同构筑聚落式的空间场所。人们在营地中，可以随时感知同伴活动和山村风景，体验开放、互动、共享的营地氛围。

整个场地用小碎石铺底，以利于排水。活动区以当地的毛石砌筑，如同碎石海上的群岛。在场地南侧设置供集中活动使用的圆形砂砾场地，在场地一角的西南侧台地设置营火场。营地西侧与山体连接，一系列毛石砌筑的半圆形台阶小剧场收束住延伸入场地的山坡，提供尺度与形态灵活的小组活动场所。

当地盛产毛石毛竹，图书馆与厨房、盥洗区等服务体均采用竹模板现浇混凝土和本地砌石工艺建造，其体量精心与保留建筑、通用空间和营区边界构建动态关联，其空间构成与通用空间类似，都强调开敞通透，而乡

土化的现浇砌筑工艺，又与通用空间的轻量构件组装方式形成互文的对仗关系，令营地氛围与乡村环境呈现差异性融合后的叠加显现。

乡村图书馆由面向营地入口的接待区和面向村庄道路的阅览室组成。两个错落半层的三角形开放框体，通过内部的小楼梯连接村道和营地两个标高。阅览室木质的地台、书架、家具均按照儿童尺度设计，透明界面向村庄呈现内部活动，如同一个打开的音乐盒。小图书馆长期向社区开放，成为当地孩子非常喜爱的一处阅读玩耍和询问功课的去处，他们常常逗留到夜晚。

启用不到一年，营地已举办了2期少年营、4期青年营和2期远征营，支持了439名雷励队员进行乡村公益实践，服务了16处社区援建和8处环保建设。营地除长期举办雷励活动，也为其他公益机构来本地社区服务提供支持。

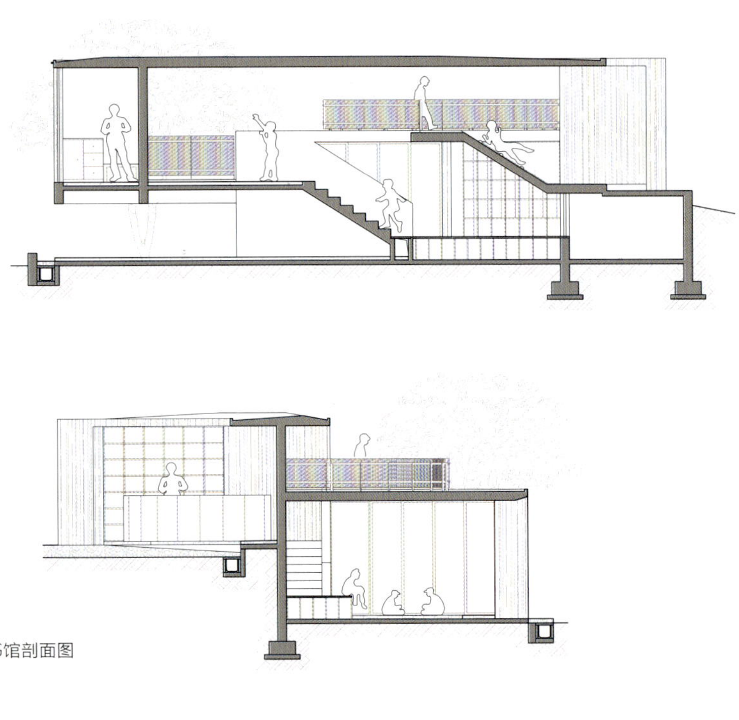

图书馆剖面图

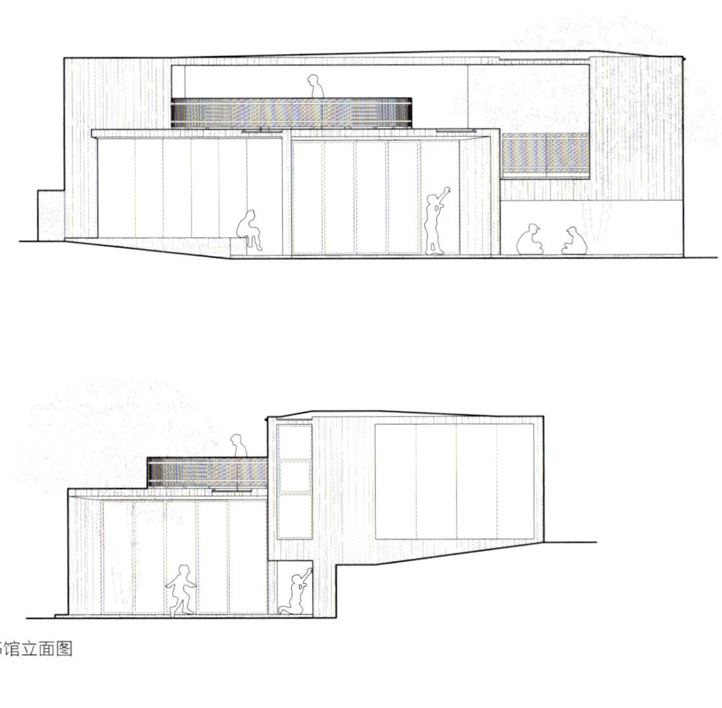

图书馆立面图

中国，北京

Environmental Education Urban Forest Planning and Design

环境教育主题城市森林规划设计
——重建儿童与自然的关系

中国林业科学研究院林业科技信息研究所 / 景观设计

项目面积：

约26.25公顷

业主：

北京市延庆区园林绿化局

摄影：

王鹏、谢和生、张志永

设计缘起

或许你会认为这是耸人听闻，但当今社会日益增长的儿童肥胖率、少儿多动症、忧郁症及其他心理疾病其实与儿童同自然接触时间长短密切相关。今天，电子产品环境下成长的一代人，普遍在生活中缺少与自然的接触，导致这一代儿童出现身体肥胖、注意力紊乱、性格暴躁和心理抑郁的现象显著增加。在美国，这种因缺少与自然接触而引发的行为与心理问题，被称为“自然缺失症”。孩子的自然缺失问题已成为世界性的社会问题，达到非常可怕的地步。在中国，这一现象更为严重。据调查，在中国20个省市的小学、初中生中48.5%的孩子每周户外活动时间少于3小时，12.4%受调查者有自然缺失症倾向，且这一程度还在增加。为了缓解这一问题，美国、日本、韩国等针对环境教育进行专门立法，最大强度推进环境教育，重建儿童与自然的联系。为了更好地连接大自然和儿童，设计师在北京延庆妫河上游城市森林项目中加入了环境教育功能，希望借此机会为儿童提供一个环境教育场所与设施，唤醒他们的生态意识。

EATRE
剧场

NATURE THEATRE

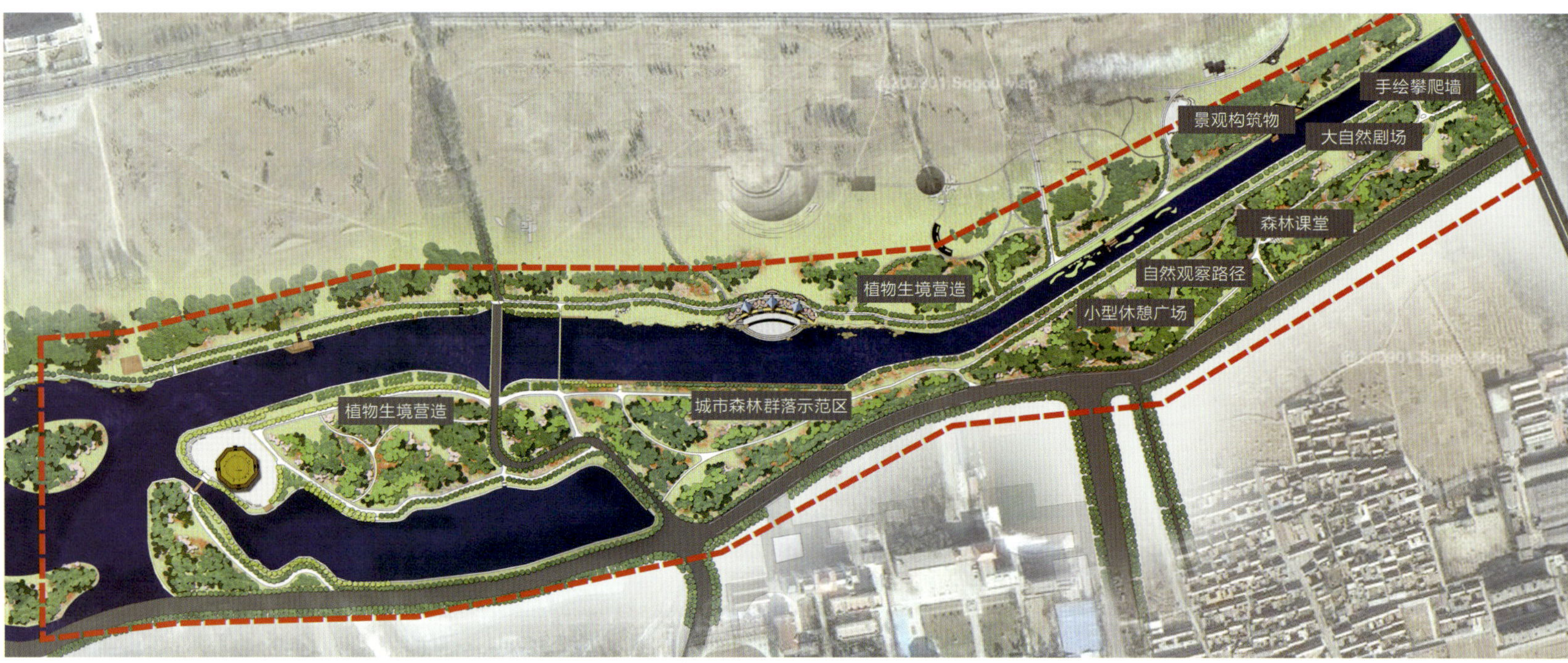
手绘攀爬墙
景观构筑物
大自然剧场
森林课堂
自然观察路径
植物生境营造
小型休憩广场
植物生境营造
城市森林群落示范区

平面图

NATURE THEATRE
大自然剧场

认识植物的“枝”与“叶”
树的主要四部份是树根、树干、树枝、树叶

林间最后的小孩

理查德·洛夫当初写《林间最后的小孩》这本书的时候，主要是因为美国孩子的“自然缺失症”已经达到了一个可怕的地步，但是他显然不知道在大洋的彼岸，有一群孩子正在患上更严重的“自然缺失症”。我们国家正在进行着又一轮迅猛的城镇化建设，我们正在以令世界惊讶的速度将自己包裹在钢铁和水泥的丛林中。我们每天都在为自己前进的脚步而骄傲，或是为自己的未来而操劳，对于下一代，我们更多地关心他们是不是有健康的食物和奶粉，会不会得到良好的教育资源，能不能在和同龄人的激烈竞争中脱颖而出，而完全忽视了他们和自然的接触。实际上，很多时候我们浮躁的心态让我们无法静下心来带着孩子去亲近自然。那么，在中国，我们会是“林间最后的小孩”吗？我们的孩子又将何去何从？

景观设计师的作用和责任

景观设计师应该具为儿童提供环境教育场所的设计能力与社会责任。项目立足环境教育、城市森林与风景园林3个学科理论，建立了一套基于环境教育理论的规划设计调查评估程序。团队基于97个保护地的环境教育（宣传教育）基地作为前期研究样本，共收集84份评估报告，召开社区、专家、官员等各类座谈研讨会议10余次。项目研究数据源于国家林业和草原局研究项目。

场地概况

项目建设区域位于北京市延庆区妫河上游地段，场地现状是一片以杨树林为主要树种的城市森林，处于西边的夏都桥与东边的日上桥之间。项目研究范围约26.25公顷，毗邻延庆体育公园、夏都公园和妫河森林公园。

设计策略：重建儿童与自然的联系

项目组对于该地块的设计愿景是：成为重建儿童与自然关系的媒介载体。在此之前，设计师希望最大化减少对土地的影响，通过最少的工程量，来实现儿童与自然以及场地的联系。

（1）保留现存所有树木，大部分区域作为自然演替区。（2）所有景观空间都以最小化的干预方式介入现有场地。（3）充分尊重孩子、家长、老师等公众意愿，设计了森林课堂、大自然剧场、自然观察路径、手绘攀爬墙、森林乐园等自然教育场所。（4）为动物设计众多微型栖息地，增加生态多样性，提升生态物种弹性，提高其长期存活的能力。

NATURE THEATRE
大自然剧场

nature is he whose inward

乔木
MACROPHANEROPHYTES

“蘋草，秋生，似莎而大，生江湖间，雁所食。”
是比莎草略大而形态相似的一种水生植物

大象无形

售楼处和示范区

四川，成都

Aoyuan Yunjing Art Museum

奥园·云璟

重庆蓝调城市景观规划设计有限公司／景观设计

项目面积：

5318平方米

摄影：

刘国畅

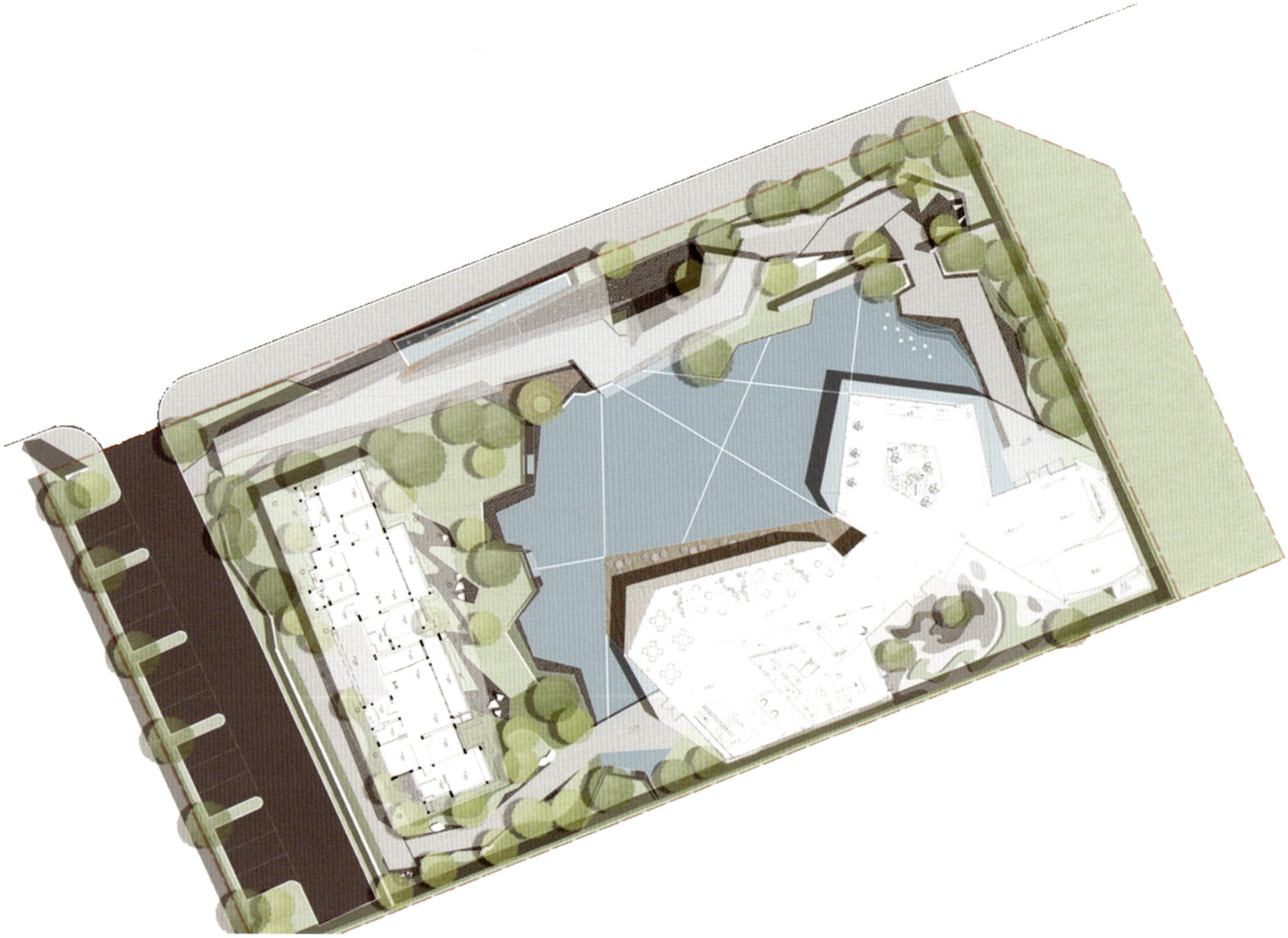

总平面图

成都城北，是城市最先发展起来的区域，拥有着浓厚的城市历史底蕴；老成都人常说："成都四大场，东门牛市口，南门红牌楼，西门茶店子，北门青龙场。"城北门外八里处的青龙场，藏着一代成都人才懂的回忆。

万物皆从自然环境中产生，而世间存在的一切，都遵循一致的定律，寻找事物内部存在的统一规律，则需要解构事物以求其本质。解构自然环境中的溪、石、岛、林、镜、雾、径等物质，以万物本质，重组构成大千世界。以万、物、境、界为引，回归自我即是审视人与自然、人与天地的关系，打造城市物镜中的桃源秘境。项目选择林、镜、雾、谷、岛、径为主要元素节点。

设计初期团队剖析场地，发现场地面积较小，闹中取静，运用景观手法达到小中见大的效果，强化场地内部环境感受，营造纯粹空灵之感。就旨在在城北之中打造一处城市隐逸之所。从隐逸沉淀的入口门廊，到豁然开朗的星光水面，再到缤纷温馨的花境通道，一步步逐渐从隐秘狭窄走向开阔舒朗，从安静沉稳走向温暖热烈，回归生活本真。一生二，二生三，三生万物，三条线段首尾相连，形成封闭图案三角形。以几何三角形为元素，大块面的几何三角形，简洁硬朗的勾勒景观展示面。门廊以"隐与离"为理念，闹中取静，隔离场地外部环境，打造隐秘、引人入胜的口部空间。团队在项目之初便立足于"创新"这一核心理念，希望一进入这个空间，就能让人沉淀下来，这也是一个特别好的机缘去实现自己的想法。设计过程中景观与建筑相互影响，互为借力，因此得到了一个非常理想的设计视觉成果。忽而打开的天井空间映衬出后续的惊喜，惊喜藏在后方若隐若现。天光倾泻而下，从安徽特选的弯杆朴树跨越百里距离抵达成都，在天井中探出头，从夹缝中眺望远处的生活展厅。

如何在有限的空间里创造更多的空间体验？经过深入的挖掘、讨论和推演，设计师以龙泉大峡谷为形，以曲折的线条来转折变化空间，打造"峡谷景观"光影艺术馆，在隐逸的峡谷穿行，幽闭而深远，渐入其中，方能感受峡谷版的秘境体验。在谷之秘境之中穿行，寻着冥想空间的指引，不经意间转身便遇见了惊喜。设计师在峡谷的背侧独创了一处彩蛋空间：在狭长的谷底尽头，用一面镜子映射出星光与自己，再一次用设计的独特匠心提供了一处寻找自我、审视自我的场所；在云雾缭绕间，呼吸灯闪烁其中，恍如星星点点的萤火虫。

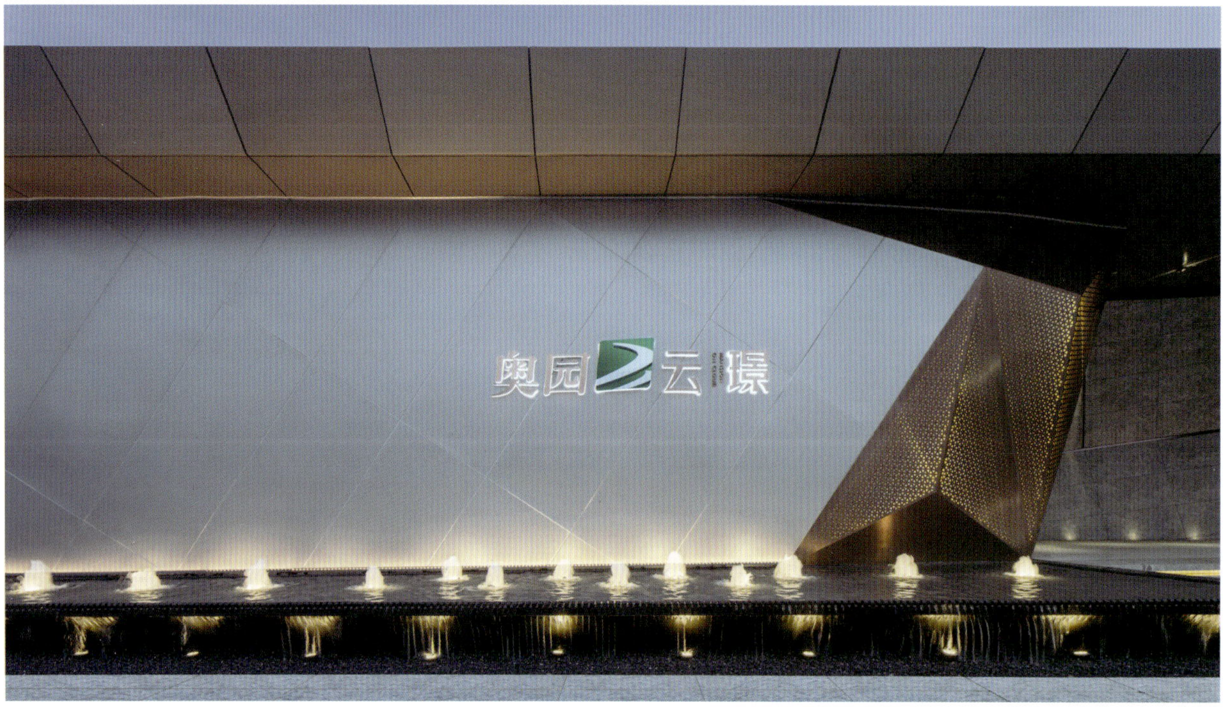
奥园云璟

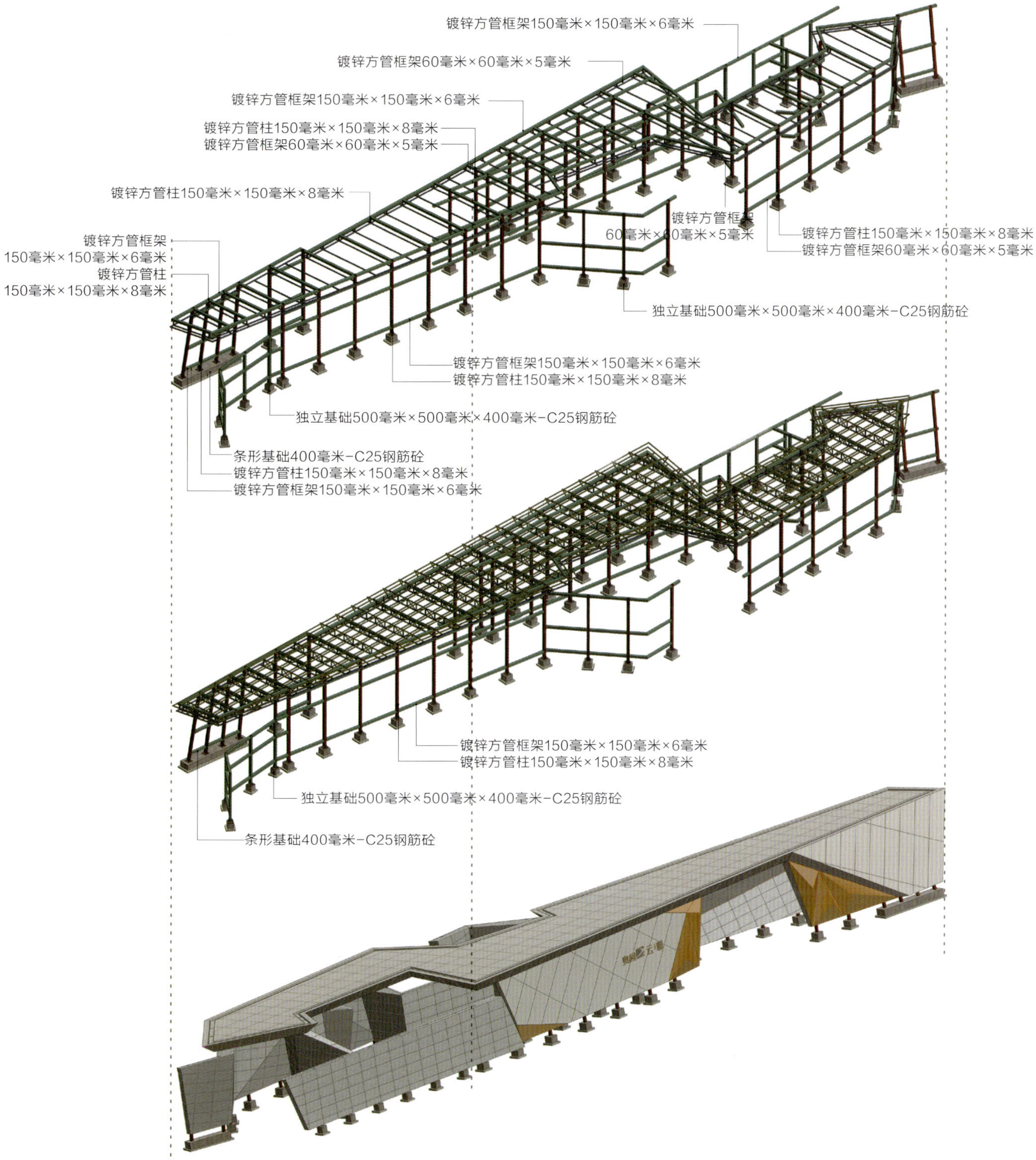

入口门廊

设计团队请专业的结构工程师对结构进行计算，完成了一套结构逻辑推理体系，并在建造过程中得以贯彻。施工图设计团队为确保这一复杂的门廊结构有效实施，主动选择采用BIM技术为施工指导，整个门廊施工图纸配套立体的BIM模型透视结构，严格把控空间形态与对缝，为工艺的落地实现了一次突破与创新，有效地支持了光之谷抽象的、沉静的、纯粹的美。

时光林雕塑

时光林空间小而精致，需要设计师更加精准地对方案进行落地推敲。时光林里的景墙也运用BIM技术进行指导，严格把控空间形态与对缝；异形斜面种植池经多方推敲，采用钢板搭建异形种植盒，确保草坪能达到多棱折面的效果；金属吐水槽通过专业厂家的定制保证产品细节及品质。

白桦林托盘

定制金属装置及种植池的外轮廓与正下方地面铺装相呼应，白色钢管支撑的种植池与坐凳似飘浮在空中：为实现这一美好的设计，景观设计师与专业雕塑公司反复沟通，最终敲定采用不锈钢管支撑托盘的结构，以达到设计预想的飘浮效果，整体从材料、结构等各方面确保方案的落地性。

奥园·云璟用空间美学洞见万物境界，照见城市隐奢生活曙光。

项目面积：

5240平方米

儿童游具及施工：

洛嘉儿童游乐团队

设计总监：

李世环（荷于大拙）

扩初及施工图设计：

林小珊、夏陈成、李晖

施工单位：

四川罗汉园林工程有限公司

西安分公司

顾问团队：

西安枚犁景观设计咨询有限公司

摄影：

小花摄影

陕西，西安

Qingyue Demonstration Area

中南·青樾

荷于景观设计咨询（上海）有限公司 / 景观设计

设计也是设计一种生活方式，
在肯定实用功能因素的基础上，
用多元形式赋予空间人格化、情感化。

西安是个作为十三朝古都，其历史文化印记不必言说。本地的形式与材料将主导主要的美学设计方向。作为在古都西安的设计项目，这里必将是一个饱含历史文化温情的体验区。在中南西安项目这样的场地上，设计面临的挑战一方面是如何形成一个鲜明有力的城市界面，创造出一种先声夺人的展示性。另一方面是如何创造出一种独特体验的场所以激发人们探索和参与的意愿。得益于项目所处的文化历史区位，首先可以赋予它一种即开放又具文化内涵的场所特质，进而在此基调之上演绎功能，组织叙事。

以“山居行旅”为设计主题，画中烟波浩渺的江河、蜿蜒曲折的山道构成了一幅气势磅礴，又富有生活气息的山水画。这里不仅有渔村野市、水榭亭台的热闹，又有游玩山水间的悠然。“可游可居”意味着人居景观环境的建构，是人与物生存空间、人与人生活空间、人与自然和谐的关系在山水画中的体现。针对场地独特的地理环境，景观设计采用一种另辟蹊径的设计手法。作为一个连接着私密与开放空间的示范区项目，以山水画为设计灵感，运用相同的造景写意手法，在不同空间的组织上，力求从城到宅的“开放—半开放—半私密—私密”过程中，塑造一种节奏感，让城市的繁华与归隐的闲适之间，找到一种平衡点。提取场地历史文化的精华，注入现代生活之中，通过空间的营造，传递一种低调奢华、简约的美。

体验区以“山居行旅”为设计主题，以“山形水纹”为设计元素，以一条曲溪

中南·青樾
ZOINA GARDENS

总平面图

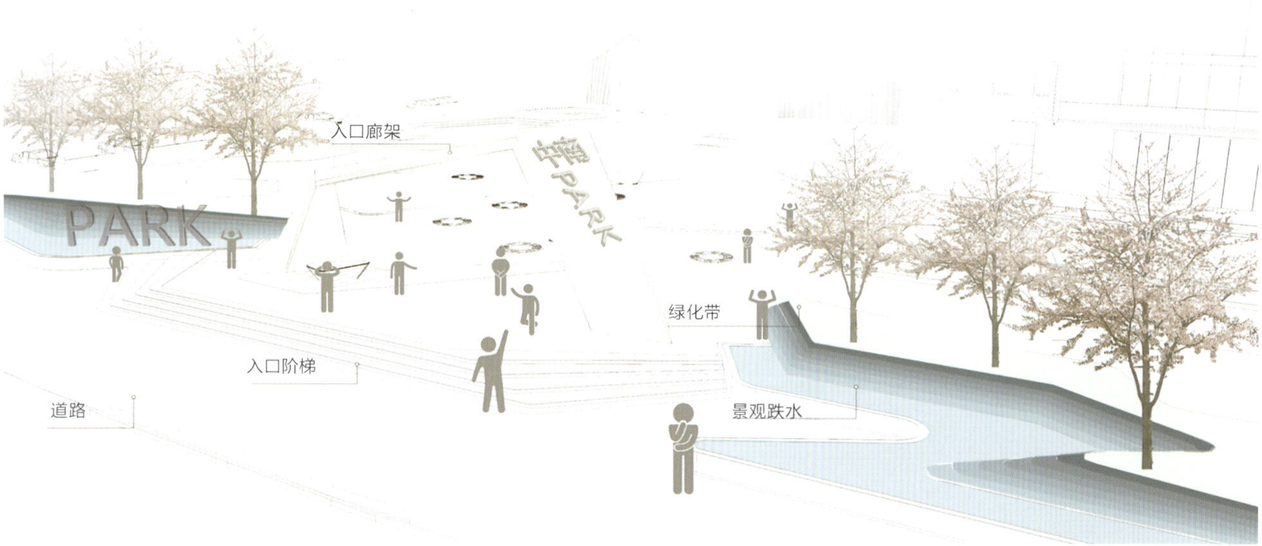

入口示意图

水脉串联城市展示界面、迎宾广场、艺术花园、儿童区及户外洽谈各个功能节点，描绘出一幅栩栩如生的山居行之旅。这里不仅是城市的形象展示区，也是强调体验感与生活气息营造的幸福场所。设计团队设置昭示性的精神堡垒，入口构筑物，通过行云流水般的景观种植和水景串联起整个展示空间，一气呵成。

入口构筑物的设计来自几条相互平行的线条，在进行扭曲旋转后形成的张力曲面。设计团队关注于当结构曲线在水平和垂直方向错位后形成的三维影响力及其最终生成的形态。构筑物使用了相同属性而不同表象的材料（锈钢板及镜面金属）延续着形态中的流动关系，在强化不同表面的同时也保持了设计的统一性，也在结构线的控制下进行着平顺的转化。同时，构筑物围合的空间也是贯穿整个水系的源头，流动的活水，在镜面不锈钢的反射下，使得整个空间，动静相宜，生动有趣，随着游人位置和视点的变化，其对设计的感知也不尽相同。

穿过入口廊架进入艺术花园，通过曲水流觞形式水系的引导，使得空间连接向远处的空间，极大提升了来客的心理仪式感受。恰似水流的线条活跃在广场中，满溢着灵动的气息，植物的组团特色种植，伴随流线型的水系，石材上的树影婆娑与水景的倒映美轮美奂，构成该空间的主要特色。大IP引导的趣味儿童主题游乐区，白色的景墙定义边界。线性的铺装产生灵动的引导，美丽的绿化形成围合空间，使得这里成为儿童欢乐的成长乐园。层级式的阳光草坪，山水特色的景墙，层次丰富的软景搭配，结合木平台与休闲软装的布置，平静的诉说一草一木的恬静与优雅。

景观元素取自然之意，造景形态体现流逝的静态之美。穿行而过，前场空间以折角圆滑的体块为设计亮点，镜面的水景，水上树池的倒影，静谧雅致的会客空间，呈现出纯粹的自然质地。让水流、草地、树影等景观自然意境融入一起，在这个步行不过50步的空间，惊艳了设计团队所有的身心体验。团队

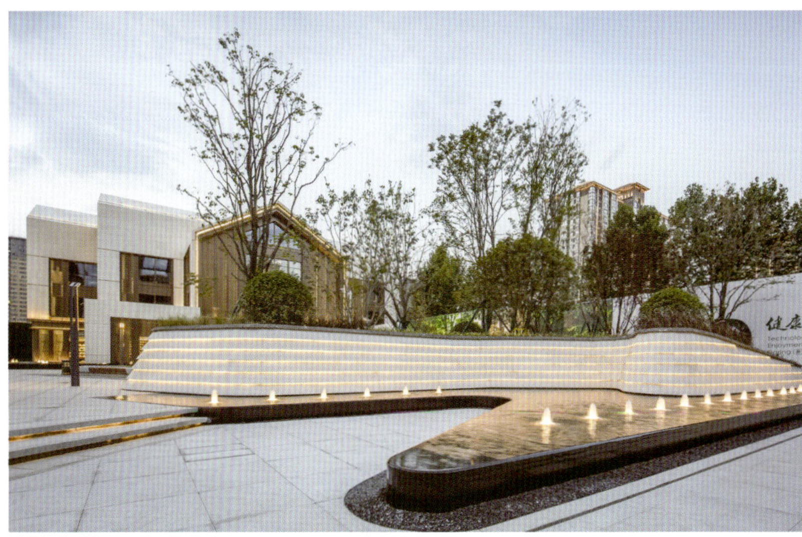

选用了许多本地的多年生草本植物，在添加了一些自然野趣之外，也柔化了建筑和景观硬化过于严肃的外形，种植池采用的白色花岗岩石材延续了售楼处建筑的仪式感，同时黑白灰跳色的石材铺装赋予了参观步道活跃的视觉效果。

施工细节

为了达到三维空间综合性立体即视效果，设计团队通过x轴、y轴、z轴3个维度来诠释景墙的搭建。x轴完成左右向连续不同圆心转角弧度的平衡，y轴完成上下压顶，立面及水景铺装对缝的平衡，z轴完成前后层叠台阶斜度的平衡。设计团队对每块板材的对位拼缝都严格地把控，力求最大化实现设计语言的表达。“四维”原来是空间加时间，这次加入时间的效果——夜景灯光，让施工的每一处匠心细节在四维的时空里，淋漓尽致地展现出来。

景墙的施工主要从4个方面来考虑，一是结构荷载，二是使用材料，三是整体色调，四是现场施工。为了克服结构荷载问题，设计团队对原始图纸进行了纸模和1:10不锈钢模型的反复推敲，翻模，保证每个异形夹角角度的完美契合和东西侧立体三角形与顶面的完美衔接。使用材料方面，门头采取铝板和镜面不锈钢，原设计1.5厘米厚镜面不锈钢考虑材料本身的实际属性，由最初的薄板调整为满足无缝对接效果及可实施操作施工的3厘米厚板。设计团队对整体色调进行综合把控，为了保证铝扣板颜色与整体空间环境的相互协调，并将门头的整体色调从黑色调整为与建筑同色调的高级感咖色。在实际现场施工过程中，设计团队实现了镜面不锈钢与铝扣板的无缝对接，大门的高水准的搭接使得穿孔板灯光位置完美避开龙骨阴影。另外材质的交接口，下料对板的位置，发光体穿孔铝板的纹样对位等，都体现了后期对施工现场的高水准把控。

大门构筑物镜面不锈钢与铝扣板的无缝对接，材质的交接口，下料对板的位置，发光体穿孔铝板的纹样对位等。以一条曲溪水脉串联城市展示界面、迎

TED
健康TED

宾广场、艺术花园、儿童区及户外洽谈各个功能节点，描绘出一幅栩栩如生的山居行之旅。

城市展示界面昭示性的精神堡垒，入口构筑物，通过行云流水般的景观种植和水景串联起整个展示空间，一气呵成。穿过入口廊架进入艺术花园，通过曲水流觞形式水系的引导，使得空间链接向远处的空间，极大提升了来客的心理仪式感受。恰似水流的线条活跃在广场中，满溢着灵动的气息，植物的组团特色种植，伴随流线型的水系，石材上的树影婆娑与水景的倒影美轮美奂，构成该空间的主要特色。

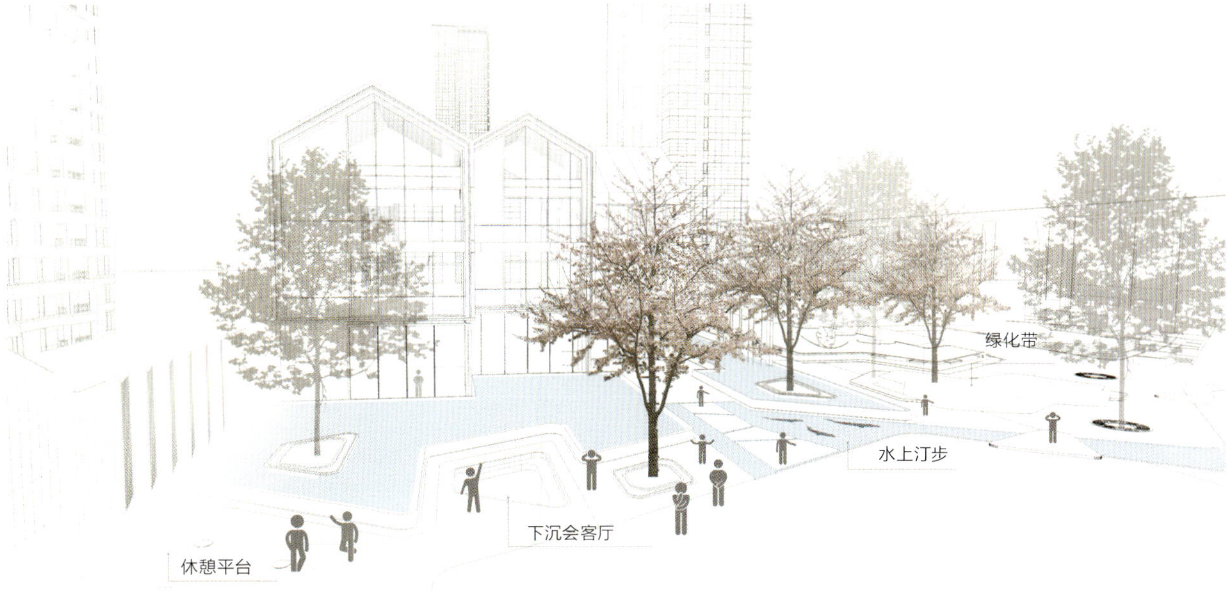

平台示意图

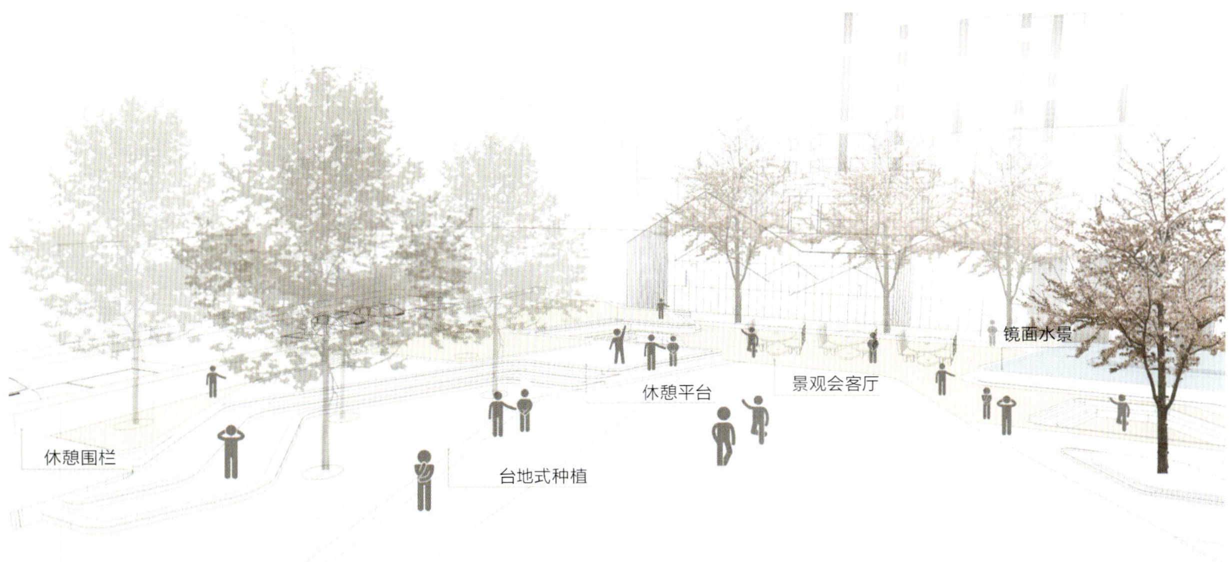

会客厅示意图

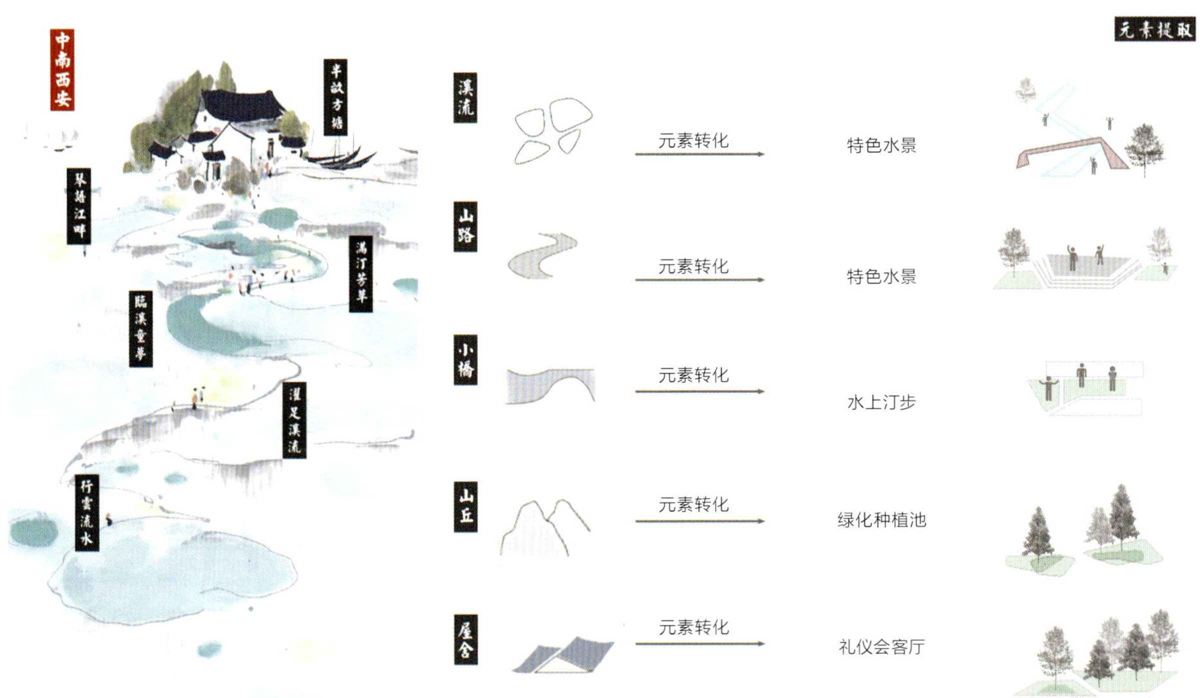

元素提取示意图

浙江，杭州

Xianghu Mansion

龙湖 · 湘湖原著

水石设计 / 景观设计

项目面积：

3100平方米

设计团队：

景观事业二部设计三室

雕塑设计：

景观事业二部设计三室

景观施工：

杭州神工景观工程有限公司

金属施工：

杭州珩瑞金属装饰工程有限公司

业主：

浙江龙湖

摄影：

杨磊、日野

建成时间：

2020年

世人皆知西湖，却鲜知湘湖。
千年一叶舟，碧波三千顷。

湘湖是西湖的姊妹湖，是杭州的另一颗明珠，有着8000年的历史文化，承载着很多传奇故事和美丽风光。相对于西湖的游人如织，湘湖与萧然山湖山一色，湖桥岛屿点缀其间，清新幽静，自然舒朗。西湖之外，唯此湘湖。作为龙湖在杭州的首个原著系项目，历来强调地域文化和气质的传承，设计团队取自湘湖萧山的自然情境，以湖山印象为切入，提炼出“湖桥云影”的空间概念，湖、溪、瀑、桥、枫、林、云、影，脱胎于湘湖景色，又自成一格，远近相接，身处园中，便身在湘湖景色之中。

因市政道路和建筑标高有1~1.5米高差，竖向高差既是场地条件，同时也是团队设计的切入点。整体体验区设计通过地势高差的因形就势和“借山引水”，营造了环廊云影、绿渚湖堤、湖桥石溪、林间树影的多重空间体验。曲径环廊感受光影之舞，湖岛云桥体味山水之意，林间树影享受悠然之趣。

区位图

曲径环廊

入口界面是到达的第一形象，由于入口距离建筑山墙较近，易形成压迫之势，设计借用环廊进行了空间转换，无形中削弱了建筑山墙面带来的压迫感。同时将弧形语言贯穿廊顶、涌泉、曲墙立面等界面，打破空间边界互相渗透，创造多变的光影变化，结合植物和艺术装置，形成视觉焦点。因入口面向西侧，人们畅想傍晚的一抹斜阳，与西侧的萧然山峦一起入画。

设计团队用一条简洁的金属光槽引领人的视线，加强空间的纵深。而鱼肚灰石英石贴面与贝鲁特米白石材产生的灰度对比，使得曲廊空间立体而又纯粹。椭圆曲墙立面采用常规材料方法砌筑时会产生转折棱角问题。设计时转换思路，将石材采用不同厚度进行渐变排列，设计过程中尝试了不同大小尺寸和排列间距组合。最终形成了统一中又有变化的立面肌理，凹凸渐变的立面随光影产生了丰富的变化。

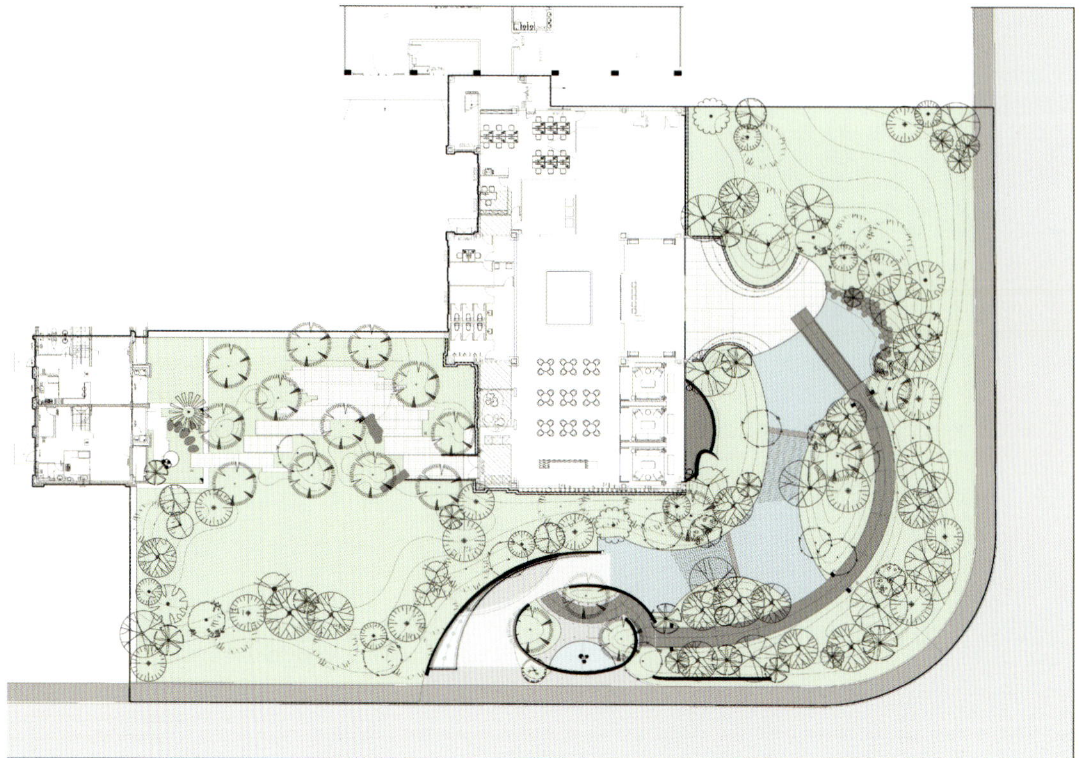

平面图

龙湖·湘湖原著

曲廊云影

路转峰回，光影、植物与空间融为一体，影从侧壁的玻璃廊映出，树影摇曳。光从镂空的廊顶洒下，枝丫从墙面探出,映一地斑驳。廊的尽头碧水流云，置古琴一张，听曲声绵长，静坐于廊前，拥一池烟波。

潇湘云天

跨过弧形玻璃墙上的弧形开洞，进入到树影内庭。通过内与外的空间转换，路径在此处做了一个转折与过渡，化解了靠近建筑的压迫感。而外墙、曲廊、内庭的几重空间通过弧形开洞相互融合，互有你我，在不大的空间里增加了空间的层次。浮岛绿植中的3株乌桕，在自然遒劲地肆意生长，与四周硬朗的墙体对比映衬，树影洒在干净的墙面上，树影婆娑。

“一叶扁舟，问史8000年。”在湘湖水下，曾出土了世界上最早的独木舟，将浙江文明推至8000年前。它既是历史的承载，也是文化的延续。所以我们以孤舟为载体，将萧山湘湖的画境景致融入艺术雕塑中，成为空间核心的“潇湘孤舟”。

艺术装置“潇湘孤舟”推敲方案与制作过程

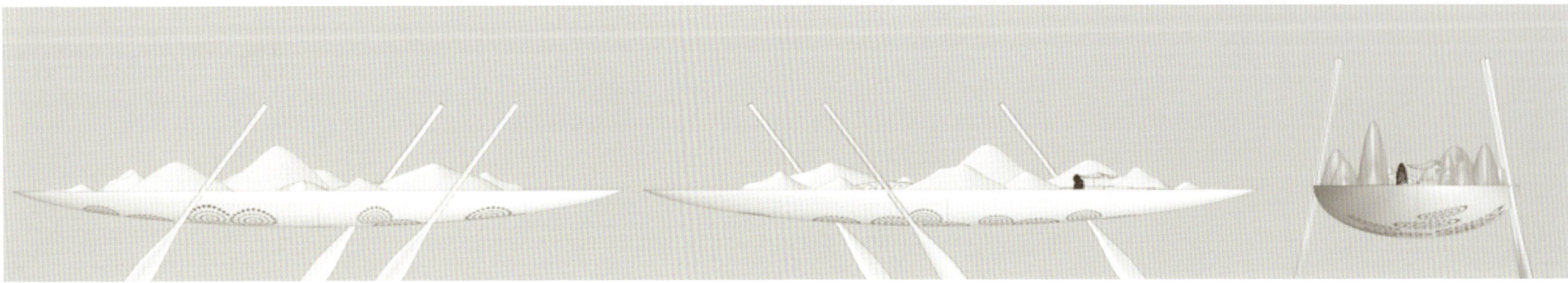

湖岛绿堤

沿路前行，利用场地的高差竖向，打造了一条缘溪行，或开或合的临水路径，层层叠溪映入眼帘，溪水绵绵流动，植物层层掩映，桥影在尽端若隐若现。沿路驻足回望，画面左侧是借景的萧然山峦，和曲廊云影隔水相望，互为看与被看的景致。叠溪流水尝试了多种方案模拟自然溪流下的潺潺水花，最终通过石材错动和退叠的形式及不同粗细的面层处理，形成了自然趣味的叠水效果。

湖桥溪瀑

取萧然山峦之形，置原石塑山水之意。六方石瀑泻下的清泉，似素练映入眼帘。以自然开采的六方石为置石素材，简练生长而有生命力，营造当代的山水意境。六方石的自然形态并不规则，形态以不等边的五边形、六边形居多。初始以设计初稿选定石材的尺寸范围，过程中去石料厂挑选石材备料，根据实际石料测量尺寸编号，再通过手绘推敲与翻模方式进行再次图纸推敲，最终在现场由施工单位、设计师、业主负责人一起细微把控调整，设计团队希望以一种质朴而诗意的方式，呈现所理解的当代山水画卷。六方石瀑前取卧波之意，设计了一座轻盈云桥横跨水面。此外还考虑了室内外空间的视线关系，山、瀑、湖、桥互相掩映。

林间树影

林影后园作为和前场截然不同的空间氛围，放松自然舒适，正如自然生长的乔木和自由散漫的地被一样。人在林荫园拾步而上，树下而栖。石块的粗犷和玻璃的精致形成强烈的对话，树影婆娑，沉静自然。

呈现

朝出，萧山悠然而见；俊秀如是，雄壮如是。

暮归，月出黄昏之间；暗影浮动，横枝清浅。

每个场地都有着她独特的故事，设计团队从场地入手，从观察切入，但有时候“看见”不等于“看到”，建立与场地的独特链接，需要向自然学习，希望从观察与思考切入，最终回归到自然与情感。在这里，特别感谢杭州神工景观工程有限公司王伟东先生的现场指导，特别感谢浙江龙湖的信任支持以及在工作期间的帮助，期待今后的更多合作。

陕西，西安

Zhongnan Shangyue Cheng Demonstration Area

中南上悦城

荷于景观设计咨询（上海）有限公司／景观设计

项目面积：

8765 平方米（示范区含红线外）

占地面积：

5588 平方米（示范区）

总建筑面积：

3254平方米（示范区）

主创设计师：

萧泽厚

规划设计：

上海彬占建筑设计咨询有限公司

建筑设计：

上海彬占建筑设计咨询有限公司

室内设计：

重庆尚壹扬装饰设计有限公司

照明设计：

上海一涵幕墙建筑装饰工程有限公司

施工单位：

陕西碧海怡景园林绿化有限公司

获奖：

中国地产设计大奖优秀奖、美尚奖优秀奖

由自然森林演化的多样化自然景观，为场地营造出丰富的地形和地表纹理，激发设计师的创作灵感，设计团队在此进行不同的设计尝试。从探讨“自然与艺术”的概念出发，设计师通过研究不同森林中生态元素间的相互作用，如破晓时林梢间打破沉寂的曙光，阳光下森林中的微光波动，将灵感转化，组合成为多变的景观空间，色彩和肌理。

设计背景

西安，一座穿越光阴的城市，从西周至今，3000多年的文明史。时至今日，浑厚的历史与现代生活碰撞交织，使得这里的土地不仅仅是有趣，还饱含着深沉的历史文化解读。

设计挑战

项目基地位于西安沣东新区太平路与征和六路东北角，建筑分为3组建筑体块，功能分别为营销中心、样板间及项目部办公区。整个基地被一个L形公共绿地包裹，建筑主入口朝向太平路。整体为面向城市干道的开放式绿地。如何设计这样一处场所？它能站在设计的前沿，代表一种可能的未来，同时又有明确的烙印，隐喻出西安的历史文脉。这种时空的对话和空间上的扭转及转化是主要挑战。

设计手法

设计通过对构筑物、景观材料和场地的融合性与标志性两方面进行剖

析，将场所信息与空间效果进行有机组织，使得设计本身游刃有余地在景观和建筑的对话中来回转换，进而生发出在空间和功能上相互转化的复合产物，赋予场地以新的面貌。

建筑解读

建筑以缤纷的光之森林作为本体，展示出一处生态的、宁静的精神空间。整个建筑灵动与沉稳、轻盈与厚重、多彩与灰度，代表着西安未来与历史的碰撞、交织与融合。满天星灯光点缀下的炫彩体、沉稳自然山水石、绚烂的镜面顶与跳跃的白色光柱演绎出“缤纷·光之森林”。售楼处立两根大柱，隐喻出西安的历史脉络，代表丰镐二京，即西安历史发源起点。西安，在西周时称为“丰镐”。“丰镐”是周文王和周武王分别修建的丰京和镐京的合称。54根中柱，隐喻西安的水脉，代表西安的54条河流。整体立柱为274根，隐喻西安的地脉，暗合开发用地274亩，统一于大屋顶之下，形成光之森林生态系统。

设计主题

景观继续沿用建筑的设计理念，以自由呼吸的光之森林作为设计主题。置身其中，森林中生态宁静，树林里微光波动。从沿街地形艺术界面进入示范区，由一条林中光小溪打开整个沉寂的艺术森林，以此开启一段森林的旅程。森林里到处充满着神秘的惊喜。在森林的各个层次中流转漫步，人们将看到一个颠覆过往认知的极具森林质感的体验区。

设计历程

中南置地找到荷于团队的时候，项目已经与其他景观团队有一段时间的推进。半路介入项目，时间所剩不多，难度平白增加许多，所以必须有另辟蹊径的方式。为避免多层汇报反复决策导

致的设计周期浪费，设计团队采用了Workshop的设计管理方法，集团、战区、设计供方各相关层级、建筑、景观各专业条线形成工作组，以头脑风暴的形式，对项目进行广泛讨论、快速决策，几天内经过十几稿的过程讨论，反复修改，最终完成了示范区总平的确认。

设计内容

作为西安首个网红街区体验式示范区，设计团队把着眼点放在景观的使用者上，通过营造舒缓闲适的室外共享空间，来营造出景观丰富的体验感。从沿街地形艺术界面进入，由一条林中光小溪贯穿整个内外场空间。外场空间为水之林、光之林、云之林、秋千之林等四部分组成。内场空间为巢之林。

基于场地的限制条件作为设计的出发点，由此确立了展示中心景观以下5个基本策略:

策略一:动线和局部空间的联动关系(水之林);

策略二:景观切入建筑的方式 (云之林);

策略三:最大化开放公共的绿化空间 (光之林);

策略四:注重细部和工艺、亲人尺度和质感(秋千之林);

策略五:始于问题，基于关系推敲，延续设计巧思(巢之林);

水之林

策略一:动线和局部空间的联动关系。

在商业类项目中，动线无疑是推敲设计的重要线索，“线性动线+竖向空间节点”的组合。这种空间组织形式非常适合置于密集的城市场地，利用较小的资源，实现丰富而有张力的空间体验。设计团队不会营造一个局部空间，要将空间融合在整体的关系之中。太平路与天台六路东北角必定是将来商业人流重要切入口。景观将结合人行道与基地之间500毫米的竖向高差，以一条曲折水景连接城市界面与商业主入口。水景分为对外型涌泉叠水，以此处理内外高差变化;内聚型水景，增加水的互动体验性;以及线型喷泉，用以引导视线。水景及两侧划分出多个竖向空间节点，供人与水互动，与水对话。

云之林

策略二:景观切入建筑的方式。

设计问题常常来自对场地的理解和把握。建筑主入口朝向太平路，由此希望朝向太平路这个空间是一个全开放并且能聚集人气的引爆点。于是，设计团队通过确定入口的位置，扭转场地消极的空间秩序，来丰富立面上空间组织层次，将飘浮的云朵，作为竖向昭示性的元素立于广场口部;将汩汩涌泉，融入参数化的铺装中，打造一个空间爆点;将广场两侧划分出停留休息的特色坐凳区域，既是对人的关怀，也是对边界的交代。

光之林

策略三:最大化开放公共的绿化空间。

如何将一个L形半包裹的公共绿地打开，为商业空间营造一个开放共享的界面?并且还要满足一定比例的绿化空间满足绿地指标?设计团队将线性的园路，小斑块的停留空间，与绿化空间渗透融合，为建筑空间引入外部的

人流、自然和光，使得室内外相互交融，并希望通过景观的方式，启发我们思考人与自然、社会之间的关联，实现光影与人的交织律动。

秋千之林

策略四：注重细部和工艺、亲人尺度和质感。

细部不是孤立地去塑造，而是在整体的关系之中。细部推敲主要发生在方案后期，但是前期的空间关系已经确定了某些属性和原则。儿童IP的引入是要激活基地南侧的绿化空间，通过丰富的高差变化，多元的活动空间，多样材质的组合变化，打造一个趣味全龄的童趣空间。设计团队关注效果，更关注安全，不放松对每一个细节的推敲。多元的网桥对扶手穿孔形式及大小，弹跳网网绳粗细及网孔密度模拟推演，避免孩童踏空；增加秋千之林的圆饼踏板花纹纹理细部，减少打滑的风险；塑胶地垫颜色配比经过严格的选样试验；施工中对装置的各类配件严格要求，保证建成设备的表面光滑、安全环保。

巢之林

策略五：始于问题，基于关系推敲，延续设计巧思。

如何营造内场温馨的商业氛围？巢是森林里小动物最温暖的港湾。天地广阔，四面八方，尽收眼底，缓缓迈入，穿梭其中。以鸟巢的形式构成的围合空间，身处宽阔空间之余，给人以温暖舒适的安全之感。这里温馨愉悦，巢型的构筑、花池、座椅散落内庭，和建筑轻盈的光柱交织在一起，是充满活力且极具森林质感的商业休闲步行空间。

江苏，南京

Yunjing Garden Demonstration Area

云靖花园（都会学府）

深圳市贝森豪斯设计有限公司 / 景观设计

景观工程：
上海宗瑞园林工程有限公司
摄影：
景观邦摄影团队

很多时候，走对了的小兵会比国王更有权势。

——欧洲谚语

国际象棋有1500年的历史，是欧洲皇家教育体系中必不可少的一部分。两个对弈者围着一块棋盘的无声战争，攻城略地中尽显思维的缜密。棋局从现实到电影层出不穷，现实中有深蓝打败卡斯帕罗夫，《哈利·波特》系列电影里，3个小伙伴相互配合，直到哈利高喊“Checkmate”将死对方，通过考验。

棋如人生，人生如棋，进退之间都是生活智慧。在金地新力·云靖花园（都会学府）的前庭，也有一块“棋幻广场”，可以互动对弈的棋盘铺就，期待高手的光临。文化融入设计，让销售中心不再高冷，平添趣味性和体验度。超大象棋是金地“玩呗”社区活动系统策划概念的一个重要部分。“玩呗”以玩的名义重新定义社区，使之成为全龄人游戏和玩乐的场所，意在让大家重拾“玩”心，激活每个人的活力。坚信对家的热爱，是营造美好社区的必备基因。

在金地的眼中“玩”是一种生活态度，亲子交融、社交活动，场地除了功能属性，更是情感的注入。一颗童心，核心是一颗好奇心，以更敏感和多元的体验，达到自我超越。文化的植入，不单是一局棋，还有更多概念让空间更丰满。在金地名仕系列产品，试图在现今的审美视野下，重新定义古典建筑之美，通过删繁就简，把美凝聚在比例、线条、光影和质感上，

METROPOLIS MANSION
都会学府

METROPOLIS MANSION
都会学府

以现代工艺、材料和手法表达出来。

如同古典的复调音乐，两条旋律不断交织构成篇章，作为名仕系列的云靖花园的空间设计正有此意。传统与现代的对话，东西生活方式的碰撞。从建筑规划上，采用一条游园线索贯穿起承转合，层层递进引导人与空间互动。整体景观处在院子的基础上，围合转折，庭院深深。贝森豪斯团队，面对小进深带来的压迫感的现实问题，选择曲转索回的体验动线，婉转、延伸，层层递进，小中见大地交付了完美答卷。

穿越在过渡空间的门与门之间，自然而然形成隐约的对景呼应，两侧金黄的银杏树阵加强轴线关系，大调式的庄重让整个庭院有种朴实无华的厚实感。纵向拔高空间的银杏，让整个庭院更有深宅大院的气场。内置的商业街，试图将当代设计与古典传统融合，精致的招牌，线条洗练的壁灯，增加的空间中的人气度。银杏飘飘，屋舍俨然，配合低矮灌木的亲切，让进入这个院落的人有一种踏实感。

在最深的院落是一片静水年华，以充满灵性的氧气森林形式，通过鸟鸣、花香等不同色香味的氛围营造，把人带入一片水田共生的静谧世界，

SHAKE SPEARE
BRITAIN
TIM CAFE
COFFEE&CAKE
TIM CAFE
COFFEE&CAKE
ELEPHANT HOUSE

缥缈而旷寂。点点荧光，如萤火虫摇曳在灌木中间，平添了自然野趣。每个年龄段都有一颗需要被治愈的心，这是“玩呗”减压疗愈的氧气森林。

院落之内是方正的建筑表情，极简的线条勾勒出纯净的天际线，而以一系列连续拱圈，拱卫了主入口的四平八稳。固守风格已经成为局限，设计师更多讨论的是一种气质和状态，打破重铸也成为他们再造空间语境的重要手段。连续拱的做法，吸收法国古典主义的形式逻辑，以数学的比例继承灵魂，通过铺排的方式，在建筑上提供了弧的张力和层次，为整个景观的大背景丰富了视觉观感。

销售中心入口正对一面端景屏风，状如龙鳞的铜制墙面厚实低调，完美收住视线。冷硬的院墙披上葡萄牙米黄石材，有种不动如山的可靠性，纤细的分割线则让优雅极尽隐含。如果方正的建筑立面隐含阳刚的属性，对应的景观和水体则是平衡它的柔和层面。在花园空间，一片水体围合下，将甬道转化成烟雨溪桥，水汽弥漫，氤氲出浪漫的水与桥的交融隽永画面。三步错落的跌水，在平坦的地面上造出梯田般的层叠感，静水流深，倒映庭院形成虚幻的澄明世界。汩汩涌起的点状泉水，一步一岗地有序排列，致敬每位客人的光临品鉴。

夜色上来，光影浮动，水影、光影、树影无限想象，若隐若现感受光的灵动。水声潺潺，万籁有声，自然被赋予人情味的遐想。作为住宅的重要组成要件，庭院是人与自然交往的重要空间，在这里，四季更迭，月圆月缺，诗意盎然中年华流淌而过。景观表面上看是自然之景，实则是内在心灵图景的外溢，东西方如此，古往今来如此，艺术家造园布景，最后还是要回归人性和人情上，让我们在群体中独特，个体上乐群。

江苏,南通

Starry Mansion

南通融信澜宸

寰宇之大，不过在寸土之间，
于繁华不远处，筑就诗意栖居。

水石设计 / 景观设计

项目面积：
8800平方米
设计团队：
景观技术研发部设计十室
景观施工单位：
秀艺（福建）园林工程有限公司
业主：
融信集团沪苏区域
摄影：
胡义杰
景观材料：
砾石、铝板、石英砖
建成时间：
2020年

区位图

项目位于南通市港闸区，东滨黄海，西眺维扬，北窥盐淮，南望苏沪，水陆通都，东南大邑。地块北侧为老旧小区和安置房小区生活氛围较浓厚，但周边环境界面有待提升。地块南侧为待开发区域。整个设计形式洗练，形体简约，质感质朴，绿意交融，体会喧嚣中一片宁静。崇尚平静优雅的空间、光影和结构表现，致力于追求纯粹的设计精神，人与自然的对话。通过对空间边界不同处理的手法，或实或虚，或围合或通透，强化了整体环境背景，构建出与自然和谐相融的氛围，营造出不同“收”“放”空间体验。

空间与景观

拾级而上，继续前行，见一拱门形体简约如弯月，流畅的圆弧形线条，营造舒适且幽静的环境。拱门半遮面的露出干净的草坪及入口门头，虚实交错，丰富了内外之间的视觉层次，引起人们寻幽探静的好奇之心。入口处色彩纯净，质感质朴，隐隐熟悉也略感孤独，唤起人们内心对于隐居家园的共鸣。从廊下走过，平滑光亮空间用围墙隔开，庭院树植亭亭，借助水景粼粼，风静树止，月光和水色交融在一起，场所“略隐”的精神延伸，艺术美学的氛

围浓郁。静湖澜水，如镜般平整的水面上，松树舒展，艺术并理想性的审美，创建出一种“奢华立于林，艺术隐于宇”的氛围。

穿过连廊后，圆形草坪映入眼帘，绿意丛生的乔木显示勃勃的生机，整体界面结构简洁干净，用圆形的语言，凸显线条的张力。鸟声啼鸣，行在婉转小路，一路花气袭人香。行在婉转小路，树影悠悠扬扬。窗台静院，置石青草为画面增添了几分诗意，一步一留白，将自然和灵魂相连。身处其中，与万物开启一场无声的对话，每一个存在于此的元素，都是我们为之停留的理由。

最终呈现

于宁静归于繁华，于热闹归于心安，于喧嚣归于艺术，以新的现代艺术风范取代浮光掠影的标准，以自然主义脉络取代浮华喧嚣的人生秀场，项目从概念到落地的完美呈现，设计师、业主、施工团队等多方鼎力支持与沟通配合，最终呈现出在这个灿然如新的时代里，一个充满艺术的空间体验。

浙江，温州

Times One

瓯江公元上城

水石设计 / 景观设计

项目面积：

5000平方米

设计团队：

景观事业一部设计一室

业主：

温州太德恒康健康颐养有限公司

主要材料：

芝麻白、芝麻黑、砾石、浪淘沙、铝板、草皮

项目建设开发基于多年来打造高品质住宅社区的经验，并不断做出创新与改善，力求打造出建筑美学与生活品质完美结合的作品。项目设计上采用的简洁的现代建筑风格，将生活诗化，让空间流动，以景观的尺度分配场地在虚空中引入光与影、山与水、诗与歌的情绪传达东方美学的简素精华。

区域环境

项目位于浙江温州瓯江口新区。瓯江口新区地处东海与瓯江的交汇处，是温州中心城市主拓展区和温州沿海产业带核心区，也是浙江省审批的第一个产业集聚区。根据温州建设大都市的发展战略，这里将成为温州新一轮发展的主平台，建成全国一流的生态宜居新城。

场地分析

基地西侧为中小学用地，北侧为规划用地，东侧为生态公园及农贸市场，南侧为瓯锦河，距1千米左右还有生态公园及沿河景观公园等城市配套，场地现状平整，临近沿河公园，生活配套丰富，景观视线良好。

概念解析

一场别具一格的寻源之旅空间的意境仿如世外桃源，山、石、溪、池、竹及郁郁葱葱的植物共同形成一幅微缩的山林峡谷画面。设计团队希望通过现代与传统的碰撞，理想与现实的交融，将创意山水的内涵演绎到场地之中。赴约山林，天池寻梦，营造一场别具一格的寻源之旅。

设计亮点

一、成本控制

在单方造价较低的情况下，通过甄选材料，采用合理的材料搭配，营造了简洁大气的空间效果，对资源最大利用，成本最大化节约。低成本景观设计的关键所在是一种综合平衡短期投资和长期收益的成本控制策略，在考虑景观质量和效益的基础上，对资源利用，实施和维护成本最大化节约。

二、整体设计

生态性原则：充分利用阳光、绿地、流水来营造人居环境。

整体性原则：有序的空间组织，让参观的人群体验不同空间的意境，

TIMES ONE

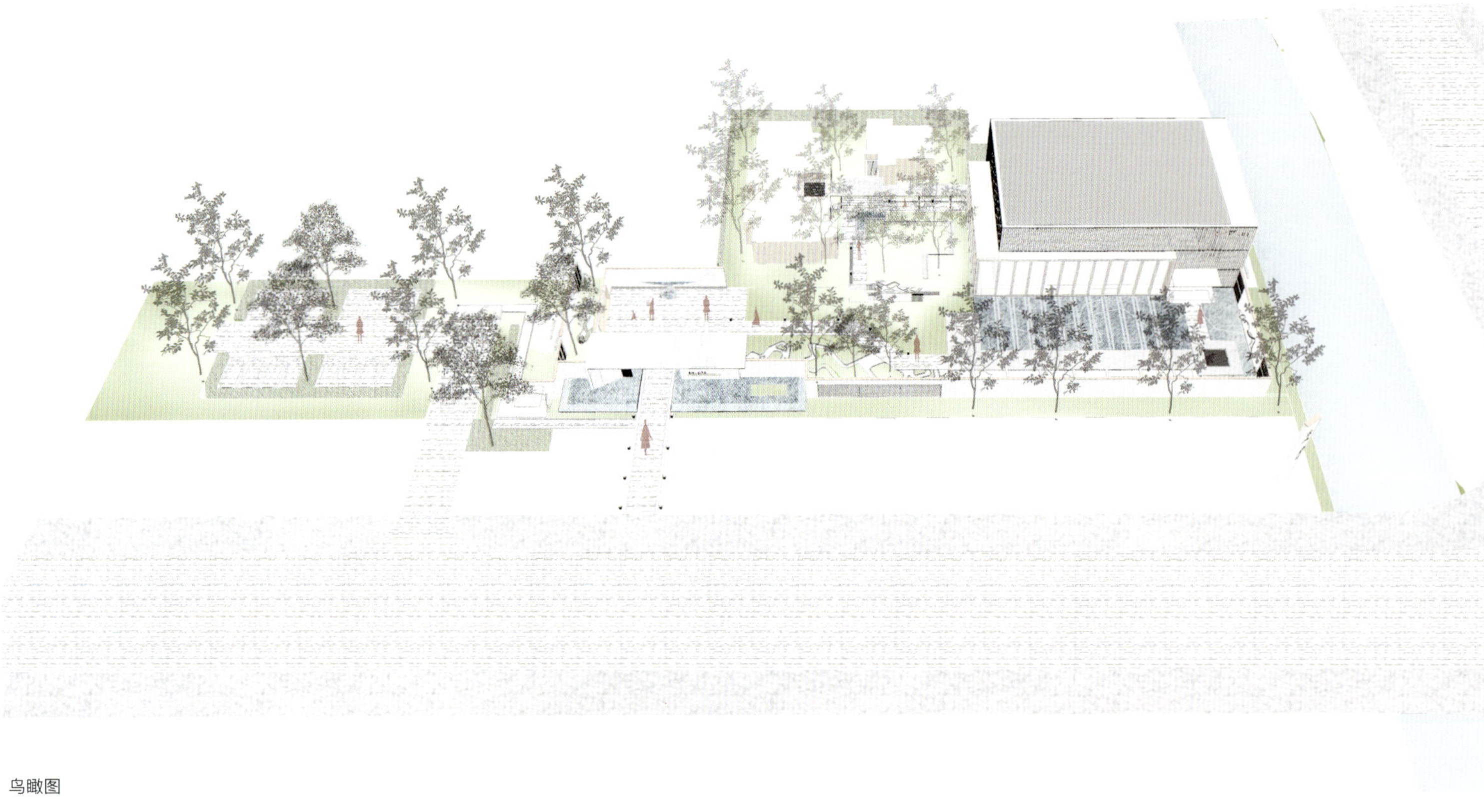

鸟瞰图

景观与建筑形成连续的界面，创造简洁的几何美学，长廊链接景观空间形成一个多层次，有韵律的序列空间景观，点景植物的合理搭配，增添空间的丰富性。

人性化原则：创造惬意宜人、布局合理，充满舒适性，认同感和归属感的环境，充分考虑人们的直观感受，使人进入空间后，景观的布局让人眼前一亮。

三、节点景观

在空间设计上，层层递进式的景观序列，注重小空间与大场景的塑造。水是生命之源，水景是景观不可或缺的因素，有水的流动，整个景观才够完整，景观才更加鲜活，生生不息，以水为灵感，将水以不同形态融入景观空间中，丰富空间场景，感知意境的空间体验，感受有温度的生活氛围。

四、软景

绿化设计遵循现代中式风格，追求简洁舒朗的种植结构，更加突出植物的自然形态；空间上与硬质建筑配合得当，开合有度。在主入口处结合硬质景观点植精选造型松，营造出现代、明净而又富有意境美的景观氛围，而背景则以“大乔木、小乔木、灌木、地被”丰富的层次与前场的舒朗形成鲜明的对比。在后场示范区以大草坪活动空间为主点植孤植树，突出现代感，并在入户两侧以“乔灌地”3层结构种植，强调入户的景观效果。

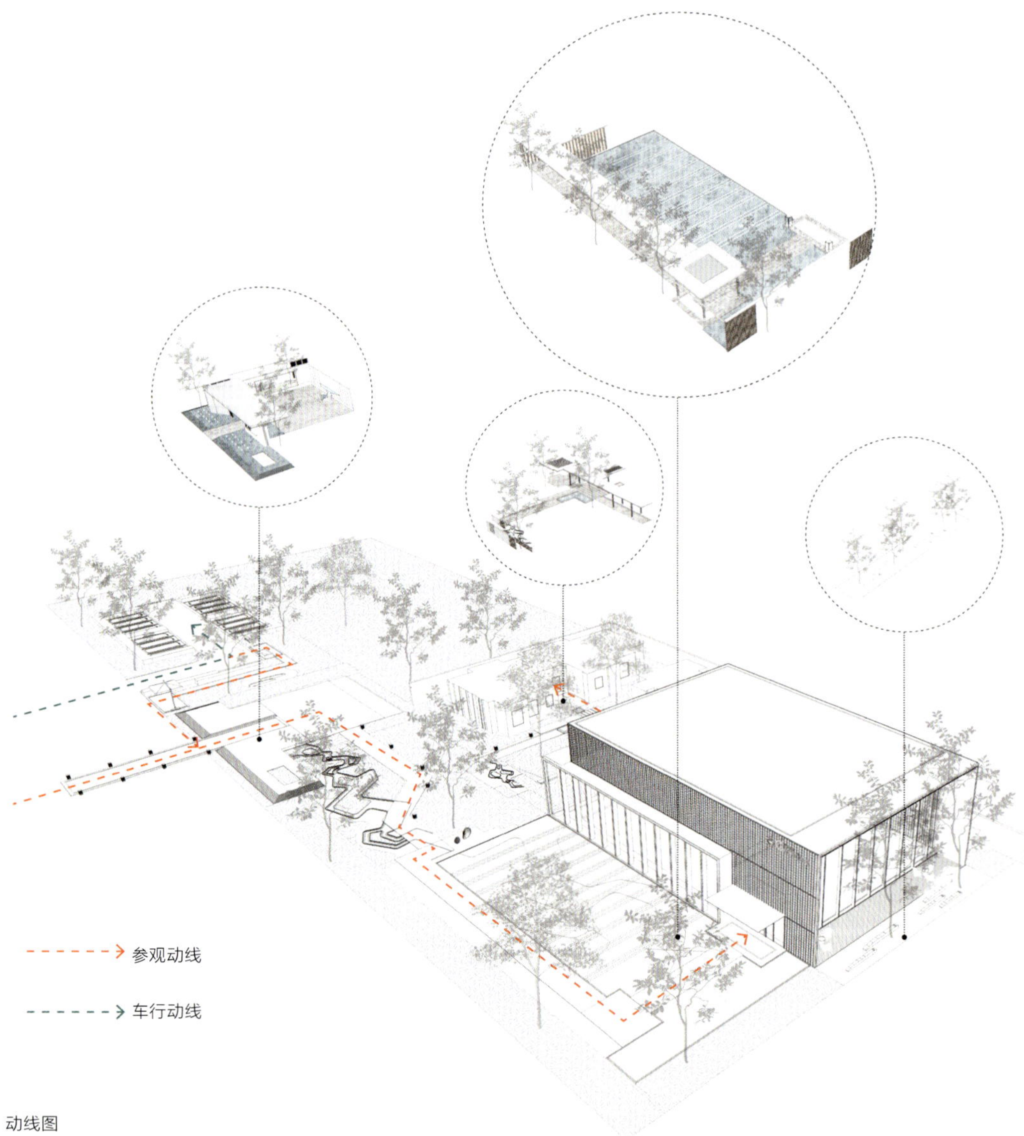

动线图

石门
惜门同怀客，共登青云梯

山庭
石浅水潺湲，日落山照耀

溪径
疏峰抗高馆，对岭临回溪

天池
时竟夕澄霁，云归日西驰

云桥
云日相晖映，空水共澄鲜

仙居
惜门同怀客，共登青云梯

6个空间演绎

材料分析图

广西，北海

Platinum Coast

兆信·铂悦湾

成都澳博景观设计有限公司 / 景观设计

项目面积：

5000平方米

业主：

北海兆信置业有限公司

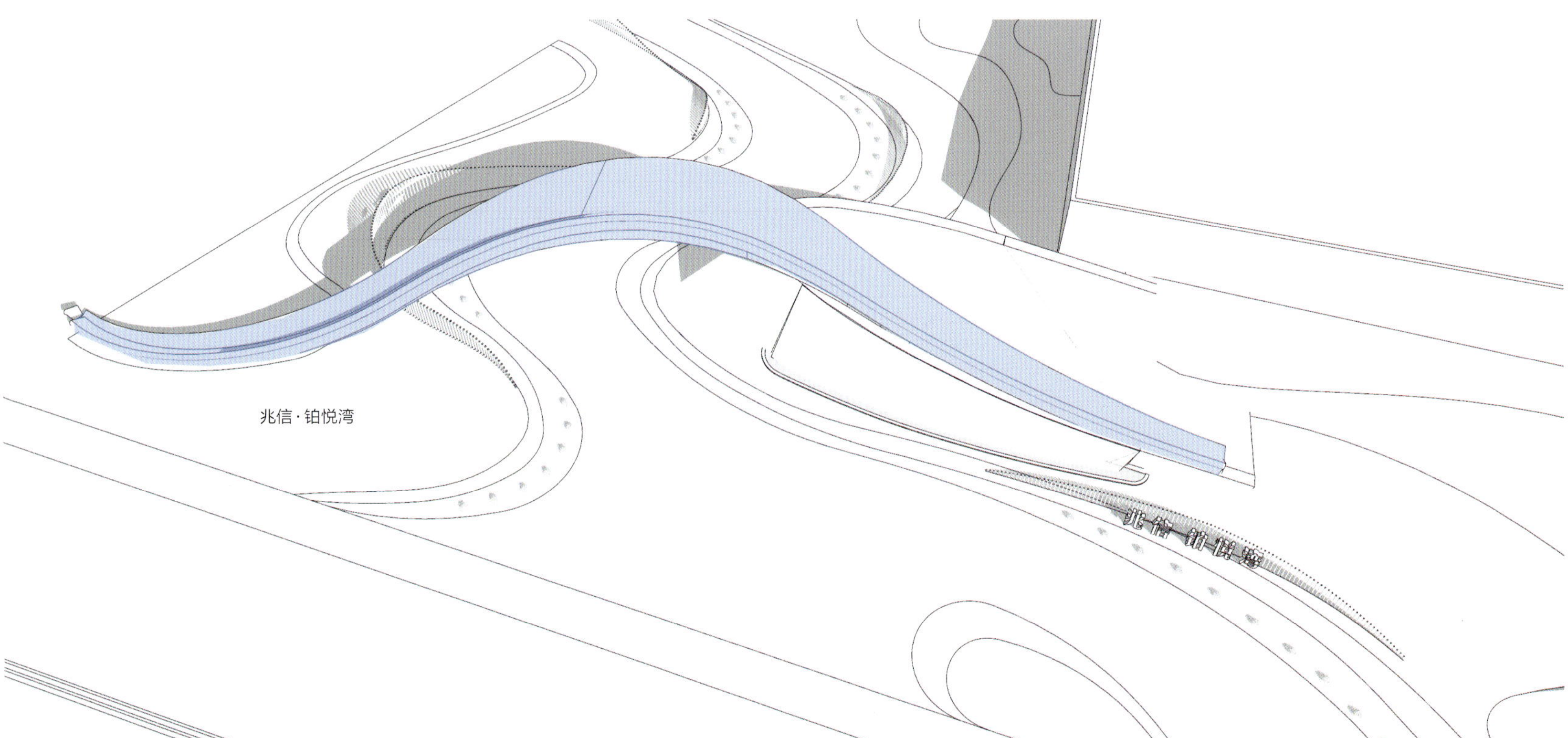

入口图

1.出入口
2.景观跌水
3.泳池
4.木平台
5.景观镜面水
6.特色构筑物
7.休闲木平台
8.休闲回廊
9.点景树
10.休闲平台
11.特色入口景观
12.空中走廊
13.景观绿岛
14.特色绿化
15.休闲绿岛
16.绿色农场
17.休闲座椅
18.特色水景
19.镜面水景
20.下沉空间
21.林下空间
22.儿童活动区
23.地下车库

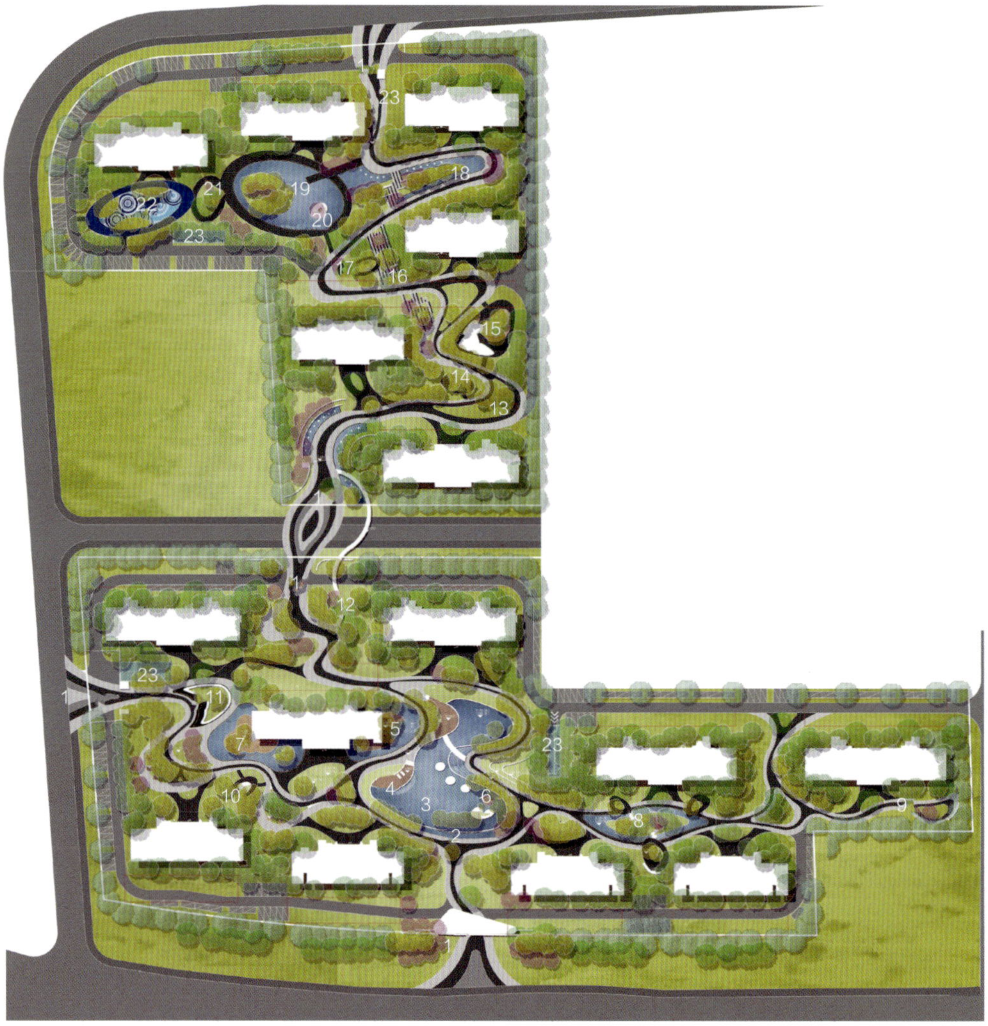

总平面图

中国海岸线绵长，总长度近2万千米的海岸线，除去一些人类无法接近的滩涂和礁石，适宜居住的海岸线仅约2000千米。在这2000千米的海岸线上，有着许多举世瞩目的绝美海景，其中的佼佼者北海，不仅赋予了不同人对滨海休闲的向往，也造就出一处稀缺的“海居生活”胜地——兆信·铂悦湾。

兆信·铂悦湾作为兆信集团在北海的升级之作，坐落于北海第一滩——银滩西区。比邻冠头岭国家森林公园稀缺景观资源，全新演绎亲海不近海的海岸生活蓝本。利用滨海优势，融合星系元素，打造“云上银河”主题园林以及十二大星系景观主题社区，追求梦幻与极致，体现整体自然生态的人居环境。

契合北海旅游城市的度假风情，主入口设计极为简约。在充分考虑成本和观者体验度的情况下，澳博景观和项目方推敲了多次方案。由于入口盖顶后，与建筑距离不够开阔，尺度缺乏雄厚感。所以，景观设计选择月牙形景墙设计方式，层层叠叠的视觉效果，象征着海浪起起伏伏，看似分散却让视线于此处闭合。

以曲线形式表达水与场地的关系，线条柔和，以曲线形式在场地内延展，体现出温润与舒适的感觉。由于该项目面向人群倾向于游玩度假，而柔和的线条更能体现出场地的舒适与轻松感，所以在反复与项目方沟通后，确定此为方案的深化方向。

在梳理场地与人的关系的同时，进一步优化调整方案，以植物与水系为脉络，以“向上的海底世界”为设计理念，梳理景观空间与节点，让观者在社区中感受心灵的温养，向上是天，向下是水，在水天交融中，实现建筑与景观完美嫁接，打造出“逆向世界，幻境空间”的度假滨海世界。

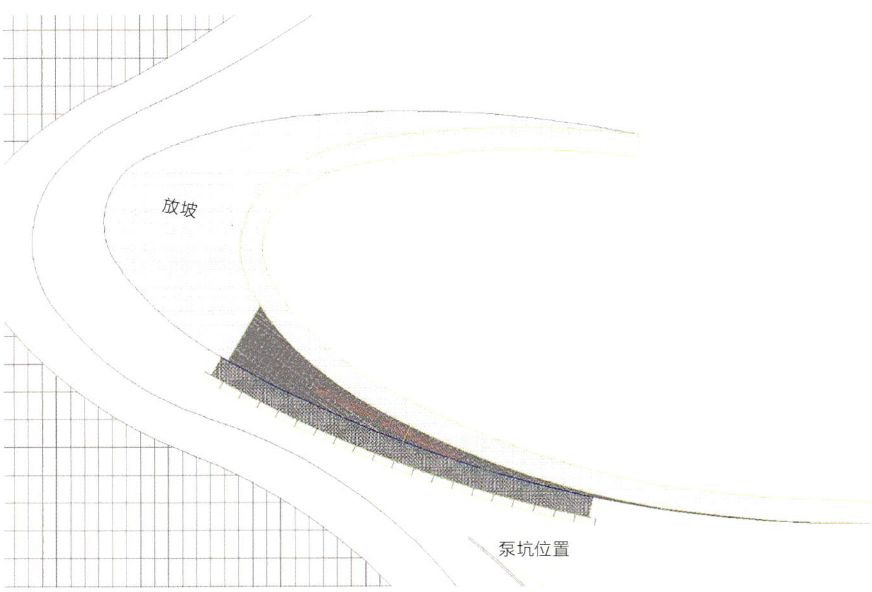

S形水景示意图

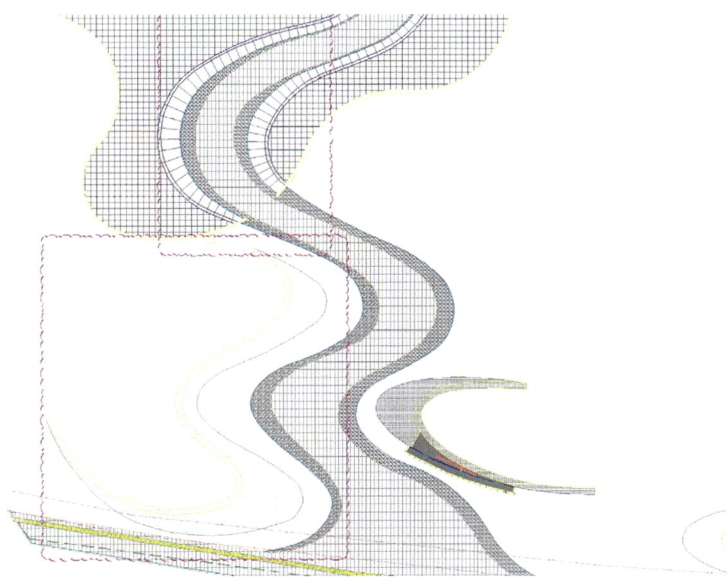
S形水景优化

项目面积：

10,000平方米

设计团队：

孙虎、利征、孙述虎

摄影：

杨磊（ZOOM琢墨建筑摄影）

山东，青岛

Boyue Lingxi Bay

铂悦灵犀湾

广州山水比德设计股份有限公司 / 景观设计

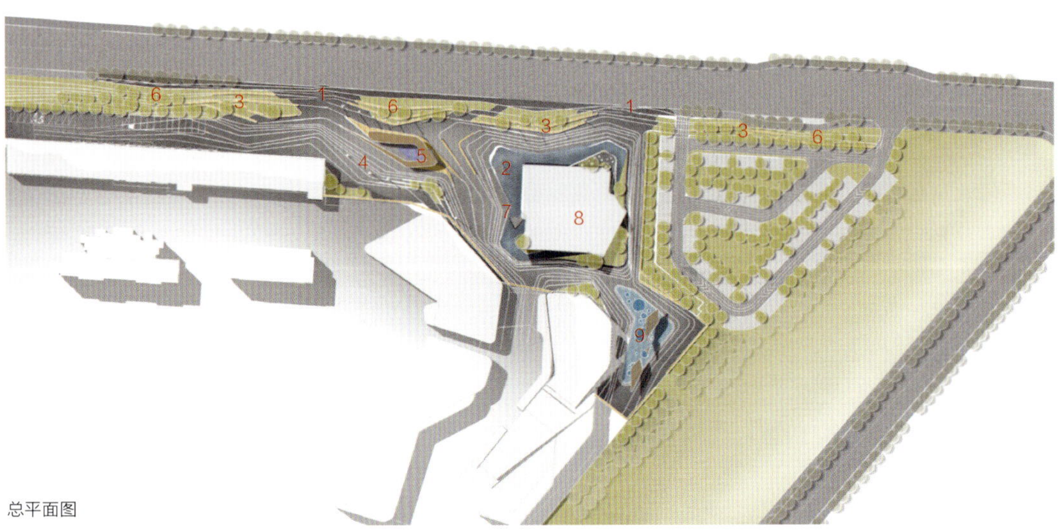

1.入口
2.镜面水景
3.艺术条石
4.艺术灯光
5.主题雕塑
6.艺术地形
7.景观玻璃桥
8.售楼部
9.儿童区

总平面图

安迪的奇幻漂之梦境空间，一次追寻最佳栖息地的旅途，在这里可以享受生活，感受生活，演绎艺术之旅。安迪在大海中游历，旅途中它遇见了奇幻的海洋漩涡与瑰丽的荧光海滩，遇到过危险，也得到了帮助，最终，它来到了这处港湾——旭辉银盛泰·铂悦灵犀湾。当一艘船沉入海底，鲸开始了寻找之旅，它眺望礁石与海岸，却又留恋海上的浪花与云。直至来到这座港湾，海水温暖，珊瑚绚丽，鲸终于停歇，抬头亲吻海面和天际。

安迪的奇幻漂流·梦境空间

青岛，一座山海林居的城市，依托于独特的自然资源，设计团队在海边打造这个梦境空间，以此展开一段奇幻的冒险之旅，寻找一处温馨的栖息之地。海洋文化是青岛永恒的主题，基于此，设计团队摒弃了传统示范区的做法，将场地打造成为具有现代气质的艺术博物馆，营造一个集互动、艺术、科技于一体的空间。

海上浮岛·探林

漂浮的岛屿，岸边的礁石被浪侵蚀，海水闪烁着细碎的光芒。提取海浪肌理，融合线条硬朗的建筑，采取现代曲线形态转化，曲直之间的对比也使两者相互衬托，平衡了场地空间。丰富多变的地形层次，形成了一座浮岛绿林，特色水景的拥簇看似平静，倒映着天光与云影。

幻·鲸

鲸潜游海底，编织一个个蔚蓝的梦境，梦里的阳光透过海水，比氢气还要透明，奇幻的海底世界，鲸向光而去，跃起的水汽之间，是对生活的向往，是期待与活力。纯白的流畅线条描绘鲸的姿态，巨大的尾部被赋予了羽翼的形状，它在日光下亲吻海面，色彩和梦想就这样不期而遇。日暮渐至，星星悄悄落在景墙，细密的灯影如柔和的海浪起伏，鱼群随海浪而去，环绕出旋涡，海底生物闪烁着神秘的光晕。抽象、夸张的白鲸雕塑结合水景，形成鲸鱼吐水的景观，提升了场地的艺术性与科技感，突出了梦幻的海洋主题。跌水台阶布置了互动装置，儿童与成人可操作灯光的变幻，互动间融入了教育的功能，是游戏参与，是海底冒险，是景观与科技结合的呈现。

鲸与海之诗

空间结合项目主题打造特色构架，异性秋千、动感单车，结合海豚外形的雕塑压水器，儿童可在此进行多样性探索互动，唤醒对于海底世界的想象力。海平面与天暧昧交接，城市的灯光遥遥点亮，星海揉碎了生活的诗意，云朵在醉梦里听鲸低吟。鲸与海的故事仍在继续，在灵犀湾，它用现代而简约的风格，延续着人们对生活的畅想，营造一处全龄化可参与且兼具互动性、趣味性的活动空间，让人怀揣好奇，在此探索周游。在这场寻找的旅途中，我们期待遇见生活，遇见你。故事，未完待续……

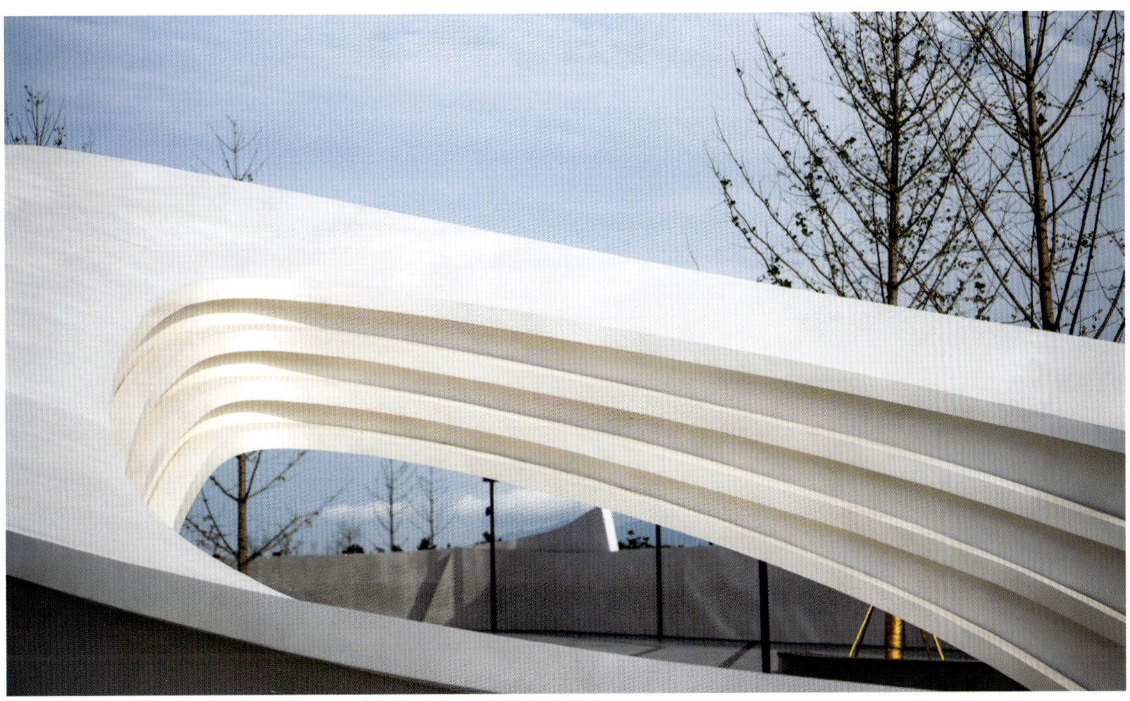

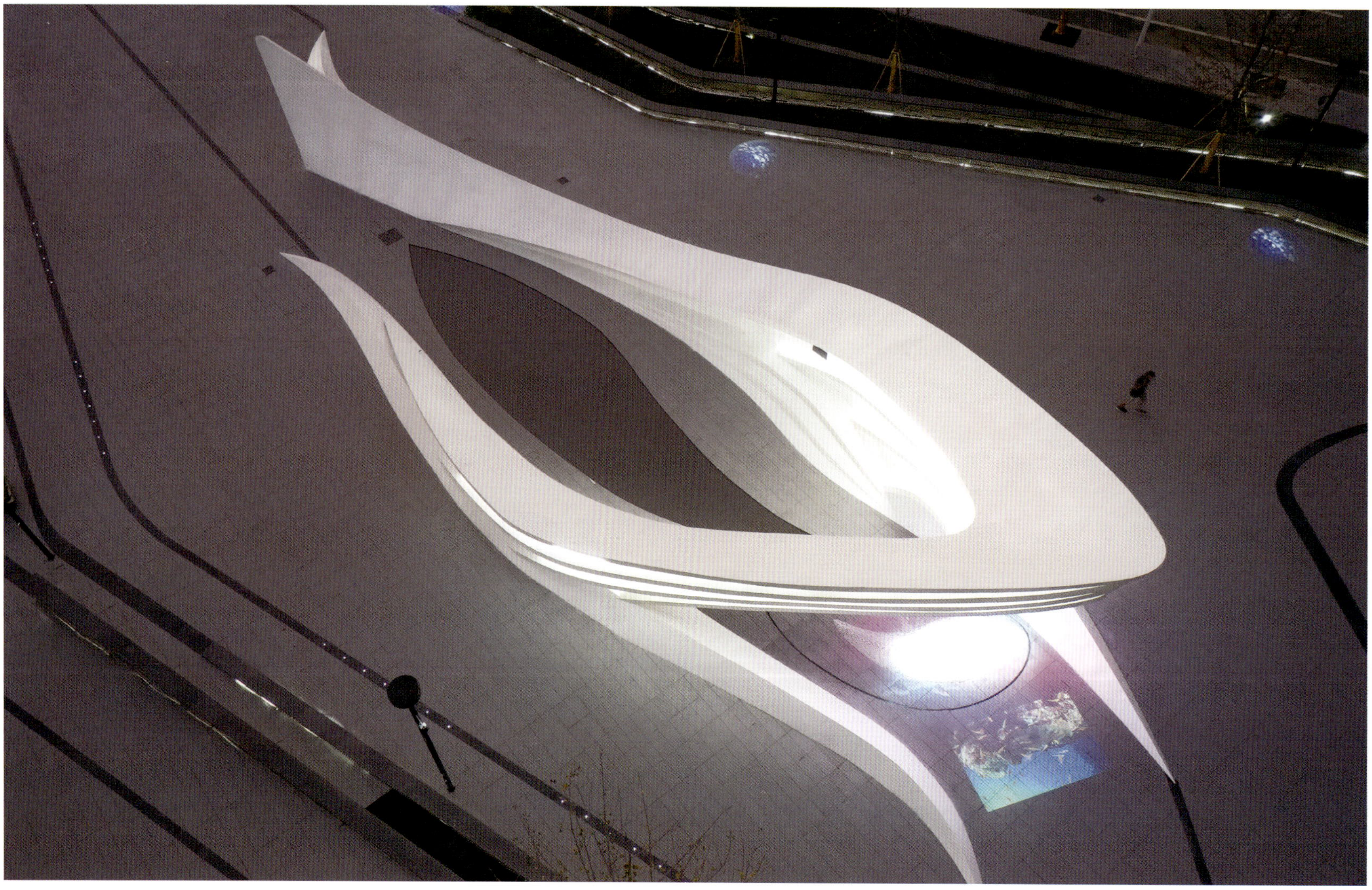

浙江，杭州

Hangzhou Dajia Mansion

杭州大家生活艺术馆

ZSD卓时 / 景观设计

项目面积：

417平方米

设计团队：

袁笑雨、余玉俊、王立诚、钭龙飞

摄影：

薛钰韬

项目作为“大家房产”TOP系精工豪宅开篇之作，由ZSD卓时负责项目的整体和生活艺术馆的景观设计。设计期望为附近老街区注入新的生活意识，对生活品质的重审将唤醒此片区沉睡的场所精神，为匆忙的现代都市生活开辟出一个新的心境。

此次项目即位于浙江省杭州市拱墅区舟山东路和东教路路口。此地块历史文脉深厚，拱墅自古为商贸往来，民生新旺之地，是前朝的“北关夜市”“十里银湖墅”。如今项目所位于的桥西及拱宸桥等形成的历史街区，肩负着杭州面向未来城市宏图的发展使命。

在开始设计方案前，比起惯常形式化的设计，设计团队希望此次设计，是创建适用于当下城市历史、生活环境、自然艺术意识互相融合理解，互相不可分割的一体状态。建筑在此处不应成为城市发展的桎梏，而应以此为基点，如一口深邃的泉水一般，润泽附近街区，带来源源不断的能量。

极简的设计手法，最能够直接视觉化诠释设计团队对当下城市的生活态度。建筑形体方正端庄，呈现出水平无限延伸的视觉感。依据黄金分割制作的挑檐，形成棱台几何入口空间，景观以宽阔的平台和台阶形成艺术绘图的“扩散”视差，得以将原先的主门视觉空间增大，同样使得整个建筑简约却不过于扁平。

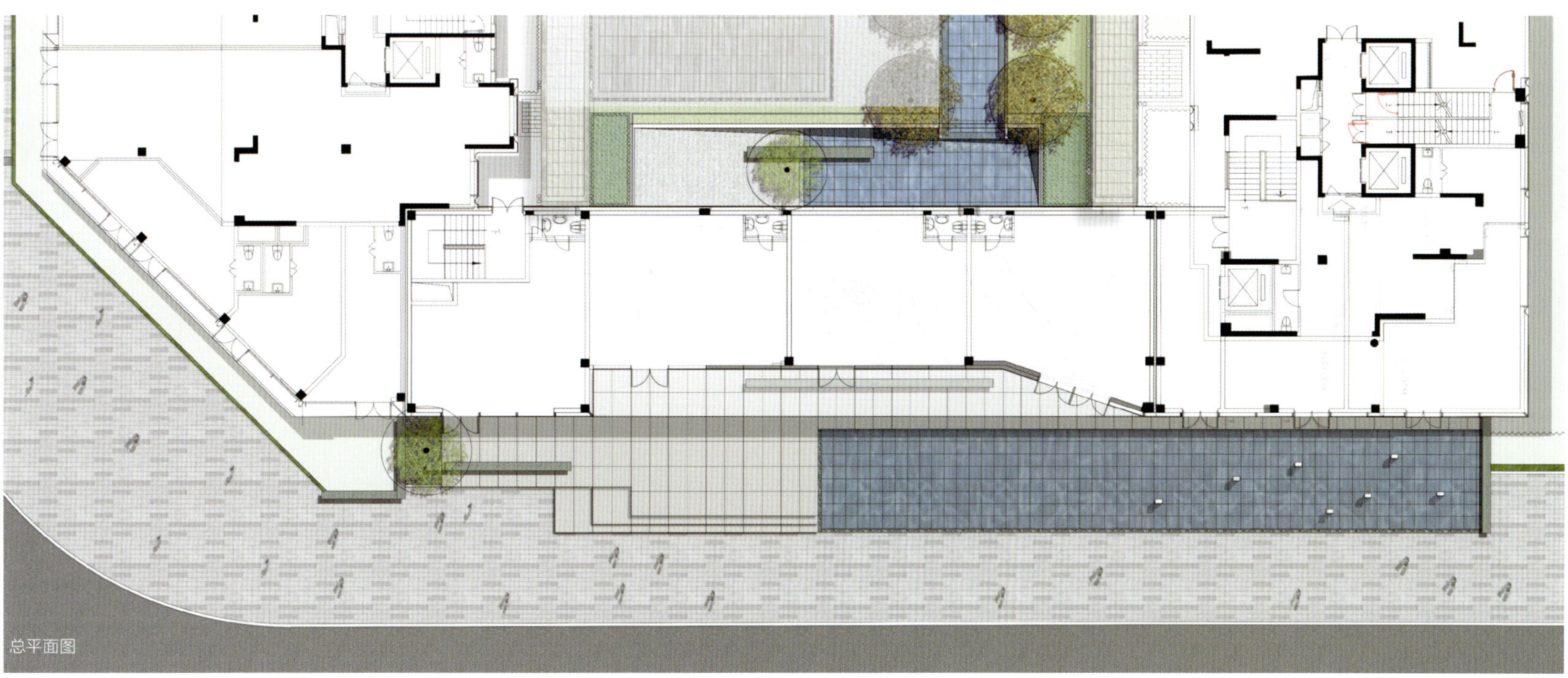

总平面图

杭州大家
HZ DAJA MANSION
生活艺术馆

杭州大家
HZ DAJA MANSION
生活艺术馆

杭州大家
HZ DAJIA MANSION

项目面积：
15,042平方米
设计团队：
李卉、李彦萨、李俪娜、
李晓锋、田乐、李理、
余中元、李玥、张一雷、
陈成、宋照兵、胡小梅、
兰明姝
业主：
龙湖地产
获奖：
2019世界结构大奖

中国，重庆

Chongqing Longfor Liangjiang Long Beach

龙湖两江长滩原麓

重庆纬图景观设计有限公司 / 景观设计

项目坐落于重庆市两江新区龙兴镇，前靠御临河湾，紧邻御临河滨河公园和鲁家沟生态公园。项目入口引入段与示范区入口高差有14米，正是这样的高差，让设计团队想把重庆的特色书院机理引入到该项目。

重庆书院点多量大面广，历史跨度大，延续时间长，园景典型，人文荟萃，艺韵独到，龙兴又是一个有文化底蕴的古镇，设计团队在设计中将书院文化提炼转译出来，以现代的设计语言去表现空间含义，从重庆书院肌理的本源文化中提取拾级而上，四进三合，山为源，水为镜，院迎礼这样的设计概念，将整个区域营造成一方具有书院文化底蕴的空间。

"以山门造势"，30多米的弧形大门，形态优美，气势磅礴。穿梭其中的细条装饰柱，倒映在层层跌水中，形象地表现出山为源，水为镜，院迎礼的含义。"山院承接"，对景的山山交融，模仿自然山川，相互联系，生生不息。围合的景墙，虚实结合，白色的圆柱，在阳光的照射下，留在地面上变化的弧形光影。"镜院转折"暗藏玄机的两面景墙，原来是原子镜，可以无限延伸。将每棵树、每滴水、每个人无限投射，让人们在反射中寻找人生的未来。"水院归合"集合水、瀑、山、树等自然元素，还原书院居山清水秀之地，幽静云深之处，营造恬静雅逸的意境感受。

流动的空间是多空间的有机动态联系，售楼处、书院、泳池及餐厅不是相互封闭的、孤立界定的，空间是彼此穿透的，以直线构图，通过一条开敞连贯通廊相互渗透、互相流通、界面组织具有连续性和节奏性。建筑经过可视化调整的暴露胶合木结构构件构成了建筑上重要的视觉因素。建筑师结合重庆古镇传统的折坡屋顶和书籍的形式语言转换成为建筑形体，抽取变化的单元模式转为结构构件，并将多片构件排列组合，产生空间与形式的变化。讲学——师者，传道授业解惑。利用电梯井外的环绕封闭空间，营造一个禅意的冥思空间。将字拆分后悬挂于空中，利用视觉变化营造惊喜：每个角度都会出现不一样的"禅"字。

该项目借鉴古典书院的空间节奏，赋予到长滩原麓空间序列中，运用现代的设计元素手法，将有利的自然山水地形地貌充分利用起来，传承传统园林的智慧，将引景、对景、夹景、隔景、框景、借景、藏景、露景、影景等手法展现得淋漓尽致，营造"新书院"的园林之美。

区位图

广西，南宁

Xiyuan Yuefu

西园悦府

广州山水比德设计股份有限公司 / 景观设计

项目面积：

23,517平方米

设计团队：

孙虎、利征、伍蕴华、王玲娟

摄影：

广州山水比德设计股份有限公司

俯瞰图

项目位于南宁，原址为知名度极高的南宁“国宾馆”——西园饭店。它1913年便屹立在此，经历了私宅、书社、国宾馆再到现在的住宅小区。而能有幸被当作国宾馆的，也具有一定的历史积淀、人文内涵、景观资源、风水宝地和名人价值，这个场地见证了太多的历史和记忆。

示范区所在的位置为一片杧果林区域，还拥有一颗300余年的古榕树。设计团队保留这片场地最大价值——这片树林，围绕着它进行了一系列设计，让生活从古树的根系开始向上生长，让设计从场地赋予中慢慢苏醒。设计类型为居住类示范区景观，而又跳出市场上对示范区景观的定义，其意义更多是作为一个小区的场所的缩影；设计遵循场地原有的场域，以最少的设计启动场地，使之成为一个真正的生

活剧场。而设计不去定义这个剧场，是空间 、场所使然，引导人们自发的参与其中。

关于对场地的尊重和保留

西园饭店给人最大的感动来自伫立在这片场地的林，这也是整个项目最大的亮点和价值所在。而设计也给予了最大的尊重和保护，以这片林和守住西园场域精神开展了所有设计和活动，让场地本身说话，遵循场地的精神去守护、恢复、不干预、不定义。

关于高差不漏痕迹的利用

示范区（本次设计范围）和大区有6.2米的高差，也给这个项目带来了更多有意思的设计，低处是历史，而高处是生活。高差处理为还原场地一片林，将得以保留的古树和被砍掉的树进行恢复，形成一个完整的场域。更是把历史和生活连接在了一起，树下的杧果交响曲，树梢的咖啡时光。

总平面图

广东，惠州

Huizhou Sinic City

惠州新力城

Metrostudio 迈丘设计 / 景观设计

项目面积：

样板区面积（14,865 平方米）、

大区面积（93,622平方米）

设计团队：

Rembrandt Von Espinosa、王奇、杨要连、耿威、

刘志刚、陈龙、刘郑、梁辰、杨宇凡、荆欢紊、陈杰、

周明煜、陈纪宏、杨柳、张雪娇、曾毅青、徐宗超等

主持设计师：

谭贡亮

业主：

新力集团

项目位于惠州惠城区城市主干道。惠州，亚热带气候，自然资源丰富，集山、江、湖、海、泉、瀑、林、洞、岛为一体。景观设计从“海”与“岛”获得灵感，整体营造现代、简约的风格。设计采用了感性优美的线条和简约大气的造型突出了项目时尚、典雅、静谧的气质。设计抽象提炼出流动的几何线条和独具韵律设计符号，韵律、流动、静谧，在展示区层层递进，营造多重体验景观。

入口广场，简洁大气，尊贵典雅。设计师用简洁大气的流线感呼应整个项目的风格。在入口处通过流线型的门廊、特色景墙、水景等元素打造礼仪空间，将景观从外向内进行延伸。采用异形的钢构顶加上干挂石材来打造流线型的设计。迂回曲折的入口通道，拉长了进入内部空间的时空距离，创造出步移景异，渐入佳境。入口涌泉水景与雕塑配合，活泼灵动，更添艺术效果。

用万能支撑器的做法打造水景区域，使整个建筑倒映在景观的“海洋”中。大面积的镜面水池，平和宁静，与阶梯跌水，动静结合，设计简约而趣味倍增。错落有致的艺术草阶，在铺装形式上采用明快的流线感串联整个示范区，水磨石汀步结合卵石。

后场景观区包括水上会客厅、休闲观景平台、亲子互动体验、阳光开敞草坪，层层递进，在体验空间中，惊艳释放。在草坪空间保证大草坪的干净整洁，良好的地被曲线勾勒，弯曲流畅，草坪中不需布置任何植物。休闲水吧的设计造型呼应整个建筑的设计风格，利用钢构的做法来打造，功能上融合了“水吧”的休闲体验。在西面紧邻亲子儿童乐园，方便停留在“水吧”的父母看护子女，不仅提供了一个亲子娱乐的场所，并且融合景观“海”的设计理念将整个亲子活动区打造成一个“海洋”世界。

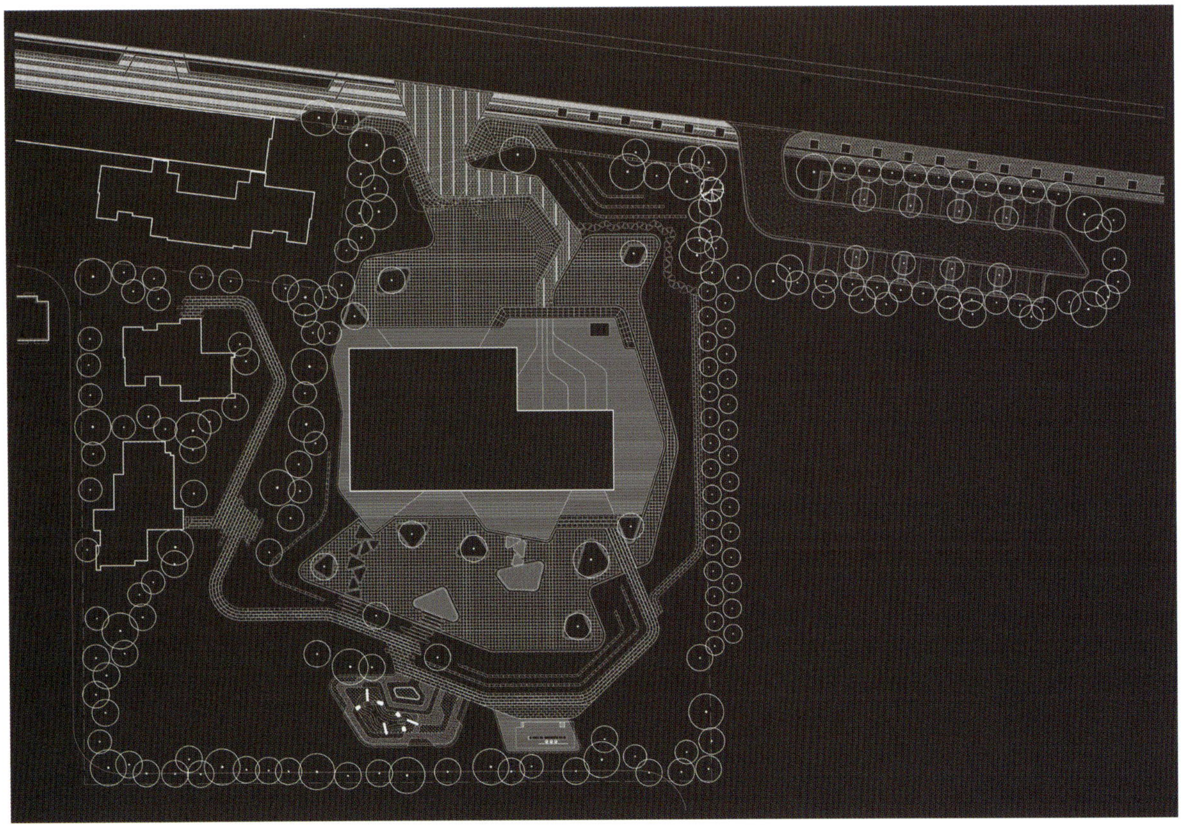

平面图

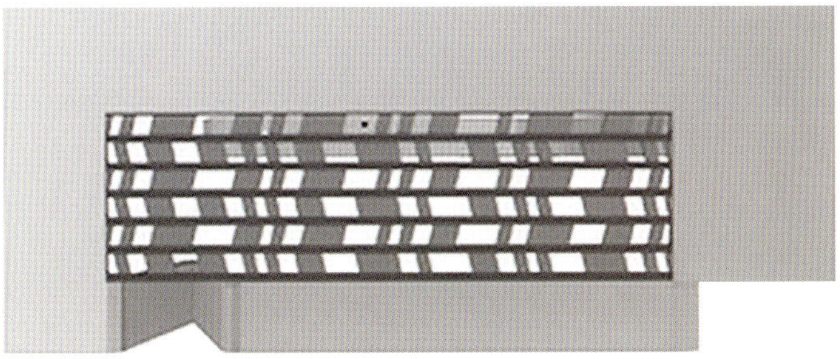

平面图

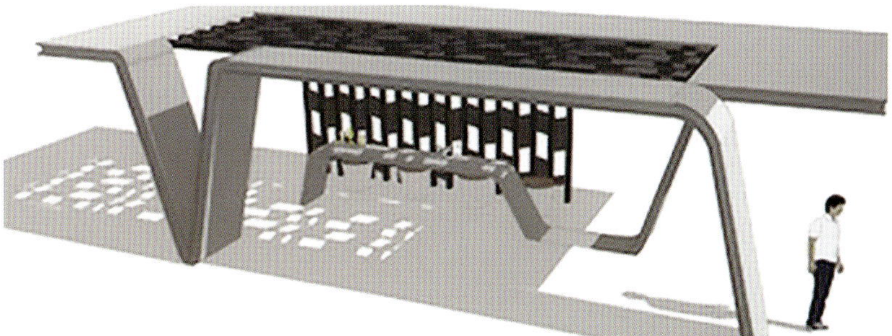

透视图

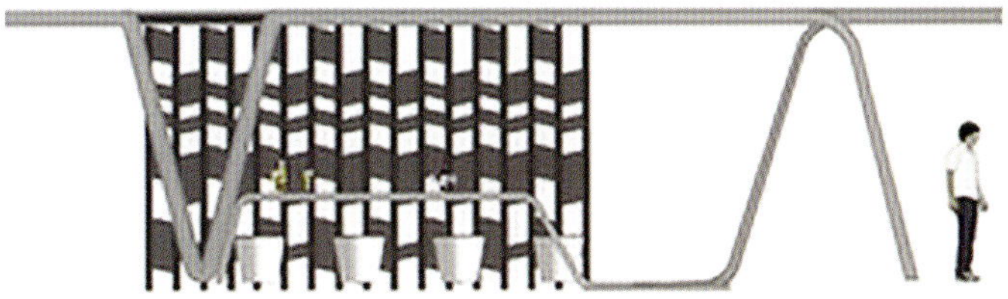

正立面图

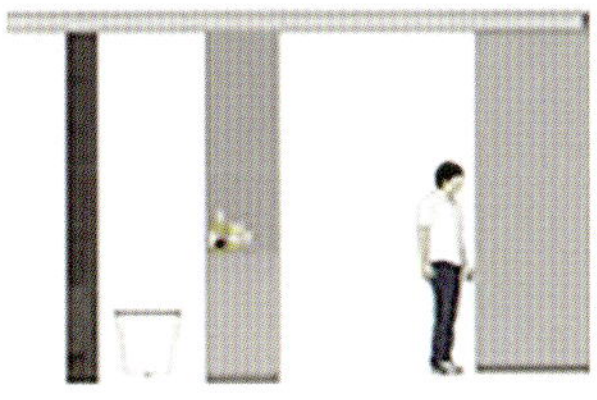

侧立面图

四川，泸州

Shimao Shine Mileage

世茂·璀璨里程

Metrostudio 迈丘设计 / 景观设计

项目面积：

48,294 平方米

业主：

世茂集团西部地区公司

项目地处泸州城西板块核心区域，紧邻未来城市核心干道，交通便利。设计挖掘场地地域特色，从瑰丽壮美的大自然提炼出山水、湖、滩、山谷、森林、花径、杉林、竹等自然元素，以自然博物馆为概念展开，通过当代艺术手法演绎，围绕“山水涧”“浅水滩”“听竹”“闻杉”4个元素依次针对入口、前场、后场转换、样板房这4个区域分别进行主题设计。设计寄希望于场地本身师法自然，却超脱自然，犹如方寸山水，盒中天地一般，虽精小却能传达大自然的声音，在潺潺流动之间，带给人以回归自然的享受。

以泸州山水为起源，穿越竹林夹道，仿似来到山前瀑布之下，有一崎岖栈道可通售楼处。竹林夹道，营造曲径通幽之感，行走于其间，满目苍翠，风声、水声、竹叶声，谱写出一曲自然与人工默契结合的乐章。浅水滩，以湖·滩为起源，通过崎岖蜿蜒的栈道，来到一片方寸湖滩之中，捕捉些许自然的灵魂于场地之中。

选用姿态飘逸的鸡爪槭，摇曳在水中清丽的倒影，墙外列植的朴树枝丫分明，与自然肌理的墙体相得益彰，水中点缀些水生植物，寻求植物在场地里的光影美学，呈现了一个静远空灵的空间。

竹与水杉，场地内部的两种主要植物，出后场之后，营造一片溪流竹林，杉林栈道，纯粹且干练，挺拔且积极向上，无过多的修饰，清新自然。游走其中，在清脆悦耳之间，潺潺流动之间，给人以回归自然的享受，移步异景，每一步都是发现，每一步都有惊喜，所有的琐碎与疲惫都不存在。局部石头结合花境，打破硬景的尖锐感，增添场地的亲和力和活力。挺拔直立的水杉林，如同一个天然的森林氧吧，打造一个归家、融入自然的和谐共生的体验感。

主　　编： 许　浩
执行主编： 赖文波
副 主 编： 周旭山　王　铭
编委（排名不分先后）：

俞孔坚　张方法　林坚美　常骥亚　李　飞　黄颖秋　谷婉煜
张文英　肖星军　黄文烨　苏春燕　郑益毅　何铭谦　梁恺峰
冯劲谊　梁丽玲　陈乐乐　栾　博　王　鑫　金越延　夏国艳
白小斌　凡　新　刘　拓　邵文威　刘　通　郁　聪　黄嘉瑶
王塬锐　刘　喆　李　雯　王兆迪　赵金祥　粟　淋　张小康
陈　鹏　何宏权　张　杰　傅国华　蹇先平　宋正威　杨佳佳
楼　颖　毛　征　徐跃华　苏子珺　刘升阳　吴　宪　刘泽平
萧泽厚　敖卓毅　余陈华　洪庆辉　冯诗瑾　刘学发　林庭羽
贝　龙　李芳瑜　任霈涵　许宁吟　彭　涛　林逸峰　吴孛贝
王裕中　黄婉贞　徐瑞绅　李中伟　钟惠城　林　楠　梁宗杰
蓝　浩　李　瑛　陈道庆　桂　博　章世杰　刘洪扬　陈　曦
魏　昆　王开元　肖　琳　张　萍　邱千元　任雪雪　周钶涵
郑瑞标

图书在版编目（CIP）数据

中国景观设计年鉴．2020—2021：上、下册 / 许浩主编．—沈阳：辽宁科学技术出版社，2021.11
ISBN 978-7-5591-1854-7

Ⅰ．①中…　Ⅱ．①许…　Ⅲ．①景观设计－中国－2020—2021－年鉴　Ⅳ．① TU983-54

中国版本图书馆 CIP 数据核字 (2020) 第 201098 号

出版发行：辽宁科学技术出版社
（地址：沈阳市和平区十一纬路 25 号　邮编：110003）
印 刷 者：恒美印务（广州）有限公司
经 销 者：各地新华书店
幅面尺寸：240mm×305mm
印　　张：71
插　　页：8
字　　数：800 千字
出版时间：2021 年 11 月第 1 版
印刷时间：2021 年 11 月第 1 次印刷
责任编辑：杜丙旭　张昊雪　宋丹丹
封面设计：郭芷夷
版式设计：何　萍　郭芷夷
责任校对：韩欣桐

书　　号：ISBN 978-7-5591-1854-7
定　　价：618.00 元（上、下册）
联系电话：024-23280070
邮购热线：024-23284502
http://www.lnkj.com.cn